JN273994

福井市の中心部の都市化度
—旧版地形図と統計資料から地域の土地利用が見える—

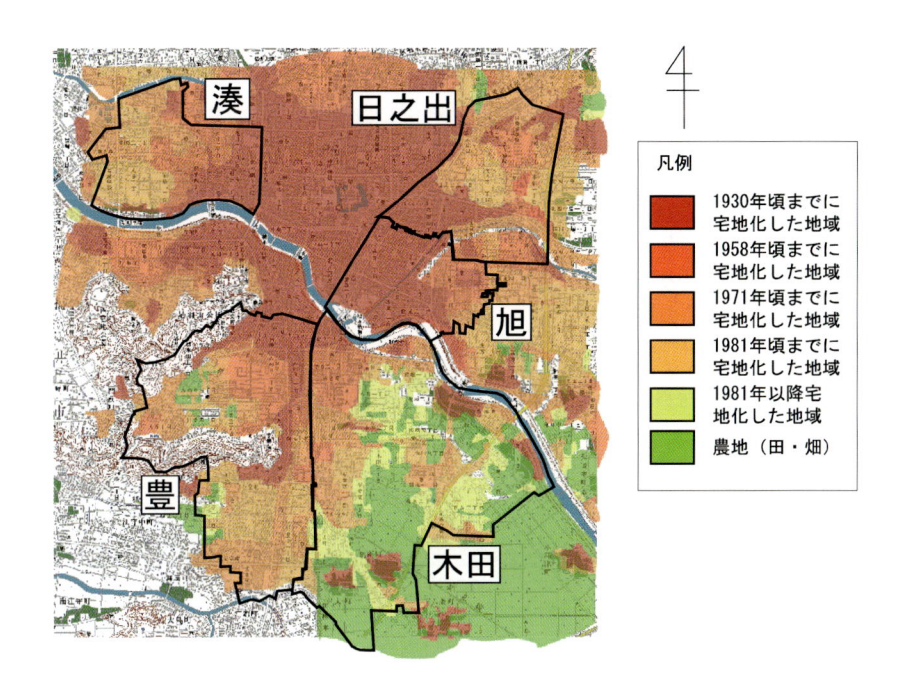

図 3-10　宅地化の進展（1930 年、1958 年、1971 年修正測量の 1：25000 地形図「福井」の宅地部分を 1996 年修正測量の 1：25000 地形図「福井」に追加記載した）
（本書 62 頁　3 章　城下町の変容と災害リスクの変化—法制度変化と都市河川防災—を参照）

b

　錫鉱山の跡地が大きなリゾートコンプレックスになっていくようす、内陸部の水田が宅地へと変化しているのがわかる。

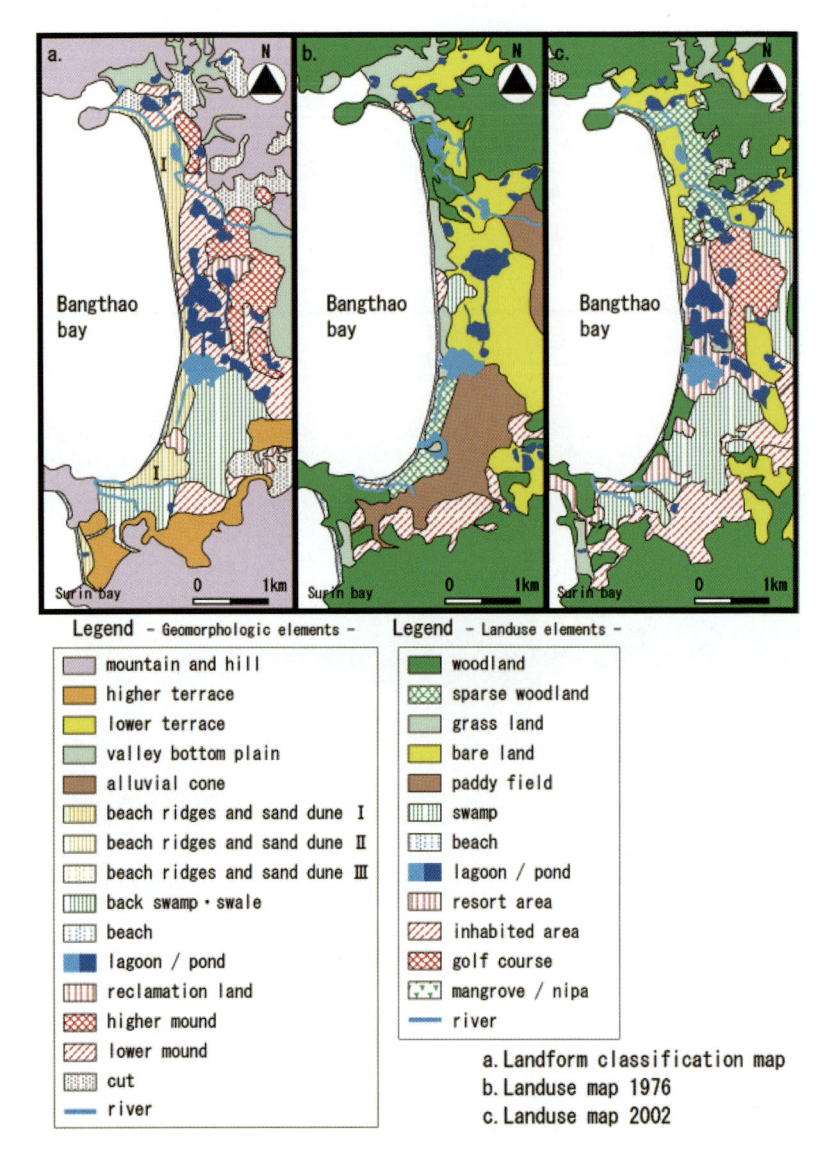

Legend – Geomorphologic elements –
- mountain and hill
- higher terrace
- lower terrace
- valley bottom plain
- alluvial cone
- beach ridges and sand dune Ⅰ
- beach ridges and sand dune Ⅱ
- beach ridges and sand dune Ⅲ
- back swamp・swale
- beach
- lagoon / pond
- reclamation land
- higher mound
- lower mound
- cut
- river

Legend – Landuse elements –
- woodland
- sparse woodland
- grass land
- bare land
- paddy field
- swamp
- beach
- lagoon / pond
- resort area
- inhabited area
- golf course
- mangrove / nipa
- river

a. Landform classification map
b. Landuse map 1976
c. Landuse map 2002

図4-7　シュンタレーの地形と1976年および2000年の土地利用変化
（本書81頁　4章　漁村から国際的リゾート地域に変化した地域での災害—プーケット津波災害—を参照）

小さな漁村がリゾート地へと変化している。

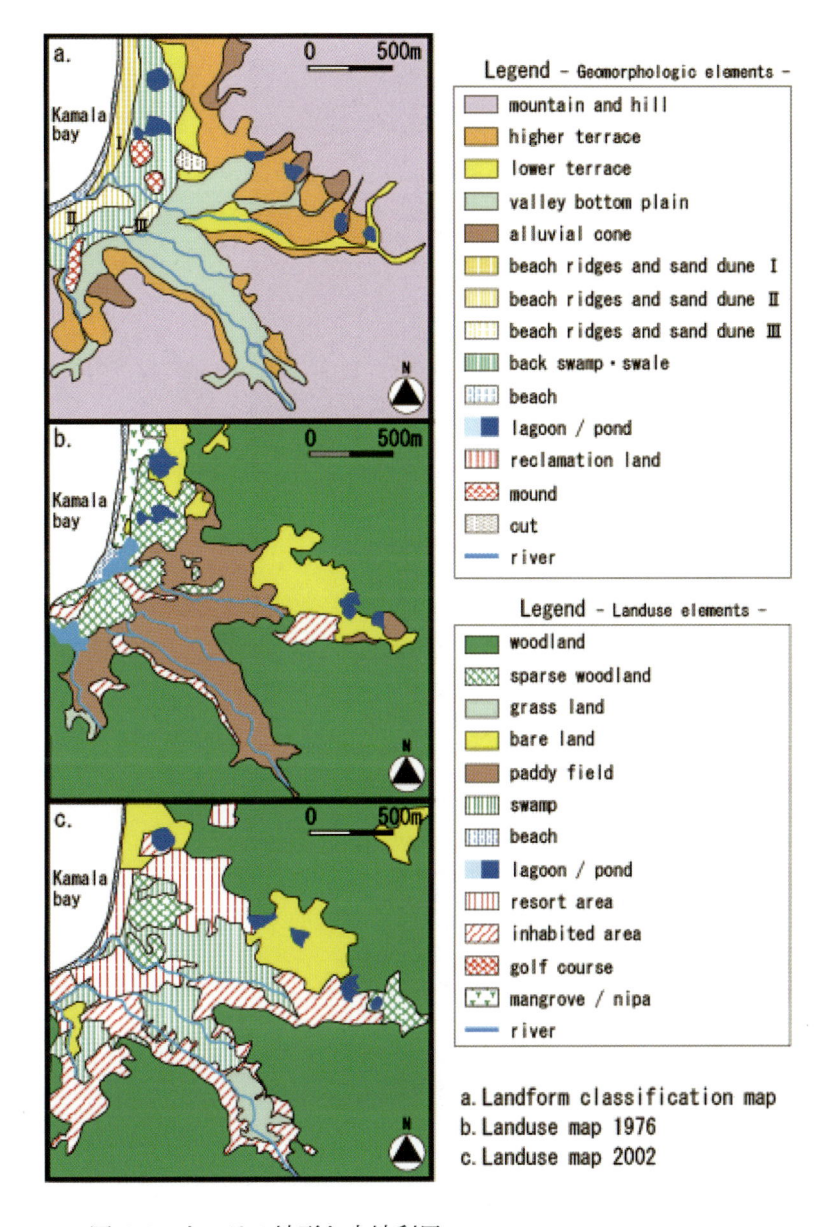

図 4-8　カマラの地形と土地利用

d

沿岸部の砂丘や砂堆列がリゾートに変化している。

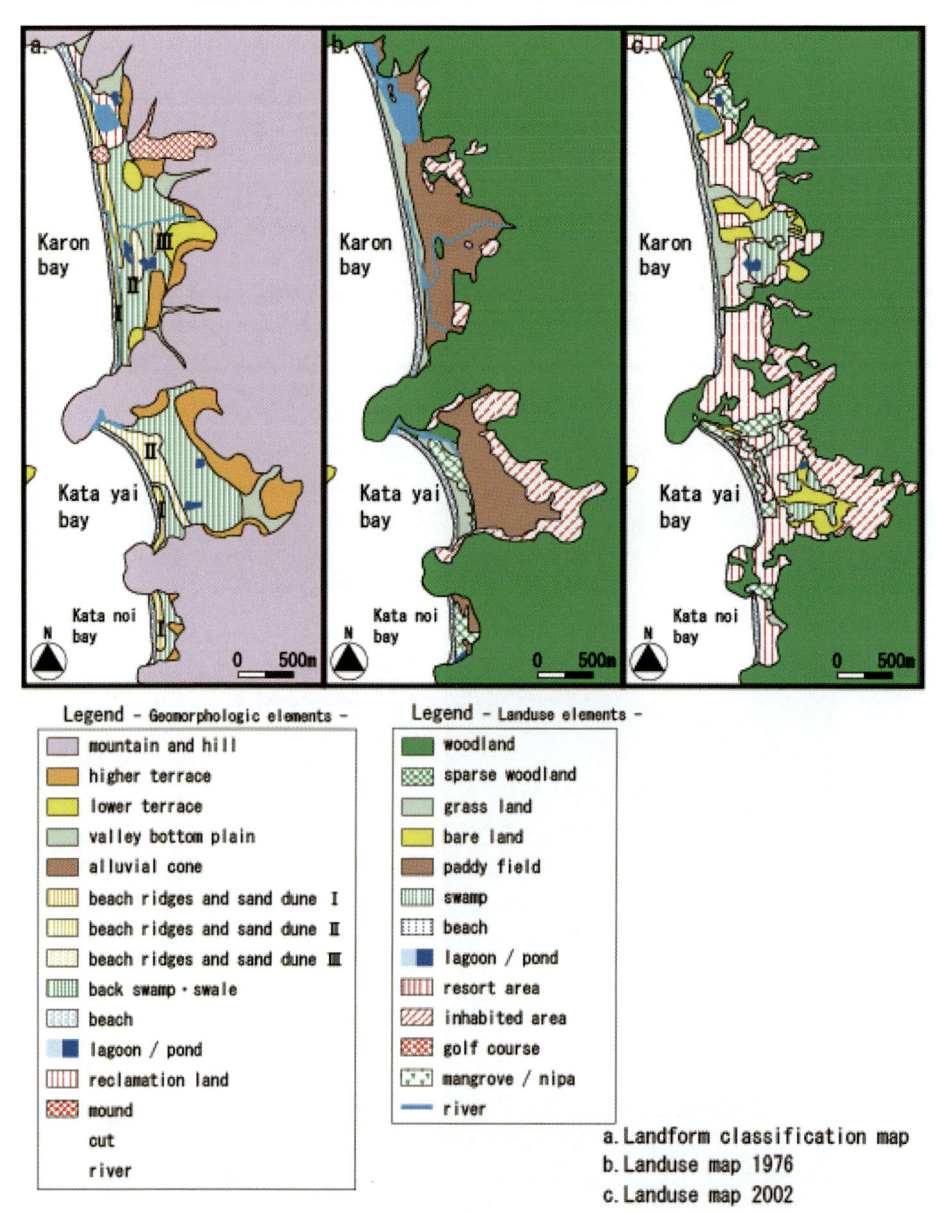

Legend — Geomorphologic elements —
- mountain and hill
- higher terrace
- lower terrace
- valley bottom plain
- alluvial cone
- beach ridges and sand dune I
- beach ridges and sand dune II
- beach ridges and sand dune III
- back swamp・swale
- beach
- lagoon / pond
- reclamation land
- mound
- cut
- river

Legend — Landuse elements —
- woodland
- sparse woodland
- grass land
- bare land
- paddy field
- swamp
- beach
- lagoon / pond
- resort area
- inhabited area
- golf course
- mangrove / nipa
- river

a. Landform classification map
b. Landuse map 1976
c. Landuse map 2002

図4-10　カロンの地形と土地利用
（本書81頁　4章　漁村から国際的リゾート地域に変化した地域での災害—プーケット津波災害—を参照）

伊勢市駅と宇治山田駅の二つの駅を挟む地域が宅地となり、これが外縁部 e
までのびていくようすがわかる。

図 5-3　昭和 12 年頃の土地利用　　　　図 5-4　昭和 34 年頃の土地利用

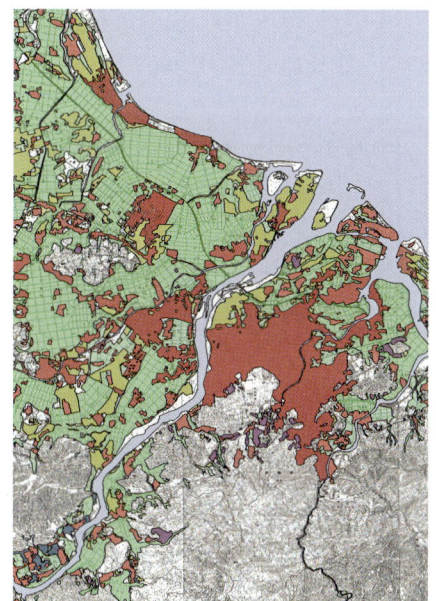

図 5-5　昭和 57 年頃の土地利用 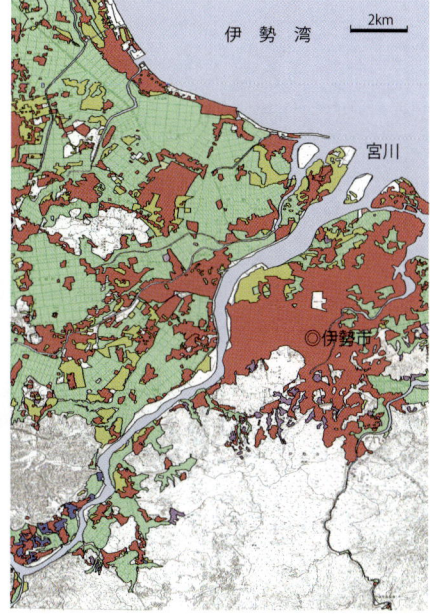　　　　図 5-7　平成 19 年頃の土地利用

（本書 114 頁　5 章　田園空間と伊勢神宮を取り巻く地域の変化を参照）

f　1990年以降、ミャンマーでは森林面積が大きく減少している。消失した森林は農地へと変化した部分が多い。

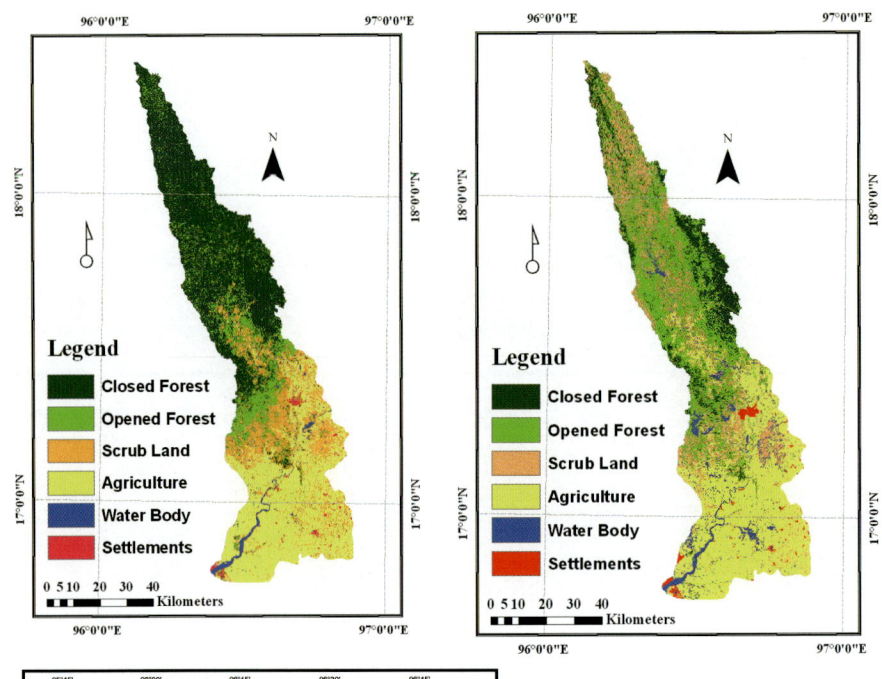

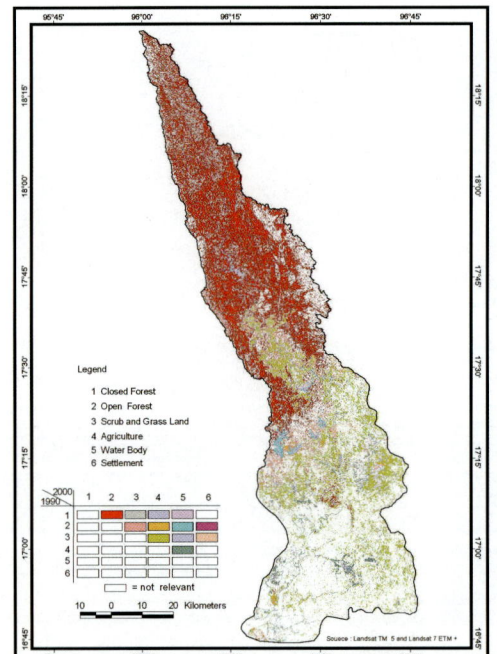

図7-1（上左）1990年のバゴ川流域の土地利用分類図

図7-2（上右）2000年のバゴ川流域の土地利用分類図

図7-4（左）　土地利用マトリックスの空間分布

（本書175頁　7章　ミャンマーの森林管理問題点とバゴ川流域の土地利用変化を参照）

バゴ川流域の支川の土地利用をみてみると、森林消失後に違いがある。より上流では疎林と灌木林へ、下流側では農地へ変化している。

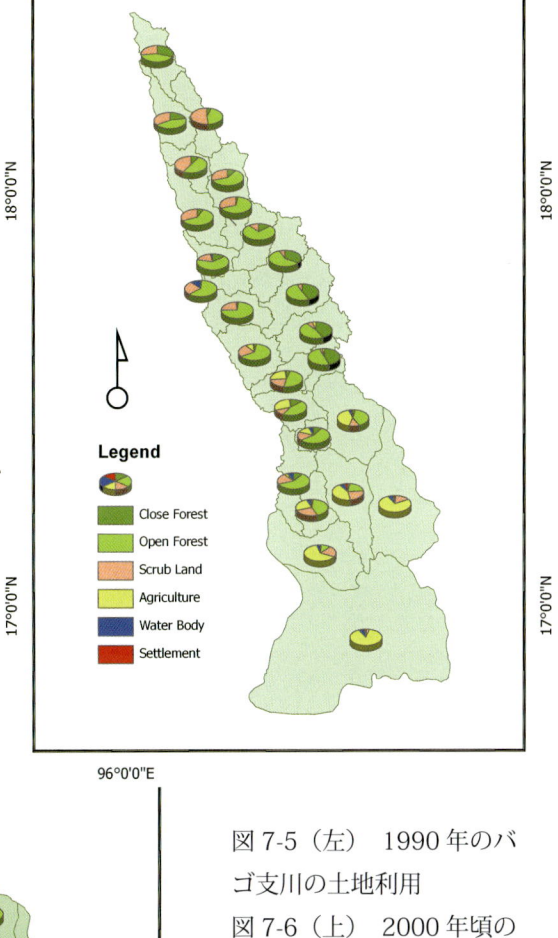

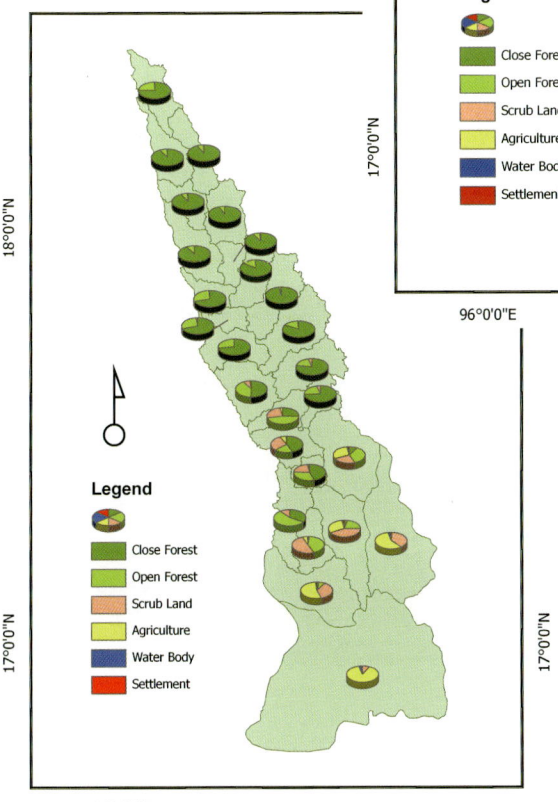

図 7-5（左） 1990 年のバゴ支川の土地利用
図 7-6（上） 2000 年頃の土地利用
（本書 175 頁　7 章　ミャンマーの森林管理問題点とバゴ川流域の土地利用変化を参照）

h

田園空間が津市の拡大に伴って沿岸部に宅地面積を広げていく過程がみえる。また、平成に入ってからは流域内に多くのゴルフ場が開発されている。

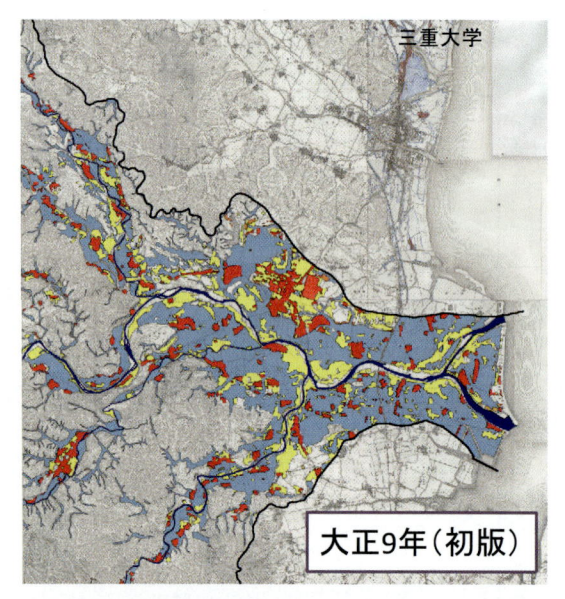

土地利用	
宅地・商業施設	
水田	
畑	
果樹園	
工場	
ゴルフ場	
公共用地	
河川	

大正9年(初版)

昭和34年

平成19年

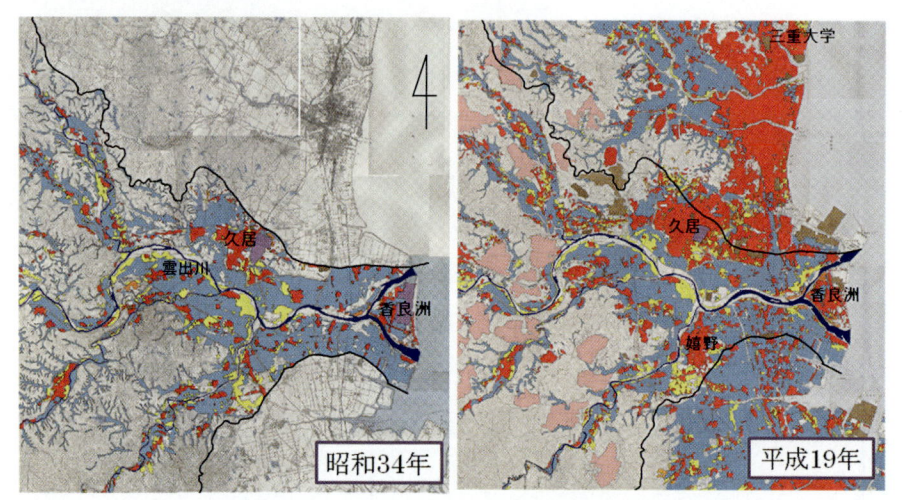

図8-3～図8-4　雲出川の土地利用変化
(本書191頁、8章　土地利用変化と遊水地計画―雲出川を例として―を参照)

災害軽減と土地利用

春山成子編著

古今書院

目次

1章	水害地形分類図からリスクを考える		*1*
	1 災害被害とむきあう		*1*
	2 地域がむきあう防災		*6*
	3 水害の質的な変化について		*8*
	4 水害に関する既往研究の多様性		*9*
	5 治水地形分類図の示す脆弱性		*13*
2章	地方都市の社会変化と水害―円山川2004年洪水―		*15*
	1 円山川と豊岡市について		*16*
	2 円山川流域の洪水脆弱性の評価		*19*
	3 円山川下流域の地形		*22*
	4 円山川の特性は？		*25*
	5 円山川の河川改修と既往水害について		*25*
	6 2004年水害		*30*
	7 旧豊岡市の自主防災組織について		*37*
	8 自然と人文現象からみた円山川流域の洪水要因		*45*
3章	城下町の変容と災害リスクの変化 ―法制度変化と都市河川防災―		*50*
	1 災害リスクを考える		*50*
	2 福井県における河川整備と防災について		*54*
	3 都市化と防災団体の活動		*58*
	4 福井市の都市化と地域防災		*62*
	5 地方都市における地域防災のあり方		*77*

4章　漁村から国際的リゾート地域に変化した地域での災害　　　81
　　　　―プーケット津波災害―
　　1　災害に強い地域とは　　　81
　　2　プーケット県はどこに位置しているか？　　　82
　　3　災害脆弱性評価について　　　87
　　4　二枚の地形図・空中写真から土地利用変化の進展を理解する　　　88
　　5　地域コミュニティーは防災活動との結びつき　　　95
　　6　土地利用変化が地域の防災活動へ与えた影響　　　111

5章　田園空間と伊勢神宮を取り巻く地域の変化　　　114
　　1　河川流域の土地利用変容をどうとらえるのか　　　114
　　2　宮川流域はどのようなところか？　　　115
　　3　宮川の洪水の歴史　　　116
　　4　宮川の土地利用の変化　　　117
　　5　地域計画について　　　120
　　6　景観形成に向けた伊勢平野の動きとその背景　　　122
　　7　景観整備で揺れる地域　　　123
　　8　勢田川の景観形成　　　126
　　9　河崎地区での景観にかかわる住民認識について　　　134
　　10　景観の魅力　　　140

6章　熊野古道と中山間地域の景観形成と河川管理を　　　144
　　　土地利用から考える
　　1　中山間地域から何がみえるのか？　　　144
　　2　景観について　　　145
　　3　地理空間からみる熊野川流域　　　146
　　4　熊野川流域の人間活動は土地利用をどのように変化させたのか？　　　148
　　5　熊野川流域に残る信仰景観　　　159
　　6　熊野川の環境について　　　172

7章	ミャンマーの森林管理の問題点と バゴ川流域の土地利用変化	175
	1　リモートセンシングを使った土地利用変化研究について	175
	2　バゴ川流域の土地利用変化を知るために	178
	3　土地利用景観と時間的な土地利用変化について	179
	4　バゴ川流域における森林環境保護の歴史	183
	5　バゴ川流域の土地利用の質的変化	185
8章	土地利用変化と遊水地計画―雲出川を例として―	191
	1　遊水地と河川管理	191
	2　遊水地計画への議論	192
	3　雲出川流域の人文・自然環境について	193
	4　河川管理の史的展開	194
	5　中流の遊水地について	196
	6　雲出川中下流息の土地利用の変化動向	197
	7　連続堤防建設はどのように下流に影響を与えているのか	199
	8　洪水氾濫を香良洲地区で考える	200
	9　浸水被害額の経済比較	203
	10　霞堤防は有効か？	210
9章	土地利用管理とタイ南部の洪水軽減に向けた動き	212
	1　タイの洪水	212
	2　ハジャイ・都市水害	215
	3　災害管理になにを求めようとしているのか	218

あとがき　　222

第1章

水害地形分類図からリスクを考える

春山成子

1　災害被害とむきあう

　2011年3月11日、世界中に東北地方を襲来した地震と津波を映し出す映像が配信されていた。世界中を走った震撼の映像の前に、人々はくぎ付けになった一日であった。東日本大地震は震源でM9.0を記録する巨大地震であり、この地震災害で地区によっては地表面に5m以上もの食い違いを生み出した。仙台市の居住地となっていった丘陵地域では切土・盛土などの人工改変地が増えていった結果、斜面崩壊も発生させていた。地盤の陥没を受けた地区もある。

　地震はいやおうなく沿岸域の家屋の崩壊を導いているが、揺れに次いで巨大津波が三陸海岸の小さな谷底平野、仙台平野や石巻平野を飲み込んでいった。漁船、プレジャーボート、舟屋、民家、トラック、自家用車などが次々と津波によって内陸部に押しこまれていった。リアス式海岸ではところによっては、津波の溯上高が30mを超えたと報道されている。世界一と称賛されてきた大きな防潮堤を超えた津波、または、防潮堤を一部破壊して津波は内陸部深くまで入り込んでいった。三陸海岸を刻んでいる細長い谷底平野を一気に這いあがった津波は斜面地まで登りつめた地区もある。高架、道路などで遮蔽された地区は辛くも大きな被災から逃れた地区もあり、沖積平野の微地形に沿った津波進入路は人工的な構造物によって津波の流れ方向は大きく変化していた。

　1960年のチリ津波地震を経験していた旧志津川地区の細長い谷底平野は冠水して、多くの死傷者を出していた。津波伝承をのこしてきた田老地区も家屋は残さず流されていった。宮古、釜石、石巻などの鉄鋼の町、漁業の町でも、今までの防災施設を設置する際の災害想定を大きく超える津波に遭遇し、避難活動にはすぐに移ること

のできなかった地域住民も多い。ハザードマップが作成されていた地区であっても、市町村が避難所として指定をしていた建物は津波で破壊され、あるいは流されてしまった地区もある。また、市役所・町役場が破壊されて流されてしまったため、避難行動を促し、避難行動に移すための地域ネットワークが動かない状況となった。避難を告げる広報課の職員が被災して住民への適切な広報活動に支障をきたすようになった。河川堤防、防潮堤などは崩壊している部分も多く、満潮時の冠水のリスクは大きい。また、灌漑排水施設も破壊している。

　地震災害、津波災害に加えて、さらに大きな人災は福島第一原発の地震・津波による事故である。大気、地表面、表流水、海洋への放射能汚染が拡大し、全村離村を余儀なくされた村も多い。二次的な災害として今後の豪雨時での地盤が沈降した地域での洪水災害も想定される。

　2000年には中京圏が東海豪雨に見舞われ、典型的な都市水害は、地下鉄構内に洪水が流れ込み、湛水によって都市交通システムなどを麻痺させたため、多くの帰宅難民を出したことは、まだ、記憶に新しい。2004年の夏は日本海岸側に立地している多くの都市地域で洪水が発生した。都市部で洪水被害を引き起こした河川流域としては、三重県宮川流域、兵庫県の円山川流域、福井県の足羽川流域、新潟県の信濃川下流地域などがあり、死傷者数は極めて少ないものの、豪雨による内水氾濫、堤防が一部破堤防したことによる外水氾濫が相次いだ。冠水によって農地被害、ことに中山間地域での斜面崩壊を伴い、公共交通として鉄道、道路被害が大きく、都市部では商店街に泥水が流入したことで経済被害も大きかった。

　この2004年も各地で自然災害が発生した年であるが、目を海外に転じてみると、スマトラ沖地震が発生し、周辺地域での津波災害が報道された年である。スマトラ島北部のアッチェ州を中心としてM9.1の巨大地震による震災被害は甚大であり、死者数は22万人に及んでいる。巨大地震に伴って近隣地域のみならず、アフリカまで津波が発生している。タイ半島部、マレーシア、スリランカでの被災、インド洋の対岸にあるマダガスカル島までも被災地域となった。津波による被災者、死者、建物被害での各々の国の経済損失は近年に経験がないほどの大きなものであった。

　また、アンダマン海にそって展開しているタイ・プーケット島の西側海岸では、国際的なリゾート地域であることも関わり、海外からの観光客が多く被災した。リゾート地域で滞りがちな防災活動、災害予警報などに注意を払う必要性が問われたのが2004年であった。巨大地震の余波は、ひとつの村、ひとつの町、ひとつの都市、ひとつの国の自然災害にとどまることはなく、震災が地球上の諸地域へ波及する社会問題となりうることが示された。

2008年、ミャンマーのイラワジ川デルタの南端部がサイクロン・ナルギスによって高潮災害に見舞われた。ミャンマーでは災害発生後に2年が経過していながら、被災地では普及、復興計画が見えていない地域が多かった。さらに、軍事政権下のなかでミャンマーの一般住民は居住地域の復旧、教育施設などの復旧が見えず、2011年2月に現地を訪問して際に被災地が置き去りにされていた地区もあった。このようななか、手探りで日本、イギリス、ノルウェーほかの国のNPOが、積極的に避難者を支援するための活動に乗り出していった。日本からはJICAが、被災した小学校の復興を支援するプロジェクトを作り、被災したイラワジデルタの小学校を修復することに加わっていった。

2009年、フィリピンのマニラ首都圏とマリキナ川流域で台風による豪雨で冠水が発生した。長期にわたる洪水・冠水でマニラの下町、ラグナ湖の周辺の湖岸低地で交通マヒが発生し、熱帯の暑い気候で浸水地域では疾病も発生し、多くの住民の生活を脅かした。この地域の洪水氾濫は毎年のことであり、防災施設としてラグナ湖からマニラ湾にむけて排水施設としてマンガハン放水路が建設されるなどの構造物対応の防災が計画されてきた。しかし、無秩序な土地利用の高度化は防災インフラの整備なく、マニラ首都圏を取り巻く隣接地域にアーバンスプロールを拡大していった。このため、豪雨災害の爪痕は3カ月近くも無残に見せつけていた。

2010年の災害としては、兵庫県佐用町（さようちょう）での洪水、岐阜県の西可児（にしかに）地区での洪水を挙げることができよう。可児川の狭窄部に流木がせき止められて、豪雨時に河川がせき止められたためにバス、自家用車などが湛水で浮き上がってしまった。

アジア太平洋地域の中では、取り分けても東南アジア諸地域、南アジア諸地域での水害被害が顕著である。日本は地殻変動、気候変動のなかで防災施設が整備されていっても自然災害を完全に防ぐことはできない。一方、2010年には先進社会であるドイツ領内でナイセ川流域の平野で洪水氾濫が長期化した。同じく、2010年に発生したパキスタン・インダス川流域での洪水による被災者数、経済的損失が大きかった。

日本の国土は地球表面に占める面積は大きくないが、プレートの沈み込み帯に当たり、巨大地震の巣がある。自然災害の発生という視点からみると、世界のなかでも、きわめて特異な地域であり、注目されるべき地域である。さらに、日本の地形的な特殊性から、国土面積のおおよそ10％にすぎない沖積平野に50％もの人口が集中しており、経済的な資産についても75％までが集中している。このため、ひとたび、平野部において自然災害が発生すると、その被害額は経済的に甚大なものになる。特に、河川の流域面積に対して、急峻な河川勾配を持っている日本の河川では豪雨による斜面崩壊、土砂災害などを併発し、下流平野では越水、堤防の破堤、長期湛水深を

引き起こす洪水被害は人さい。国が管理してきた河の流域整備が遅れていたことも、2004年に相次いだ洪水の発生要因のひとつとしてあげることができよう。

　1960年代と1980年代における水害原因を比較すると、破堤や有堤部の浸水面積は3分の1から2分の1程度に減少しているが、内水氾濫による洪水被害面積は3倍近くにまで増加している。このような内水氾濫の被害が増加していった原因をみてみると、よくいわれるように河川管理・整備が進展した結果、豪雨時に狭い堤外地に押し込められた洪水流が行き場がなくなって本川や支流に逆流していくことになったこと、さらに、本川の水位が急激な上昇をすることで支流域に湛水域を拡大したことが挙げられよう（山崎 1994）。

　しかし、人間活動そのものに目を投じると、現在のように河川堤防が整備されていなかった時代、沖積平野に居住空間を広げていった結果として、氾濫しやすい土地に住むことになった居住者たちは、洪水氾濫が発生することを常に予期しつつ、平野の土地利用を考え、自然環境に寄り添って生きる道を選択し、「水害と共生」する社会を構築してきた。すなわち、地域ごとに変化する自然環境に適合するような住まい方を考えて、自然環境を克服するのではなく、自然環境との共生が生活の底辺にあった。極地風に対しては防風林、家屋を包み込む屋敷林などを配置することで災害を軽減してきた。洪水襲来地域では輪中堤防を建設し水屋建築で安全を保つ工夫、まさかの時の災害ボートを軒につるして非常事態を常に注意してきていた。落雷の多い地域には雷電神社をつくり祈りをささげる、一方、扇状地での防災の極意として信玄堤に見るような霞堤防と遊水地の組み合わせによる災害の軽減手法を生み出していた。

　また、アジアの風土のなかで育っていったムラ社会、「水利社会」は水利組織として農業を支える灌漑排水の施設管理を任されたばかりではなく、洪水時の災害防止事業へも展開していった。また、非常事態が発生することを常に考え、その時代にあった地域ごとの避難システム・体制を構築しようとした。

　逆説な表現をすると、河川流域で整備が進み、河川堤防・管理が強化されるようになると地域住民は安全を錯覚するようになった。このため、人間の生活空間は低平な沖積平野の最前線で高潮災害に襲われそうな地域まで前進していくとともに、河川堤防の建設が進められると、堤防近くまでを活動域として住宅地を拡大していった。水田・畑など、耕地の生産性向上を考えた高度な土地利用体系の成立なども手伝い、沖積平野をより脆弱な生活空間へと導いた歴史だともいえる。土地利用は高度化したものの、いったん、河川堤防が破堤した場合、予想を超える被害に見舞われるようになった（高橋 1999）。

　現代社会はこのような防災施設でやっと生活が守られていることを知らない住民も

増えている。発生確率年が100年から200年をターゲットにした防災施設が充実していくが、都市域を流れる河川での決壊はいまだに発生している。死傷者を多数出すような水害は減少しているが、中小河川では河川堤防の越水・破堤と外水氾濫、内水氾濫による長期にわたる浸水が頻発している。その原因の一つと考えられているのが、無秩序に進められた都市開発と適切なインフラ整備が伴わない地域への宅地の進出、都市周辺の開発によって緑地帯が喪失していったこと、舗装率が上昇することで浸透能力が減少していったことなどであろう。それぞれの土地条件に最適な土地利用計画の議論を待たずして都市が出現し、都市が拡大していったことが問題である。

多少の洪水時に湛水を一時的に滞留させることの可能な洪水バッファー地域として活用できた水田地域が減少した。遊水地としての防災機能が付加されていた低地が徐々にポンプ排水機場などを整備することによって、宅地、工場や商業地域に変わった。水害に対して社会構造、地域構造が脆弱性を露呈している。むろん、自然要因としては、都市地域でのゲリラ豪雨といわれる降雨強度の大きな降雨の出現も一つの要因であろう。

現在、日本の河川改修技術や排水機場などの防災施設整備、ダム、放水路などの構造物を建設して防災にむかうハードな水害対策はすでに一定程度の水準に達しており、世界的にみてもすぐれた技術水準にある。しかし、大規模な河川改修がおこなわれることで発生する自然環境への影響については必ずしも、地域住民に知らせてはおらず、洪水への共通理解にはないという疑問の声もある。巨大な河川堤防が建設されたことによって、河川とのふれあいが断裂してしまい、かつて河川が持っていた歴史的・文化的機能、河川が本来もっていた多自然的な機能、緑地と一体化したなかでの水辺空間と親水空間などはコンクリート護岸によってすでに喪失してしまっている。河川と河川周辺地域の自然環境が存在していことで、自然とはかられてきた環境学習の場所の提供はできなくなった。保健・休養を支え、レクリエーション活動を支援することも困難になっている。

河川管理にかかわる施設の整備を伴うハード面のみが充実されるばかりではなく、都市水害対策にむけた自助として、地域住民が自ら、居住地域の自然環境を知り、歴史的な自然災害に目をむけて、被災しないための工夫を学ぶことができることが必要である。河川環境を理解し、「優しさと厳しさの両面を持つ河川環境」であることを踏まえ、住民主体の防災活動にも目を向ける工夫が必要である。このような社会の変化を考えていくと、住民参加型の防災活動を支えうる仕組みを考慮した防災対応策を考えるべき時期に来ている。

河川流域に対する、地域住民のニーズなどに対する情報公開や自然災害発生によっ

て生じる被害の減少を考え、水害保険の在り方などにおいても対応が求められる時代に入ってきている。

2 地域がむきあう防災

　2006年版の「防災白書」の中では、自然災害を軽減するためには、行政が手を差し伸べる「公助」のみではなく、被害を軽減するために、地域住民が自発的に防災活動・避難活動・救援活動などを行う地域内での「自助」、「共助」がきわめて重要であることが示されている。地域内の活動の一つとして、「地域コミュニティ」を主体とした、自主的防災組織を立ち上げること、すでに設置されている組織を強化して、育成することが挙げられている。

　自主的防災組織の都道府県別の組織率を見てみると、上位3県には、東海地震が発生した際に影響を受けると想定されている静岡県98.5％、愛知県97.8％、山梨県96.2％（2005年4月1日現在）が上がっている。阪神・淡路大震災で被害を受けた兵庫県を見てみると、地震直後の1995年には組織率が27.4％であったが、2005年現在では94.7％（2005年4月1日現在）まで上昇しており、全国では4位の組織率を示している（防災白書2006）。

　自主防災組織は、1973年7月30日付けの消防災第58号「自主防災組織の整備促進について」等の通達によって、日本各地で設立が促されるようになった。しかしながら、地域によってはその存在を理解していない住民も多い。自主防災組織は、消防組織法に基づいて消防機関として位置づけられている「消防団」とは異なっており、住民相互の合意に基づいて結成される防災組織である。防災組織の規模は、ほぼ既存の町内会と同じものとして措定されている（1996 築山）。

　防災活動に重要なのは防災組織の規模と組織内部での住民相互の活動への理解である。防災組織について構成員相互の認識度は重要である。佐賀ら（1989）は仙台市で防災組織アンケート調査をおこなうことで、ひとつの防災組織が積極的な活動をするためには、既往の活動状況をみてみると100〜199世帯が適当な組織の構成数であろうとしている。

　自主防災組織の設置への動きは、1995年の阪神・淡路大震災を境にして、全国的に拡大し、組織活動は活発化している。しかしながら、全国平均では自主防災組織の組織率は64.5％（2005年4月1日現在）にすぎない。災害を経験すると、その次のステップとして組織を結束させ、より強固な組織に移行させたいと考えるものの、比較的安全な地域であると住民が考えれば、組織化への移行は緩やかであり、今後の

全国的な組織拡大が望まれている。

　阪神・淡路大震災時の自主防災組織の活動状況と活動上の問題点について研究された事例として、石見（1997）、滝田・熊谷（2002）、西道ら（2004）、清水ら（2005）の研究をあげることができよう。1995年の大震災の以前にも、いくつかの地域では自然災害が発生した直後に、地域社会が防災組織を支えていくことの必要性を重要視し、防災活動を繰り広げきた地区もある。1992年、熊本県小国町で発生した土砂災害（宮崎 2006）の後には自主的防災組織が結成された事例もある。長崎県島原市では雲仙普賢岳が噴火し、土砂災害が発生したことを契機にして、自主的防災組織が設置された事例もある（高橋ら 1997）。1978年、宮城県仙台市では宮城県沖地震後に自主的防災組織が立ち上げられた事例（佐賀ら 1989）もある。

　前述のように、地域住民は地域の居住空間を安全であると認識している時には、防災活動・防災組織の組織化などを軽んじているが、ひとたび被災すると、非常時を経験したことで災害軽減を考えるというのは常であろう。すなわち、特定の自然災害が契機として、防災組織の強化、組織の設立が行われること、組織強化などが行われやすいということである。

　しかしながら、地域の独自性が求められる防災活動であっても、自主防災組織の組織化は地方行政が組織立ち上げに声をかけて、ようやくのこと住民が防災組織を組織化している。組織活動にも行政が組織へ手助けをしているところもあり、自然災害から身を守るという工夫を行政に任せ切っている。また、防災組織にかかわっている住民は、非常事態が発生した場合には、行政が何とかしてくれるだろうという意識を持っている。

　さらに、都市化のプロセスの中で都市住民の意識が変化し、社会構造そのものの変動のなかでの組織への考え方の変化、地域住民の地域への連帯感が欠如していくなど、組織率の裏に横たわる社会的な問題もある。そこで、一部の住民の防災活動にとどまり、住民が主体的に組織的な活動を行うことには困難を伴っている（松本 1996）などの、今後の組織活動への課題も抱えている。

　水野（2006）は、社会変化が防災活動に対して与えた影響とその関係性を見るために、地域都市の都市化プロセスという観点から、福井市を取り巻く地域での防災組織のありかた、防災組織における活動度を調べ、地区ごとに異なる組織活動について評価を行った。この研究においては、福井市の地域住民の在住年数の違いによって、福井市への乖離があり、水防組織の組織形成と防災活動への積極的な関与率に大きく影響していることを示している。

　自主防災組織の多くは、主に地震災害が発生した時のことを想定して、防災組織と

して創設されている。しかし、いつ発生するかについての予測が困難な地震災害と異なって、河川洪水・水害については、被害に至るまでの予測・防災活動までに時間的な余裕がある。そのため、早期の避難活動を想定すると、自主防災組織が果たしうる社会のなかでの役割は大きく、重要性も高いと考えられよう。

3　水害の質的な変化について

　2004年には日本では1951年の観測開始以来、過去最高となる10個の台風が上陸したが（国交省2005）、その中でも2004年台風23号では全国で死者が95人、住家の全半壊が8,655棟に達し、各地に大きな被害をもたらした（牛山2005a、2005b）。日本国内における年間降水量は過去約100年で減少傾向にある一方、大雨の頻度は増加している（気象庁2005）。

　2000年の東海豪雨では予想を超える大雨が、新川堤防を決壊させ、氾濫した泥水で湛水深度した家屋も多く、一方、都市河川で天井川化している天白川流域での内水氾濫などによって、床上・床下浸水合わせて、65,000棟あまりが洪水被害を受けた。この時の、都市水害による被害総額は8,656億円にも上った。同年に発生した北海道有珠山噴火による火山災害被害額が173億円であったのと比較すると、都市部が災害に見舞われた時の経済損失額の大きいは比較にならないほどである。人口数や経済的な資産が集中する都市部において、ひとたび洪水が発生すれば、その被害額がいかに甚大であるか、帰宅難民を含む被災者の数が膨大に上ることが改めて示された結果であろう。

　近年、各地の都市部では強度の大きな集中豪雨が増加しているとともに、このような「都市型の水害」が多発するようになった。1998年に発生した高知水害、1999年では福岡水害が起きているが、人的被害・資産的被害ばかりでなく、地下道・地下ショッピングアーケードほかの地下に設置された施設での水防対策が不十分であるために地下利用者が被災する事例が増え、氾濫浸水後のゴミ問題が注目されることになった。災害時の情報提供の在り方など、これまでの水害とは違った都市ならではの様々な個別社会問題が浮き彫りになってきている（国交省河川局2001）。

　「都市型水害」という言葉は、1958年（昭和33年）に発生した狩野川台風によって東京都西部の山の手地域が大水害となった際に初めて用いられた用語である。狩野川流域でも災害は大きかったが、広く首都圏が洪水被害に遭遇している。この台風災害が発生して以降、より強固な施設をつくることが求められ、河川管理にコンクリート三面張りの河川護岸が強化されるなど、緊急的に流下能力を優先させる河川整備に

向かった地域も多い（島谷 2000）。

　都市型水害とは、広義には、例えば人口、資産、情報機能などが集中している東京首都圏での被災にみるように、比較的大きな河川流域内にある都市域が受け、豪雨後に一気に洪水に至る水害をさしている。また、狭義には、中小河川のように比較的流域規模が小さくても、その河川流域全域が都市化しているため都市化によって土地被覆状況が大きく改変されたことで河川の洪水流量が一時的に増大し、氾濫域の災害危険性が高められる洪水タイプについて都市型水害とすることもある。後者の用い方は、近年の都市水害が多発している社会的な環境変化を背景に考えている（虫明 2003）。また、三好（1994）は都市型水害が多発する社会的な背景として、土地利用の急激な土地被覆形態の変化に伴って、保水機能および遊水機能が低下した氾濫原地域、河川改修に伴って安全な地域として認知された氾濫原に宅地開発が進展することで、さらに、人口集積に向かい、遊水機能・保水機能の低下を招いている。過疎化が進む一方で、都市に集中する人口問題は都市型水害の潜在的な危険度を上昇させている。

4　水害に関する既往研究の多様性

　都市河川の洪水現象、災害軽減に関わる研究は、工学分野から河川工学、水文学、また、人文社会学的な研究分野のなかで社会学、心理学、法律学、また、多分野で複合領域的な研究分野から人文地理学・自然地理学・地形学・気候学などの研究者から、新しい防災研究の方向性が示されようとしている。

　都市地域を流れている中小河川における洪水流出の変化にかかわる研究を見てみると次のようなものが挙げられる。福岡ら（1993）が神田川流域を対象として、流域の平均雨量の算定を観測所の箇所が少ない流域で行う場合の指標を提案したものや、谷岡ら（1998）による降雨量と水位の算定からデータを抽出して、降雨に対する水位の応答時間の検討が行われており、極度に市街化された都市部であれば、降雨と流出には線形的な関係をみいだすことができるとされている。

　一方、水害被害と予測にかかわる研究の一つに注目されているが、ハザードマップ、リスクマップなどである。ハザードマップには地形学を基礎としたもの、水文気象学を基礎としたもの、地域住民の目からみた既往最大災害の足跡を示したもの、災害が発生した場合の避難路・救援路・避難所・水が利用できる場所としての井戸の所在などを示したもの、ハザードシミュレーターを用いた各河川流域の時間ごとの氾濫予測を示したものなど、作成の意図、利用目的、作成原理のことなる多種の地図として公表されている。

初期のハザードマップのひとつとして、平野の地形学を基礎に作成されたものとして水害地形分類図が挙げられよう。日本の洪水史上で必ず出てくる「1959年の伊勢湾台風」の襲来した濃尾平野を対象として、洪水災害が発生する前の1956年に木曽川下流平野の水害地形分類図が大矢雅彦氏の手によって作成されていた。洪水記録の中では未曾有の洪水として災害史上に、その名称を残しているのが「伊勢湾台風」である。

　この台風洪水災害の直後に、「中日新聞」の一面に掲載されたのは、当時ではまだ珍しかったカラー図を用いて「木曽川下流濃尾平野水害地形分類図」が紹介された記事である。ここで紹介された地形図には「地図は悪夢を知っていた」としたキャッチコピーが付されていた。当時、国土地理院に勤務していた大矢雅彦氏（その後、愛知県立大学を経て、早稲田大学教育学部で自然地理学の教鞭をとった、故人）は、日本の沖積平野が形成されていったプロセスを考えて、河川地形学の理論から、濃尾平野の地形構造を示し、さらに、将来にむけて発生しうる河川洪水の形式までを推定していた。さらに、濃尾平野を構成している各地形要素と河川洪水・高潮洪水には深い関係性があり、高潮の被災地域までが検討されていた。

　すなわち、現在、制作が試みられているハザードマップの理念・概念そのものが、すでに、1950年代の初めに、自然地理学から試論が議論されており、河川洪水と微地形との対応関係が示されていたのである。洪水災害が発生する前に、すでに、濃尾平野の水害地形分類図は作成され、印刷されていたが、この地形分類図の所在を知る者は少なかった。むろん、河川管理、防災活動で利用されたわけでもなかった。また、避難支援の活動に利用されたわけでもなかった。

　後年になって、大矢雅彦氏は、「濃尾平野を対象地域として作成した水害地形分類図が、伊勢湾台風前に公表されていて地形分類図の持っている意味が理解されていたら被害は軽減できたであろう。この名古屋地域で地図が活用されていれば、避難活動は速やかであったと……」と、早稲田大学教育学部における自然地理学の講義では、冒頭に必ず語っておられた。

　伊勢湾台風後の災害の爪痕の残る現地をオランダ人水文技術者のフォルカー博士と大矢雅彦氏の二人が訪問し、防災・復興計画のために現地視察を行い、鍋田干拓地を囲む防潮堤が崩壊している現場で今後の復興について議論をしている一枚の写真がある。その後、大矢雅彦氏はオランダの南東部にあるエンスケデ市にある国際的なリモートセンシングの教育機関であるITCに派遣されて、日本の沖積平野の成り立ちについての講義をするとともに、同じく低平なデルタに居住地域を展開しているオランダにおいて、日本の大水害の体験が生かせると考え、濃尾平野で作成した第一号の水害地

形分類図についての講義を行っている。また、水害地形分類図が防災・河川管理への直接的な政策を打ち出すために重要であると考えられ、さらに、社会的な必要性に鑑み、昭和50年代に、建設省（当時の名称）の各河川工事事務所が河川に沿った地域を対象として治水地形分類図を作成していった。

　また、大矢雅彦氏は独自に、一級河川の河川流域と主に下流平野を中心にして、河川の水系に特異な地形構成に目を向けて、多くの洪水地形分類図、水害地形分類図という名称の地形分類図を作成して、公表を行っていった。おりしも、1950年代というのはアメリカ合衆国ではシカゴ大学の人文地理学者、ギルバート・ホワイト博士が流域管理についての提言を出していた時期でもある。

　すなわち、アメリカ合衆国では、フロリダ州での1928年のハリケーンによる高潮、ニューイングランドでの1938年のハリケーンなど多くの死傷者を出していた。1945年にギルバート・ホワイト（シカゴ大学地理）氏は、防災に関わり、1. Land Elevation、2. Flood Abatment、3. Flood protection、4. Emergency measures、5. Structural Adjustments、6. Land-use Readjustments、7. Public Relief、8. Insurance などの必要性を説き、氾濫原管理にまで着目していた。世界の地理学者が集まり、その英知を結集させていく国際地理学会の活動のなかにも、河川管理にかかわり河川地理学者および社会地理学者などが連携して議論を戦わせることにもつながった。

　1968年に、国際地理学会（International Geographical Union）の中に設置された地形分類図分科会には、新たに、地形分類調査図化委員会が設立された。さらに、この委員会に集まった世界の地形学者らによって国際地形分類図を作成することが構想され、やがて「ヨーロッパの地形」と地形分類図がイギリス・ロンドン大学（自然地理学地形学者）のエンブレトン博士（故人）を中心にして編集されて、公表されていった。

　その後、国際地理学会IGUのなかに災害関係の委員会が立ちあげられると、大矢雅彦氏は委員会の活動に対して、終始、主導的な立場に立ち、ヨーロッパ人の地形学研究者にむけて、アジア型の沖積平野の形成理論から導きだされた水害地形分類図の理論と活用について普及を図った。また、アジア各地では地図を研究につかうことが困難な地域の研究者にも、水害地形分類図作成の手法をひもとき、タイ、インドネシアなどの主要河川の流域を対象にして研究・普及の推進をはかってきた。沖積平野研究では地形形成プロセス論が主導であった中で、大矢雅彦氏は常に実学との接点としての地形学の重要性を重んじて、自然災害軽減にどのように地形学が役立つのかについて先導役を務めていた。

　一方、濃尾平野の東部地域を占拠している庄内川流域の重要性に鑑み、春山・大矢

(1986)庄内川、矢作川を対象に地形分類を基にした河成平野の比較研究」を行った。ここでは、二つの沖積平野の地形の成立過程が異なっていることに着目し、流域内の地形要素の違いによって平野の洪水形態が異なることを導き出し、地形分類図に記載されている微地形要素とその構成から、将来の洪水氾濫地域の特性を読みとることができることを示した。また、河川流域の地形・地質と植生の違いが平野の地形特性を生み出していることから、平野ごとに洪水特性は異なることも示した。

　工学的な視点から、吉野ら（1982）は洪水危険度を評価する手法について検討し洪水危険度評価地図を作成しているがここでは1）地形学的、2）既往洪水のデータ解析、3）水理・水文学的、4）洪水被害額の算定など、主に4つの方法を用いて論じられている。その結果、都市化が顕著な中小河川において、豪雨後の河川の流出・変化は治水対策の効果についても検討が加えられた。日本の多くの河川流域では、洪水の推定については、3）、4）の方法を用いて解析することが有効であろうとした。橋本・森田（1982）は東京都の台地を東西に流れる川を対象として、水理学的・運動学的な手法を用いて土地利用変化が河川流出にどのような影響を与えているのかについて評価しており、洪水流出モデルが提案されることになった。

　都市水害についての研究も多いが、例えば、北原（2006）は明治時代以降の水害の変遷や水防について検討を加え、測定や数値計算によって河川特性を把握する手法が導入されたこと、コンクリート材料や施工機械の登場と高度化によって防災にかかわる作業能力が飛躍的に向上して、河川管理施設が強固になったとしている。石原ら（1986）は、1960年代の日本の高度経済成長期以降の水害の特徴をとらえ、都市水害へのシフトをまとめた。水田（2003）は減災手法を理解することを目的として、既往の水害研究のレビューを通じて土地利用の用途変更が災害巨大化にかかわる節目となっていることを考察した。また、井上（2001）は2000年に発生した中京圏での東海豪雨災害を事例として、被害発生の原因や行政がどのように地域に対応したのかについて検討するとともに、洪水の被害額の特徴などを明らかにしている。

　河川管理にかかわるハード対策に対しては、防災を考えた運用ルール、河川流域において洪水を面的に負担させていく重要性が問われ、より自然災害に対して「強い社会」をつくること、治水のための構造物のみに頼らないソフト的な自然災害への対策が重要であることが認識されるようになった。ここでは、土地利用変化が土地条件と合致しない、近現代の都市計画を再度、見直して、より持続的な社会を創造することも含まれる。より安全で、より安心できる暮らしを継続することを可能とさせるために、河川管理にも、長期的な自然環境の基層変化に着目した管理方策が検討されるべき時期に来ていることが示されている。

また、地域住民に対しては、自らが自然環境を理解して、居住空間を管理することに向けたハザードマップほかの環境情報・防災科学情報を日常生活のもとで提供されているべきことなども課題であり、社会構造変化のなかで、地域を支える防災関係の住民ネットワークの重要性が問われなければならない。

5　治水地形分類図の示す脆弱性

　1959年9月21日、サイパン島の東方海上で発生した台風15号は9月26日に紀伊半島を縦断して北上していった。9月26日、名古屋市では、この台風の襲来で瞬間風速44.2m/s、最低気圧958.2hPaに見舞われ、名古屋港における最大潮位は21時35分で389cmTPを記録した（気象庁1961）。この台風は日本の水害史上に大きな社会問題を提示することになった。

　先に示した、木曽川下流濃尾平野水害地形分類図（1956）は伊勢湾台風より前に作成されており、この水害地形分類図には段丘面が6面、扇状地が3面、谷底平野が2面、三角州は自然堤防・後背湿地・旧河道の3面、湿地、干潟、砂丘、天井川、河原浜、干潮限界、水面、崖錐、丘陵・山地などの微地形要素ごとに分類されており、人工的地形としての干拓地を近世以降の時代で8時代区分をしている。また、河川を流れる海水の影響を考えて感潮限界点が示され、河川堤防・防潮堤などの人工的な構造物が追補されている。

　伊勢湾台風による高潮・洪水は、1995年の阪神・淡路大震災の死者数と並び5300人に及ぶ大水害であった。鍋田干拓地の干拓堤防が破壊されると、江戸時代以降に連面と形成されてきた干拓地の中を、海水はあるところでは旧河道をさかのぼり、水田面を海水で潤し、デルタの北限地域まで一気に侵入していった。一方、上流側に位置している扇状地においては牧田川流域、犬山扇状地に見るように布状洪水の形態を取った。自然堤防地帯の場合には、洪水で冠水しても洪水が早く流れ去っていくが、背後に形成されている後背湿地では1カ月に及ぶ長期にわたる湛水の継続を記録している。その後、台風災害が発生すると、河川地理学的にみて洪水災害と平野の地形との関係は、当たり前のように紹介されるようなったが、伊勢湾台風の痕跡と濃尾平野の水害地形分類図の示した地形単位と洪水との関係が、すでに、1959年にはひも解かれていた。

　昭和51年から昭和53年にかけて、一級河川の流域では治水地形分類図が作成され、2万5千分の1縮尺の基図上に地盤高線、微地形要素、堤防などの治水構造物が記載されている。これらの土地条件を示した地図が発行されて、広く住民に公開される

までには長い年月がかかっている。現在、土地条件図、治水地形分類図は国土交通省ハザードマップポータルサイトからみることができるようになった。

参考文献

気象庁（1961）：気象庁技術報告第7号，「伊勢湾台風調査報告」
井上和也・戸井圭一・川池健司（2001）：東海豪雨災害と都市水害．京都大学防災研究所年報．44-A：71-79．
石原安雄・大沢眺・佐野元彦編（1986）：『都市の変容と自然災害』．69-100．日本学術振興会．
石見利勝（1997）：自主防災組織とコミュニティ活動．社会経済システム．16：43-49．
伊藤安男（1994）：『治水思想の風土―近世から現代へ―』．45-49．古今書院．
春山成子・大矢雅彦（1986）：地形分類を基礎とした庄内川，矢作川の河成平野の比較研究．地理学評論．59-9：571-588．
橋本　健・森田正（1982）：土地利用変化を評価する洪水流出モデルに関する研究．土木学会論文報告集．325：45-50．
福岡捷二・谷岡康・高本正彦（1993）：都市中小河川における雨量観測所の密度が面積雨量精度に与える影響．水工学論文集．37：27-32．
橋本　健・森田正（1982）：土地利用変化を評価する洪水流出モデルに関する研究．土木学会論文報告集．325：45-50．
内閣府編（2006）：『防災白書　平成18年版』．221-223・246-255・260-277．株式会社セルコ．
大熊　孝（1988）：『洪水と治水の河川史―水害の制圧から受容へ』．平凡社．
大谷貞夫（1986）：『近世日本治水史の研究』．雄山閣出版株式会社．
大矢雅彦（1986）：水害地形分類図の作成とその活用．地理．31（5）：53-65．
大矢雅彦・丸山裕一・海津正倫・春山成子・平井幸弘・熊木洋太・長澤良太・杉浦正美・久保純子・岩橋純子・長谷川奏・大倉博（2002）：『地形分類図の読み方・作り方』．古今書院．
佐賀武司・山田晴義・小関公明・高橋隆博・湯田善郎・青木恭介（1989）災害弱者に対する地域の防災的対応力に関する研究　自主防災組織の活動実態についてその1．日本建築学会大会学術講演梗概集．237-238．
坂上敏彦（2005）：平成16年台風23号による地盤災害―兵庫県豊岡市の円山川の事例―．地質と調査．第2号：42-45．
島谷幸宏（2000）：『河川環境の保全と復元』鹿島出版会．
瀬尾佳美（2002）：都市水害へのソフト型対策とリスクコミュニケーション―東海豪雨災害を例に―．下水道協会誌．39（478）：14-19．
周　国云・森二郎・江崎哲郎（2000）：GISを用いた広域地盤沈下の浸水発生危険性および洪水氾濫への影響評価．土と基礎．48（1）：18-20．
高橋　裕（1999）『都市と水』岩波新書．
高橋和雄・河野祐次・中村聖三（2005）：熊本県内市町村の地域防災計画と防災体制の実態に関するアンケート調査．自然災害科学．24（2）：163-170．
滝田　真・熊谷良雄（2002）：大規模災害時の避難所運営に関する地域防災力評価．地域安全学会論文集．4：15-24．
谷岡　康・福岡捷二・谷口将俊・小山幸也（1998）：都市中小河川の洪水流出特性．土木学会論文集．No. 586：1-11．
春山成子・大矢雅彦（1986）：地形分類を基礎とした庄内川・矢作川の河川平野の比較研究．地理学評論．59-10：571-588．
山崎憲治（1994）：『都市の水害と過疎地の水害』築地書館．

第2章
地方都市の社会変化と水害
―円山川 2004 年洪水―

春山成子・辻村晶子

　1960 年代、日本は経済発展をとげるとともに、村落部から都市へと人口が流動した。日本各地の農村・都市の両地域で土地利用が大きく変化しようとしていた。河川流域を眺望してみると、河川中流から上流地域においては過疎化と少子高齢化、公共施設の撤退と限界集落へのプロセスが進んでいることが目に付く。限界集落はさらに消滅集落に向かっていき、少子高齢化は中山間地域の村落のみならず、地方都市では同様な動向に向いている。林業集落、農業集落からの流出人口増加は中山間地域の農業地域に耕作放棄地を作りだしている。中山間地域における地域社会の変化、土地被覆変化のダイナミズムは、河川流域の維持管理の変化手法の変化も手伝い、地域社会の災害脆弱性を生み出した。

　河川下流地域に展開している沖積平野では、特に都市部での急激な人口増加と急速なアーバンスプロールが継続した結果、低地の土地利用形態が大きく変容していった。村落社会の構造、都市の社会構造も土地利用が変容するなかで大きく変わろうとしている。都市に住民が増えることで、都市のインフラ整備は不可欠となる。アメリカ合衆国のように、災害脆弱性の高い地域を居住地区から遠ざけて、必要に応じた居住空間制限を設けている。一方、社会インフラを拡充することで、「生活の安全」を工学的な手法によって確保していった日本では、都市住民は自らの生命・財産は構造物によって守られていると確信しており、住民自らが発送すべき「災害への危機観」が失われている。

　水害対策について考えてみると、河川流域管理の手法ではハード面の充実に力を注いできた。被害想定内の自然災害が発生した場合には、住民の安全は守られるものの、想定外の災害発生に対して、その外力を牽制することは困難である。

　このようななか、地域社会全体で地域の防災活動に取り組み、地域住民が相互に非常時にも助け合うことができる社会構造とネットワークを構築することへの変化が求

められている。

　地域社会の中で活動している組織・コミュニティーの中から、自治会、町内会、これより小さな規模の社会のなかで自主的な防災組織が設立している。自然災害が発生時において、社会全体が地域を守っていく体制を作り上げていくこと、災害予知と防災組織のネットワーク化を強化することが必要となってきていることを示している。1960年代以降、急速に経済の高度経済成長期に向かっていった地方都市が、都市の拡大に伴って「地域の変容」をしている。地域に依拠しているはずの「地域固有」の防災組織も、また、社会構造的に変化に合わせて変容している。しかしながら、自然災害の発生後に被災した地域で地域差を眺めてみると、被災者数を出さずに済んだ地域もあれば、多くの被災者を出した地域もある。さらに避難活動、避難行動には、自然環境の地域差では説明がつかない事象がある。災害後の「復興」事業には新たな土地利用計画が必要であり、持続可能な土地利用の管理を熟慮する必要がある。

　社会組織の動きを見てみることで、地域差を理解することができる。この章では、円山川を事例地域として選定し、地域社会がどのように防災に取り組もうとしたのか、河川環境との関係について論じてみたい（佐賀ほか1986、高橋ほか1996、高橋ほか1997、高橋ほか2005、滝田・熊谷2002）。

1　円山川と豊岡市について

1-1　旧豊岡市とその地理的位置について

　旧豊岡市は2005年4月に平成の市町村の大合併に伴って、その市域を拡大していき、豊岡市を構成する市町村が改められている。しかし、この章では、地域社会の防災との取り組みとして2004年洪水と防災活動を取り扱うために、平成の市町村合併以前における旧豊岡市の市域範囲に限定して、地域社会が洪水とどのように向き合ったのかについて眺望してみることにする。

　当時の旧豊岡市は、人口数47,513人、世帯数16,472、市域の面積が162.35km^2（2005年3月時点、豊岡市2005）である。旧豊岡市の市域の中心部は円山川の中流部にあり、河口部からおおよそ13km上流地域に位置している（表2-1、図2-1）。

　旧豊岡市は、2004年に発生した台風23号によって、市内の16,472世帯のうち、ほぼ全域に

表2-1　旧豊岡市の基本データ
（出典：豊岡市統計資料　2003）

項目	数値
人口（人）	47,230
世帯数（世帯）	15,866
面積（km^2）	162.35
人口密度（人／km^2）	290.91
高齢化率（％）（65歳以上の割合）	12.7

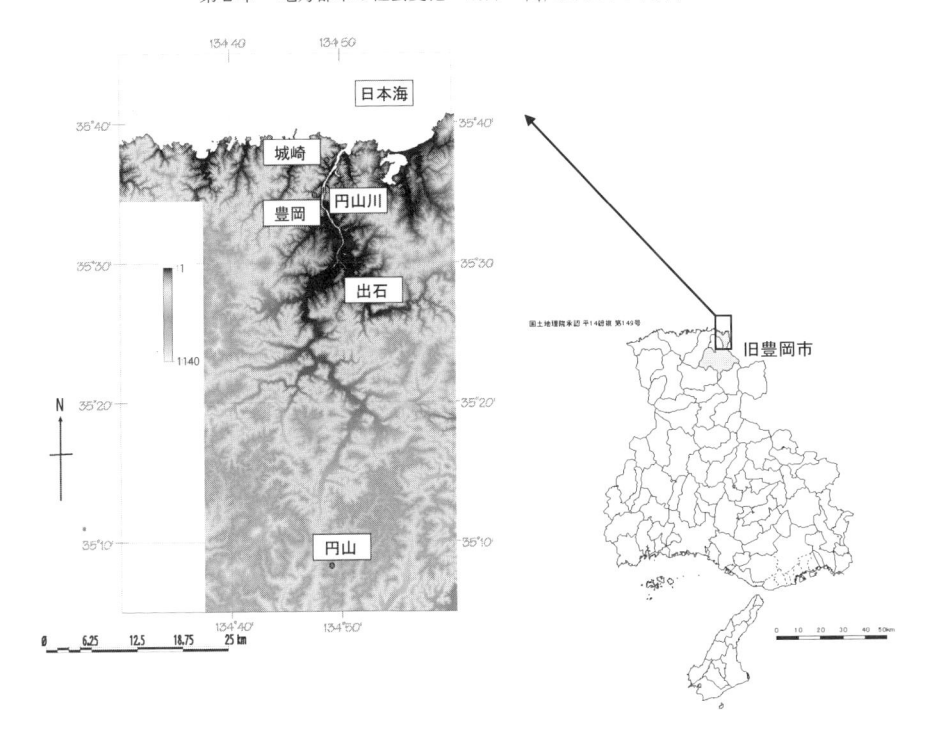

第 2 章　地方都市の社会変化と水害 —円山川 2004 年洪水—

図 2-1 調査対象地（左：TNTmips、右：KenMap8.1 を用いて作成）

あたる 15,119 世帯に災害避難の指示が出された。また、台風によって、床上・床下浸水被害が全世帯の約 15％にまで拡大し、家屋の全半壊などは 20％を示し、甚大な洪水被害を甘受した（豊岡市 2005、坂上 2005、牛山 2005a、b）。この地域の都市化に伴う地域社会の変化は大きい。1960 年代以降の、日本の高度経済成長期とともに発展し、工業化に向かっているものの、工場の中国の移転などを含め、市域内に空洞化がすすめられた地方都市でもある。

1-2　旧豊岡市の土地利用の変化

　旧豊岡市の都市基盤は近世の城下町である。16 世紀、羽柴秀吉（のちの豊臣秀吉）が但馬地方の山名勢を攻略した後、天正 8 年（1580）に羽柴氏の配下にあった宮部善祥房が神武山に城を築いたことが城下町の始まりである。城の周辺に城下町が建設されており、近世初頭には現在の豊岡市街地の基礎となる区域構造が作られていった。

明治維新を迎えると、豊岡市街地は徐々に拡大していき、明治4年（1871）には、但馬8郡、丹波3郡、丹後5郡を合わせて、豊岡県が設置されることになり、豊岡には当時の県庁所在地がおかれている（豊岡市史編集委員会1981、1993）。

　しかし、同9年（1876）、豊岡県が解体されて兵庫県と京都府に合併された。明治22年（1889）には町村制施行に伴い、旧豊岡市域には豊岡市と周辺に9ヶ村が誕生した。大正14年（1925）、山陰地方が北但大震災に見舞われると豊岡町では市域の7割が焦土と化した。当時、進行中の円山川の河川改修事業も進展していき、耕地整理が進められると急速に豊岡市は城下町の中心部から外延部へと居住空間は拡大していった（豊岡市史上巻1981）。

　豊岡町は昭和8年（1933）に八条村を合併、昭和18年（1943）に田鶴野村・三江村を合併、昭和25年（1950）に豊岡町は周辺の五荘村、新田村、中筋村の3ヶ村を合併し市域を拡大させた。昭和の市町村合併後、昭和30年（1955）に港村・奈佐村の合併、昭和32年（1957）に神美村の一部が編入された。昭和33年（1958）、日高村の一部が編入され、旧豊岡市の市域面積はさらに拡大した。しかし、平成の豊岡市では首都圏、関西圏への人口流出と少子高齢化にむかっていった。そして、従来の枠組みを大きく超えた市町村の大合併時代をむかえ、平成17年（2005）に城崎町、竹野町、日高町、出石町、但東（たんどう）町が豊岡市に合併されると、新豊岡市が誕生していった。兵庫県では最大面積を有する自治体となった（豊岡市統計資料　平成18年版2006）。

1-3　円山川の環境

　円山川は兵庫県の朝来市生野町に位置している標高641mに過ぎない定高性のある円山から流れだしている河川である。水源標高は低く、侵食平坦面を刻みながら、河川は北流している。本流の延長距離は67.72km、流域面積は1298.5km^2であり、その流域面積は兵庫県の面積のおおよそ16％までを占める但馬地方を代表する河川である（豊岡市史上巻1993）。円山川の本川の河口部地点から27km上流、出石川が本川に合流する地点から8.7km地点まで、奈佐川の本川合流点から4km地点までは、国が管理する一級河川としての直轄区間となっている。円山川の全流域のうち、山地面積は86％、平地面積は14％であり、中山間地域が広域にわたる河川流域である。円山川に流入する河川としては大屋川、八木川、稲葉川、出石川、奈佐川などがあり、支川数は95に及んでいる。

　円山川の流域の人口は2004年現在で16万人であり、下流域の人口は8万人である。円山川の河川景観は3つの単位で構成され、鶴岡橋から22.5km上流側の山地

河川部、鶴岡橋から玄武洞の 7.0 〜 22.5km における細長い谷底平野、玄武洞より河口側の 0 〜 7.0km のエスチュアリー区間である。円山川の最大支川出石川との合流点から河口までの 16km 区間では河床勾配が 1/10,000 と緩やかであり、潮汐作用の大きな感潮区間である（河川水辺の国勢調査年鑑 1992）。

2 円山川流域の洪水脆弱性の評価

水害は集中豪雨、台風、高潮、津波などのエネルギーなどによる自然的要因だけで発生するものではなく、地表面に刻まれた人間活動のプロセスが引き金になっている。宅地化は河川洪水による被害を広げているリスクの一つであり、アーバンスプロールの急速な進展、河川上流域における森林の伐採によって緑地面積が減少すること・上流地域の森林地帯の管理放棄など、急激な土地利用変化で自然の遊水地機能が喪失すること、地域社会の構造変化で防災組織が脆弱することなど、人文社会・自然現象との複雑な絡み合いにこそ災害の拡大原因が横たわっている。人的損失と経済的損失などの被害・危険は人文現象と自然現象の双方がそろうことで、相乗的な効果が現れる（瀬尾 2002、辻本編 2006、谷岡ほか 1998）。

洪水災害には地域ごとに人間生活のありようによって「地域多様性」が表れている。それゆえ、ひとつの河川流域で確認された災害要因が、隣接する河川でも同様な内容を示し、災害への駆動力も同じであるかどうかについては、河川流域ごとに阿笑わされる特性によって異なっており、河川流域をその個性に基づき評価して、災害要因を検証する必要性もある。

円山川流域における水害特性を理解するためには、洪水を引き起こす豪雨分布、台風進路などのほかに、1）旧豊岡市とそれを取り巻く地域の地形・地質・植生の制約条件、2）円山川の河川特性と河川地形、3）河川流域ならびに都市化地域の土地利用状況と土地利用変化、4）地域住民の水害意識と水防活動へのかかわり方などの人文・自然条件を把握しておくことが必要である（吉野・吉川 1980、吉野ほか 1982）。

2004 年水害で地域多様性が示された、当該地域の住民の災害認識・防災活動を理解するために、旧豊岡市内のカテゴリーの中で水害を被災した経験を持つ地域を選び出して、行政―地区―住民の 3 つの要因がどのように関係していたいのかについて調べてみることにした。行政、地区の町内会役員と自主防災組織の役員、地域住民に対しての聞き取り調査を行うことで被災時に地域がどのように対応したのか、また、災害復興時の地域社会の活動は将来にむけた防災指針にカギを握っていると考えたか

らである。2004年に被災した旧豊岡市の住民に対し、水害認識と地区ごとに設置されている自主防災組織への関与についても地区ごとの違いをみつめようとした。

円山川流域の防災を考えるために地形調査をもとにして災害評価を行った。この上で、平野部の地形的条件や土地利用の変化過程が災害被災に直接関わりあうため、旧豊岡市の水害脆弱性を確認するためには、旧豊岡市における非常事態が発生した時の、地域防災組織についての活動の多様性、防災活動が救援・復興活動が考えられなければならない。

2-1 水害条件を水害地形分類図から理解する

円山川流域の水害脆弱性を分析するため、空中写真の地形判読を行うことで、円山川中・下流部にあたる旧豊岡市の円山川中下流地域の水害地形分類図を作成してみた。さらに、既往の水害の被害状況が2004年の災害の被害状況とどのような違いがあるのか、または近似しているか、この河川流域のなかで既往最大災害として記録されている1959年の伊勢湾台風における濃尾平野の洪水状況と2004年の台風23号による浸水マップ（豊岡河川国道事務所 2005）をもとにして比較してみた。

円山川の河道変遷は明治34年（1901）版の地形図（5万分の1縮尺）と大正9年（1920）以降の河川改修計画を描いた「圓山川改修計畫平面圖」（発行時期不明）を用いて比較してみた（図2-4）。円山川流域の水害地形分類図、および、1959年、2004年の水害時の浸水図の作成、円山川の河道変遷と河道特性を基礎において、旧豊岡市の都市地域の水害脆弱性に関する地形条件を分析することは流域内での開発不均衡を是正するために重要な視点であるところから、旧豊岡市を含む周辺地域の地形的条件から水害脆弱性を評価した。

2-2 土地利用変化の分析手法

土地利用は時々刻々と変化するものであり、耕作地が宅地・工業用地に変化し、水田が畑に変わり、また、住宅地に近い沼沢地が埋め立てられて住宅地になるなど、時代の要請に応じてダイナミックな進化を遂げている。また、時代の要請のみならず、地域形成を考えて土地利用が変化していく場合もある。

土地利用変化をどのようにとらえるかは一様ではないが、土地利用状況の空間的な広がりを見ることには旧版地形図で表現されうる。そこで、各々の年次の異なる地形図上に示されている土地利用景観を復元してみたところ、この円山川流域の地域固有の土地利用の景観の移り変わりについて、時間的と空間的に表現することができた。最近100年間は人間活動のもっとも活発な時期であり、また、その過程をつぶさに

拾い上げることができる時間である。明治時代から、平成時代までのおおよそ100年間を土地利用変化を分析する材料として、測図年代を1901年、1921年、1934年、1950年、1976年、1996年のデータ、都市の歴史を描くにあたって5万分の1スケールで土地利用変遷を表現してみた。

6つの年代のうち、現存する測量された地形図でもっとも古いもの図面は1901年に発行されている。この地形図の発行後の1909年には山陰線が敷設されており、物資・人間の移動が活発化している。1921年の測図では、この20年間の土地利用の景観変化を読み取ることができる。1934年および1950年の二つの年代を取り上げて、戦前の土地利用と戦後の日本の高度経済成長期を迎える前夜までの土地利用景観を復元してみたい。

1976年の地形図は1960年代以降の急激な日本の高度経済成長に伴って生じた人口増加に伴い、都市近郊の農業地域では宅地化が拡大していき、アーバンスプロールによって土地利用景観が大きな変化を示している。1996年測図を現在の土地利用として使用した。土地利用景観の復元には時系列的な統計資料が必要であり、豊岡市役所が管理している統計書類から人口動態、産業動態についての資料収集・データ作成を行った。

旧豊岡市における河川整備、防災行政の変遷については豊岡市役所および国土交通省近畿地方整備局豊岡河川国道事務所で行った聞き取り調査を基にしている。対象とした年代での世帯数や人口の変化については豊岡市史（1981、1993）、豊岡市統計資料（1972—2006）、兵庫県百年史（1967）、豊岡市防災計画書（1998）を用いた。

2-3 旧豊岡市における自主防災組織について

地域社会で活動している日常的な地区組織・町内組織と災害時の活動に対応する組織は必ずしも一致していないが、旧豊岡市の地域住民が参加している組織の日常的活動と非常時の活動との関係性、土地利用景観が複雑に変化している中で、これらの地域組織の活動変化は災害脆弱性を評価するために重要なファクターと考えられよう。

そこで、自主防災組織の日常的な活動と2004年水害時における対応について分けて、聞き取り調査を行い、自治会役員、自主防災組織を旧豊岡市内の市街地のうち、2004年災害を経験した12区で聞き取り調査を行った。

円山川の左岸地域と右岸地域では市街地化へのプロセスが異なり、住民の居住年次も異なっている。親子3代を超える世代が継続して居住している地域と、近年の人口移動が大きな地域では、地域の抱える組織への参加形態が異なっており、災害時の救援活動の敏捷化とこれを阻害しかねない状況を作り出している。すなわち、地域の

抱える組織の活動をみることが災害軽減にむけた活動へのカギであることを示している。自主防災組織が設立された時期と設立の経緯、設立の母体となった組織の有無、組織の構成員と規模、組織の役員の任期、組織活動の年間計画、日常的な活動こそが、将来にむけた防災組織の組織運営を円滑にすすめるための課題である。

3　円山川下流域の地形

　豊岡市周辺地域の水害地形分類図を作成してみたところ、円山川にそって展開している河成海岸平野は本川が形成した沖積平野と支川が形成した谷底平野があり、本川の河道にそって自然堤防と後背湿地、河岸段丘として低位段丘面・高位段丘面の2面の更新世の河岸段丘、平野部では埋め立てを伴う人工改変地、すでに宅地枯れている旧河道、河口部に近い平野に形成されている砂丘・砂堆列とその背後の旧ラグーンと泥炭地および沼沢地、河川堤外地の河原、中洲、低水敷、高水敷などの地形要素に分類することができる（図2-2）。

　谷底平野は豊岡盆地で最も広範に分布している地形単位である。旧豊岡市街地は、主に本川の相対的に地盤高度が高く、洪水脆弱性が比較的低いと考えられる地形要素として、自然堤防と谷底平野に立地してきた。志賀直哉の「城の崎にて」という小説が出ると、城崎温泉は一気に知名度が上がった。多くの観光客が訪問する城崎町の市街地をみてみると、円山川に合流する支川が形成した谷底平野から低位段丘面上にまでに拡大している。

　左岸側で合流する支川が形成した谷底平野は、城崎町を流れる桃島川に沿って桃島、内島などの「島」の地名がつけられた集落、来日川にそって立地している来日地区、旧豊岡市内を流れる大浜川に沿う集落としての森津、江野などは、かつての港を示す津及び江などの地名が見られる。一方、奈佐川にそって点在している福田、吉井、内町などの集落、戸牧川に沿って戸牧、正法寺などの集落名称が認められる。支川の形成した谷底平野では、奈佐川流域に形成された平野面積が大きく、谷底平野の幅は約200m〜750mに及んでいる。谷底平野の距離は26kmである。右岸側の支川による谷底平野は城崎町の気比川沿いの畑上、気比、飯谷川沿いの飯谷、旧豊岡市内の下鶴井川沿い下鶴井、金剛寺川沿いの金剛寺、鎌谷川沿いの法花寺、祥雲寺、庄境、梶原、六方川沿いの木内、河谷、中谷、百合地、穴見川沿いの市場、三宅などがある。

　自然堤防は河口から本川9km〜16kmに連続的に形成されている。左岸側では一日市から宮島の自然堤防は幅が100m、市街地の小田井町から京町、城南町の自然堤防の地盤高は3.5m〜6.0mで、この区間の幅は100mであった。右岸側を見てみると、

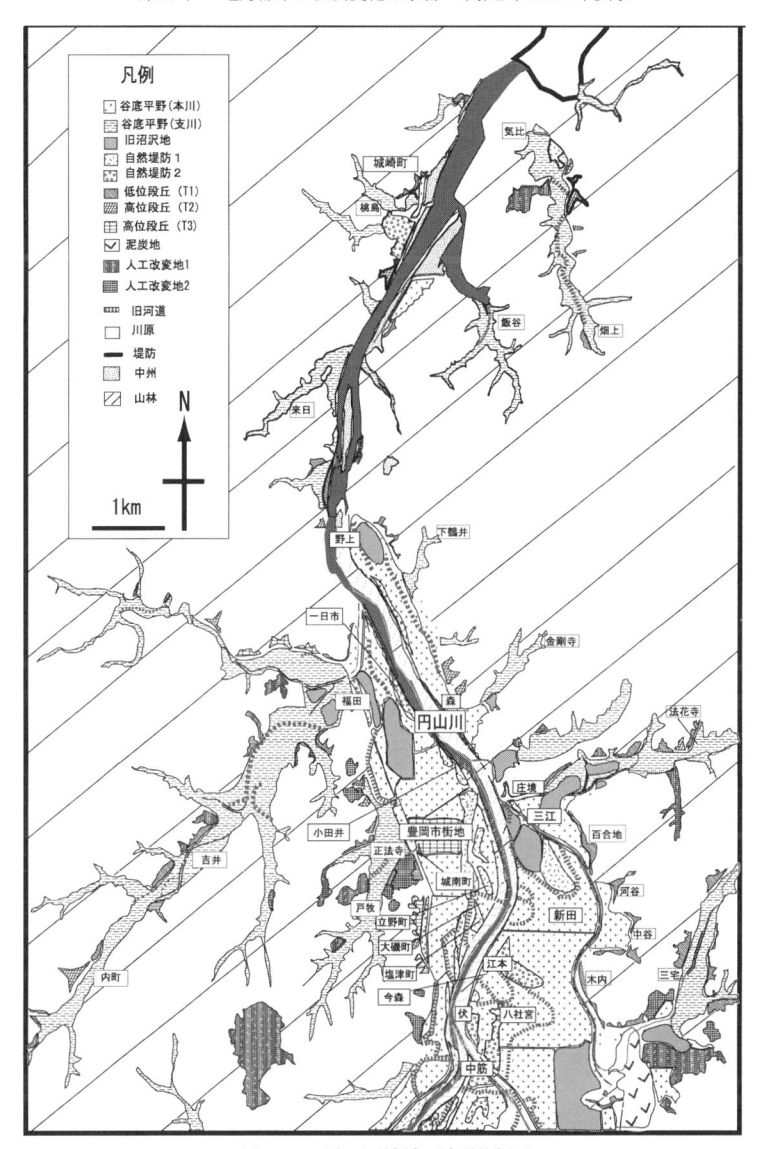

第 2 章　地方都市の社会変化と水害 ―円山川 2004 年洪水―

凡例
- 谷底平野(本川)
- 谷底平野(支川)
- 旧沼沢地
- 自然堤防 1
- 自然堤防 2
- 低位段丘 (T1)
- 高位段丘 (T2)
- 高位段丘 (T3)
- 泥炭地
- 人工改変地 1
- 人工改変地 2
- 旧河道
- 川原
- 堤防
- 中州
- 山林

図 2-2　円山川下流域の地形分類図

野上から森地点までは幅 100m であるが、河口部から 15km 〜 16km 区間にあたる江本、今森、伏、八社宮集落にかけて、自然堤防の地盤高 3m 〜 5m、幅 200m と最大の自然堤防を形成している。自然堤防は左岸側が線形、右岸側は島状に点在してい

る。河川のセグメントによって自然堤防の形態は異なっている（図2-2、2-3）。

洪水と河川改修の結果、現在の円山川本流の流れは比較的直線的ではあるが、沖積平野に刻まれている旧河道をみると、緩やかに蛇行が繰り返されている。交差する旧河道はないため、蛇行河道は長く固定化されていたものである。河口部から13km〜15km上流地点では、左岸側では立野町、大磯町、塩津町、弥栄町にかけて、円山川の本川の旧河道が追跡できる。右岸側は、立野、大磯、塩津、江本、今森などの集落を結び、旧河川の跡が見られる。現在の本川河道とクロスしながら、左右両岸に蛇行する旧河川の痕跡をみると旧円山川は紡錘型に南北に細長い谷底平野を形成しており、蛇行しながら流下していた（図2-3、2-4）。

立野町、大磯町、塩津町では、大正9年（1920）から昭和12年（1937）での円山川の河道改修は左右両岸に親町と子村が河道を隔てることになった。本川の左右両岸に分離された集落は左右岸に同一の地名を残こしている。旧沼沢地は、左岸側の河口から10kmの一日市、宮島周辺に湿地として残存している。右岸側では河口部から7kmの赤石地点、13km地点の梶原、庄境周辺に旧河道に囲まれて沼沢地跡がある。上流側では出石川と円山川の合流地点周辺に泥炭地がある。

低い山地に囲まれた山間盆地を形成している円山川の中下流地域には高位段丘と低位段丘を形成している。低位段丘面は本川左岸側には見られず、右岸側の百合地、河谷、中谷、大篠岡、木内、三宅、市場、香住にのみ顕著に見られ、地盤高は3.5m〜9mである。奈佐川流域の左岸側の辻、野垣、庄地区、右岸側の福田地区でも低位段

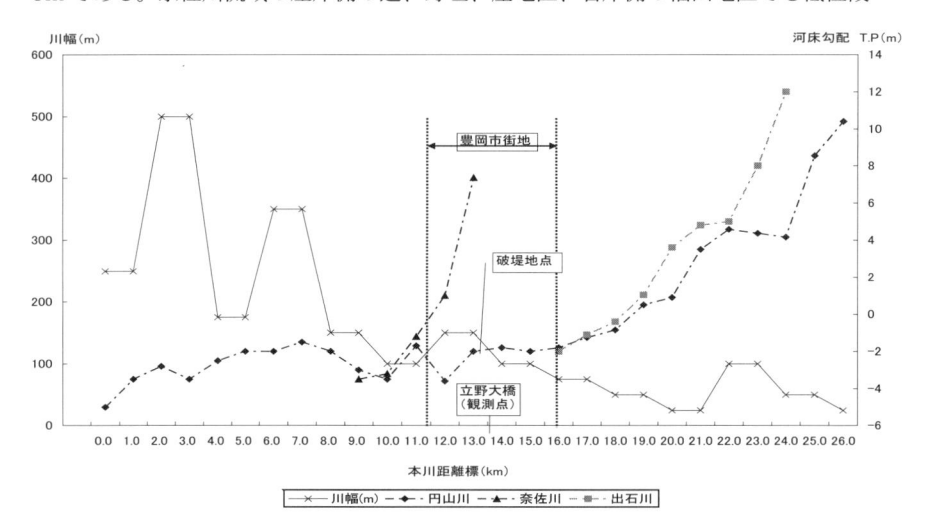

図2-3 円山川と奈佐川・出石川の川幅と河床勾配の関係

丘はある。高位段丘面は左岸側でよく発達し、豊岡市街地の大手町、寿町、泉町、千代田町、山王町に顕著であるが、低位段丘との地盤の比高差は5mにすぎない。流域全体の地形起伏は小さいが、豊岡の城下町を取り巻く地域と出石町の近傍には人工的に改変されている。出石川の右岸側の豊岡中核工業団地、左岸側の但馬こうのとり空港周辺、豊岡駅周辺の新興住宅地などが大規模な人工改変地である。

4　円山川の特性は？

　円山川の河川勾配は河口部から上流16km地点まで、1万分の1と極めて緩やかである。川幅は河口部で500mと広がるが、河口部から3km地点には幅200mの中洲があり、最下流地域での砂州・砂礫が河川幅を縮小されている。盆地底部は内水氾濫が生じやすい河川地形を示し、緩やかな河川勾配、感潮域の長いエスチュアリーを形成し日本海の潮汐作用の影響は内陸部まで影響を受けている。これらの地形の存在が洪水流の流下に対して障害となっている。

　豊岡盆地は標高200〜400mの低山地帯に囲まれている。この豊岡盆地の沖積層は上位よりルーズな砂層を主体に軟弱粘性土層を交えた堆積構造である。沖積層厚は豊岡市付近から下流側に向かって30〜40mである（豊岡河川国道事務所 2005）。円山川と出石川が形成した平野には緩勾配扇状地から自然堤防地帯に移行している。このため、各地形セグメントが洪水特性で異なる状況を示す。

5　円山川の河川改修と既往水害について

　円山川の河川改修と既往水害を豊岡市史上巻・下巻（1981、1993）、兵庫県史（1967）などの資料から、天正元年（1573）から慶応二年（1866）までに1600年代に7回、1700年代に10回、1800年代に18回など合計53回の水害が発生し、江戸時代の260年間に円山川流域が被害に見舞われなかった年は無かったといわれている。明治時代に入っても水害は度々発生し、明治35年（1902）頃から大正にかけて但馬地方に水害が集中した。

　特に甚大な被害を招いたのは、明治40年（1907）8月の台風によるものであり、被害部落385、田畑浸水4,586町に達した。この後、明治43年（1910）9月、大正元年（1912）9月にも大きな被害を受けた。明治38年（1905）から大正3年（1914）までの10年間に播磨地方の加古川での水害損失額が132万4467円（最大被害は明治40年（1907）の77万5534円）であるのに対し、但馬地方の円山川では208

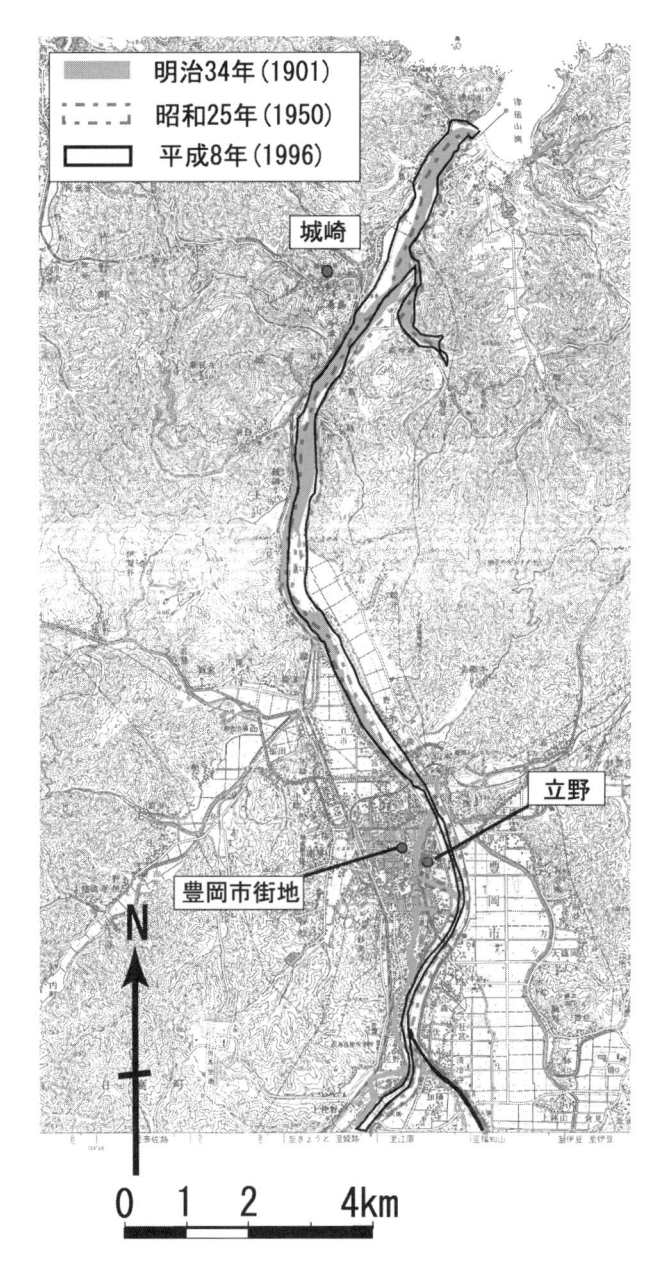

図2-4　1901年から1996年の円山川の河道変遷

表 2-2　円山川の既往水害概要（流量地点：立野、雨量地点：八鹿）

年月日	洪水原因	最高水位（m）	最大流量（m³/s）	総雨量（mm）	浸水戸数
1959.9.26	伊勢湾台風	7.42	3,043	240	16,833
1961.9.15	第二室戸台風	6.87	2,624	187	1,933
1965.9.10	台風23号	6.86	2,617	145	7,788
1972.7.12	秋雨前線・台風17号	6.75		308	794
1976.9.10	台風17号	6.92	2,716	542	3,022
1979.10.18	台風20号	6.74		216	1,016
1990.9.20	秋雨前線・台風19号	7.13	3,176	466	2,508
2004.10.20	台風23号	8.29	4,200	282	7,944

（国土交通省近畿地方整備局豊岡河川国道事務所 2005 より）

万 4728 円（最大は明治 40 年（1907）の 101 万 4517 円）であり、但馬地方に災害が集中している。円山川流域の城下町の豊岡町は、当時珍しい 2 階建て家屋であったが水害対策として目を見張るものがある（兵庫県 1967）。

大正時代、円山川は年々水害を繰り返し、県政上の問題をきたしたが抜本的対策は

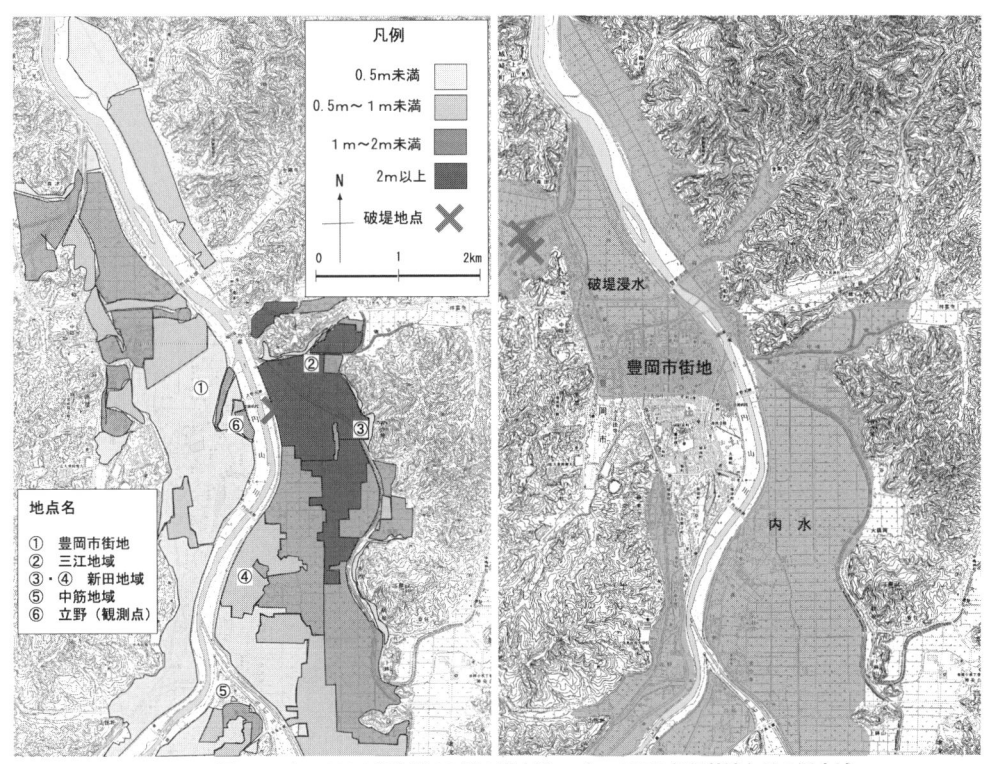

図 2-5　左：2004 年台風 23 号の湛水深、　右：1959 年伊勢湾台風の浸水域

表 2-3 国、県、市の水害に対する取り組み

年次	主な災害・国の取り組み	兵庫県の取り組み	豊岡市の取り組み	円山川
1600〜	幕藩体制で流域は統治区域に分割。大規模工事は困難。御囲堤、輪中堤		記録に残る7回の洪水（1672年7月、1673年5月、1674年8月、1680年、1681年、1686年7月、1695年）	
1700〜			1729年、1731年、1748年7月、1749年7月、1755年、1757年8月、1762年、1764年8月、1768年7月、1772年、1776年、1783年8月、1784年4・5月 1786年6・8月 1789年6月、1795年7月	
1800〜			1804年7月、1808年6月、1811年5月、1812年7月、1816年8月、1819年5月、1824年2月、1825年8月、1828年8月、1829年7月、1835年5月）	
1840頃			囲土手の建設（出石川合流点の清令寺、伏・八社宮、伊豆・倉見・上鉢山）。村では利害対立。	
1872〜1879	オランダ技師は治山重視			
1882				県が大保恵堤改修
1896	河川法制定			
1908			豊岡町及び新田・三江・五荘・田鶴野の4カ村の「円山川治水調査会」、八条・国府・中筋・小坂・神美・新田6カ村の「治水期成同盟会」結成	
1910	臨時治水調査会を内務省に設置。水害被害度に応じ改修順位が決まる。			改修順位は第二期35位
1912			「円山川治水調査会」から「治水町村組合」に組織変更。臨時治水調査会の改修順位の第二期から第一期への繰上げを陳情	
1913			「治水期成同盟会」から「円山川出石川治水組合」へ改組	
1917			「治水期成組合」と*「円山川治水調査会」が合併し「円山川治水期成同盟会」発足。	
1919	円山川直轄改修促進の建議案衆院通過			
1920	帝国議会で円山川改修予算案提出、可決			円山川改修工事（河口から23.3km、出石川合流点から9.4km）、堤防整備、ショートカット、河道の拡幅。1937年完成
1923			円山川治水期成同盟会は関係町村による治水事務組合へ	
1934	室戸台風	室戸台風県下	室戸台風襲来、豊岡市で死者行方不明者7人、家屋農地流失	
1944			円山川改修工事期成組合結成	

第 2 章　地方都市の社会変化と水害 ─円山川 2004 年洪水─

1948				赤崎橋より上流側で改修工事開始
1949	水防法制定	第一次治水計画策定	下流で円山川増補工事促進期成同盟会	
1950		県営円山川増補工事		下流域の堤防嵩上げ、
1956		増補工事		改修
1959	伊勢湾台風	伊勢湾台風	奈佐川で左右岸 2 箇所、出石川で 1 箇所破堤、水位 7m24cm、昭和 35 年度以降基本計画制定	
1964	新河川法制定			
1966				一級河川に指定
1988				放水路（支川の小野川）など内水対策を含む改修
1990		台風 19 号。県北部水害	秋雨前線・台風 19 号	三江、新田の浸水（1m 浸水）
1995		阪神淡路大震災		
1997	河川法改正			
2000	東海水害			
2001	改正水防法施行	土砂災害防止法施行		
2004	特定都市河川浸水被害対策法施行。年間に 10 個の台風上陸	台風 23 号。県北部で土砂災害	台風 23 号、豊岡市内で床上・床下浸水 522・3139 世帯被害	既往最大水位 8.29m 本川と出石川で破堤
2009			河道掘削による通水断面積拡大（立野）無堤地区（河口から 20km、同 26～28km 地点）	
2014			遊水地の整備（河口から 20km 地点の中ノ郷）で洪水処理能力の引き上げ	

（出典：豊岡市史上巻 1981、伊藤 1994、大熊 1988、大谷 1986、内田 1994、笹本 2005、豊岡河川国道事務所 2005 を参考にした）

とられていない。大正 6 年（1917）、県議会議長名で内務大臣あてに「円山川改修に関する意見書」が提出され、国費での河川改修が申し入れた（兵庫県 1967）。中央への働きかけや洪水被害の解消を願う地域住民の要望により大正 9 年（1920）より国の直轄事業として円山川改修が始まり、堤防整備、著しい屈曲箇所をショートカットする計画が立てられ、昭和 12 年（1937）に完成した。工事対象区間は円山川河口から中筋村までの 23.3km、出石川と円山川合流点から 9.4km 区間であった。中でも事業で困難を来したのは市中心部から 1km の大磯町「大磯の大曲り」の蛇行部の流路改変であった。さらに、兵庫県は昭和 31 年から河川堤防の嵩上げと河川改修を行い、計画高水量を見直している（表 2-3）。

　昭和 34 年の伊勢湾台風では、死者 9 名、負傷者 164 名、被害総額 49 億 6800 万円、出石川下流左岸、奈佐川と円山川合流点での両岸が破堤した。円山川の水位も既

往最高の 7.29m に達し、左岸側の市街地が奈佐川の破堤で浸水、右岸側では内水浸水、豊岡市全体で浸水面積が 80km^2 になり排水に 1 週間を要した（伊勢湾台風災害史 1962）。これを契機に計画高水流量をさらに 4200 m^3/s から 4500m^3/s に改定し「昭和三十五年度以降基本計画」が定められた。治水安全度にむけて昭和 63 年に計画高水流量を 5,400m^3/s として放水路事業、内水対策が行われた。

2004 年水害後、同規模の災害に対応すべく激特事業で 2009 年までの流下能力を現況の 3,900 m^3/s から 4,900 m^3/s に向上させるため河道掘削で通水断面積を確保することが決定された。緊急治水対策として、2014 年までに遊水地を整備し、洪水処理能力を 5,200 m^3/s に引き上げる予定もある（豊岡河川国道事務所 2005）。2004 年以前の既往最大洪水を出した伊勢湾台風当時、右岸側は田畑であり、破堤浸水したが被害額は小さい。2004 年は右岸側の破堤で外水氾濫、内水被害が発生し、都市の氾濫被害額は伊勢湾台風と比べて大きい（表 2-2、図 2-5、表 2-3）。

6　2004 年水害

2004 年台風 23 号で旧豊岡市は浸水面積 2,490ha、死者 1 人、負傷者 46 人、住家の全壊 231 戸、半壊 2,930 戸、床上浸水 278 戸、床下浸水 2,208 戸におよんだ（豊岡河川国道事務所 2005a）。立野地点の計画降雨量が 2 日間 327mm（1/100 確率雨量）に対し、23 号台風は 2 日間 278mm（1/40 確率）、24 時間で 242mm（1/60 確率雨量）、12 時間で 206mm（1/80 確率）だった（坂上 2005）。短時間に豪雨が集中し、1 時間で 1.8m 水位が上昇したため避難できない住民がいた。急激な水位上昇と越流は 10 月 20 日 16 時に予測され（豊岡市消防本部 2005）ており、23 時に円山川と出石川で 1 箇所ずつ破堤し、国管理区間では 25 箇所で越水した。

浸水被害は河川左岸側でも地域差があり、1960 年代以降の開発で水田から宅地に土地利用が変化した地域は谷底平野上に展開し、湛水深が 1.5m となったのに対し旧城下町は自然堤防・段丘面上にあるため 0.5m 以下の湛水深であった。河川右岸側の旧沼沢地や谷底平野上の宅地の湛水深度が 2m を越え、湛水期間は 1 週間と長期化した。本川の破堤地点は河床高が集落より高く、浸水後の排水が困難、強風も手伝い洪水流は堤防を越流したため浸水被害が拡大している。支川流域も本川の水位上昇でポンプ排水を止めたため浸水長期化に寄与した。

6-1　2004 年 10 月 20 日の豊岡市の状況（①〜⑧図中番号に対応）

① 13 時 00 分：豊岡市災害警戒本部設置

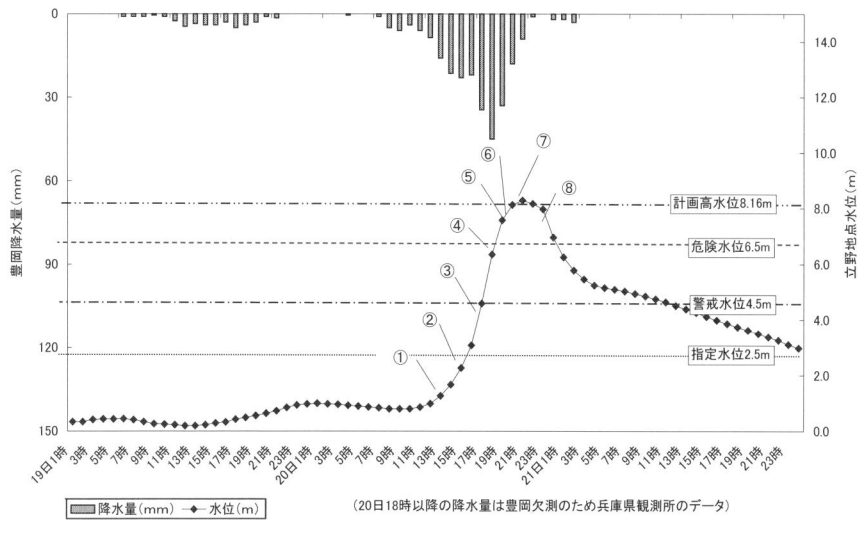

第 2 章　地方都市の社会変化と水害 ―円山川 2004 年洪水―　　*31*

図 2-6　2004 年 10 月 19 日〜21 日の円山川のハイドログラフ
（出典：豊岡市資料 2004 より作成）

② 16 時 10 分：災害対策本部に切り替え
③ 17 時 45 分：円山川洪水警報発令
④ 18 時 05 分：避難勧告
⑤ 19 時 13 分：避難指示（円山川右岸側の上庄境、中庄境、本庄境、百合地、河谷、中谷）
⑥ 19 時 24 分：避難指示（円山川右岸側の大篠岡、木内、駄坂、今森、江本）
⑦ 21 時 00 分：円山川水位が 8.29m（立野地点）
⑧ 23 時 12 分：円山川堤防決壊（河口から 13.5km の右岸側立野地点）

6-2　円山川中下流域の土地利用状況

　旧豊岡市の都市化の進展について豊岡市統計資料、豊岡市史などのテキスト分析を行い、旧版地形図からの土地利用図を作成し変化プロセスを考察してみた。産業別人口の推移として、昭和 35 年（1960）は旧豊岡市の全人口に占める第一次産業従事者が 39％（うち農業は 37％）だったが、1980 年には 13％（同 12％）に減少している。一方、第三次産業は 38％から 55％に増加した（豊岡市史下巻 1993）。1969 年から 1980 年に水田が 8％、畑が 20％減少した（図 2-8）。水田と山林面積は 1987 年〜1988 年に減少し、但馬こうのとり空港の建設時期と一致している（図

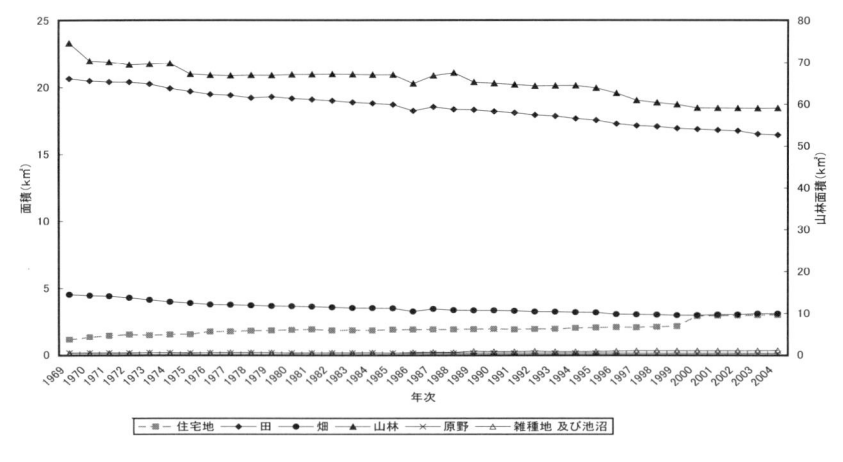

図 2-7　旧豊岡市の土地利用推移（1969 年～ 2004 年）

2-7）。

　人口動態を見てみよう。1950 年から 1980 年で 39,700 人から 47,700 人に増加、しかし、1990 年以降に人口は減少している。もっとも、世帯数は 1950 年から現在まで 7,900 世帯から 16,000 世帯へと増加し、一人暮らし家庭の分布が広がっていることが分かる。高齢化率は市町村合併前で 12.7％、合併後の 2006 年に 25.8％とさらに増加している（豊岡市統計資料 2006）。世帯の人員数は 1970 年と 2000 年を比較すると単身世帯が 4.6 倍、2 人世帯が 2.8 倍に増え、5 人以上の世帯数は 3 割減少している。

　旧豊岡市では人口集中区が 1970 年には出現し、旧豊岡市の約 3％に及び市街地面積に対して約 40％の住民の居住空間であった。しかし、現在、人口集中区内の人口密度は減少に緩やかにむかっている。

　1901 年、住宅地は豊岡市中心部の南側半分に限られ、円山川右岸側の河口部から 14 ～ 15km、出石川合流点のみで面積は約 0.3km^2 であった。豊岡市中心部は高位段丘上、右岸側では自然堤防上に立地し、現在の市域北側は水田や桑畑であった。円山川河口に近い城崎も大半が水田であり、本川の自然堤防にのみ桑畑が展開し、谷底平野上は水田である。明治 42 年（1909）7 月に鉄道が開通して豊岡駅が開設されると豊岡市は拡大していき（豊岡市史下巻 1993）、人口も明治初期の 5,000 人未満が明治 25 年（1892）に 6,028 人、明治 38 年（1905）に 7,220 人に増大している（豊岡市史上巻 1993）。旧豊岡町は明治 9 年（1876）に県庁が撤去されても柳行李・鞄

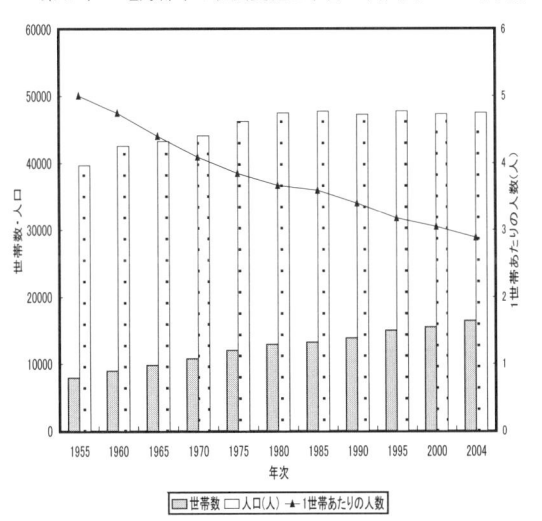

第2章　地方都市の社会変化と水害 —円山川2004年洪水—

図2-8　旧豊岡市の人口・世帯数の推移（1955年〜2003年）

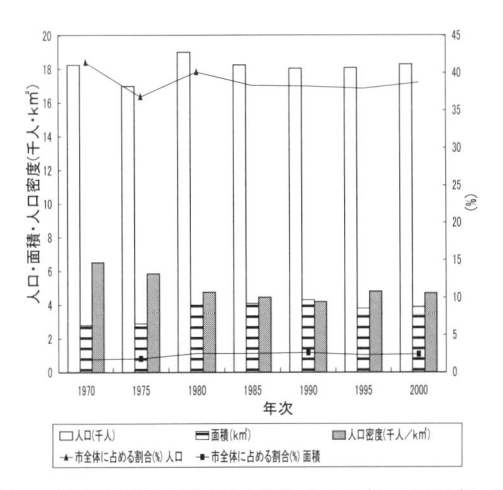

図2-9　旧豊岡市の人口集中区の推移（1970年〜2000年　国勢調査から）

産業の振興、官公庁の充実で但馬地方の中核都市の機能を整えていった（豊岡市史下巻1993）。

1921年、居住地は0.35km^{2}で変化はないが、人口数は大正9年（1920）に9,034人と25％増加した（豊岡市史下巻1993）。明治42年（1909）に山陰本線が開通しているが畑、山林、荒地の土地利用変化はないが三江村、新田村は明治38年から大

正9年に人口がそれぞれ8％、7％増加している。旧豊岡の村落部も人口が7〜8％増加し、市街地の急激な人口増加がみられる（豊岡市史下巻1993、図2-8、図2-9）。

1934年、住宅地は北側と南西側に拡大し市街地面積は0.6km^{2}となった。大正9年に始まった河川改修で「大磯の大曲り」は直線化し、桑畑が減少して荒地に変化した。玄武洞でも桑畑から荒地に変化した。旧豊岡市中心部の人口は昭和10年（1935）に14,593人と15年間で60％増加し（豊岡市史下巻1993）たが、三江で14％、新田で12％人口が減少している。戦時体制下、軍需産業労働力として農村から都市に人口流出が起きたためである（豊岡市史下巻1993）。

昭和25年4月、豊岡町は新田・中筋・五荘を合併し豊岡市が発足し、市街地（旧豊岡町）人口は15,511人となった（豊岡市史下巻1993）。昭和25年（1950）の朝鮮戦争による「特需景気」とその後の好景気で日本の産業構造は第一次産業から鉱工・製造・建設業やサービス業などの第二・三次産業に労働人口が移動すると、農業や養蚕業が主体であった但馬地方では人口減少が始まった。しかし、旧豊岡市だけは人口漸増が続いた。これは、市街地が西側に拡大され、円山川右岸側の新田・三江で市街化が進み、市営・県営住宅建設や分譲宅地造成が行われたことに

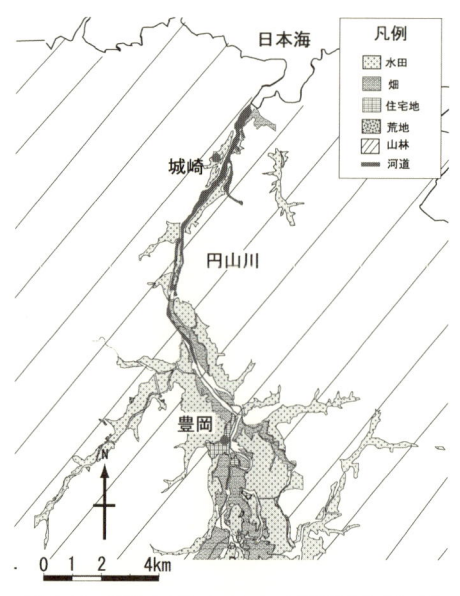

図2-10　明治34年（1901）土地利用図（大日本帝国陸地測量部5万分の1地形図使用）

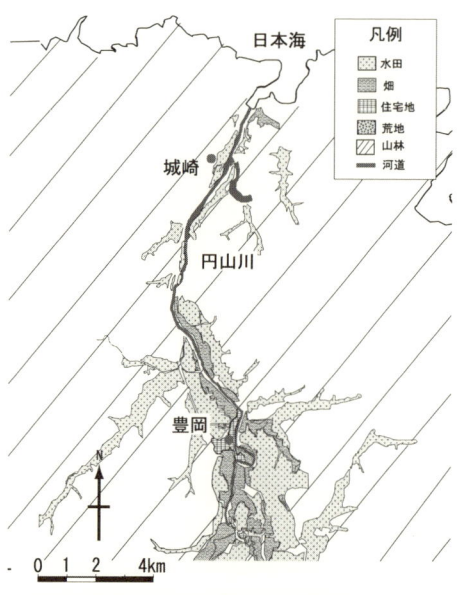

図2-11　大正10年（1921）土地利用図（大日本帝国陸地測量部　5万分の1地形図を使用）

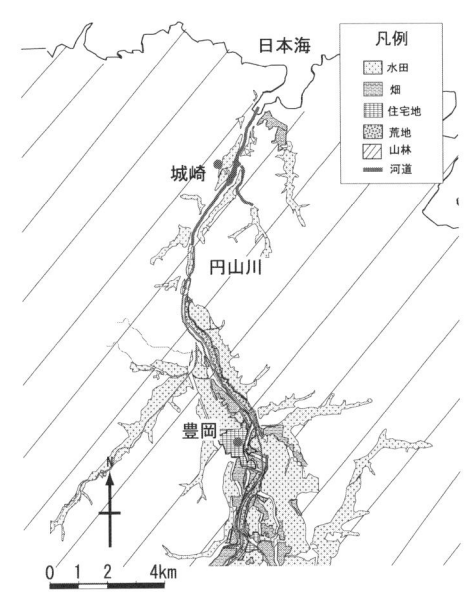

図2-12　昭和9年（1934）土地利用図（大日本帝国陸地測量部5万分の1地形図を使用）

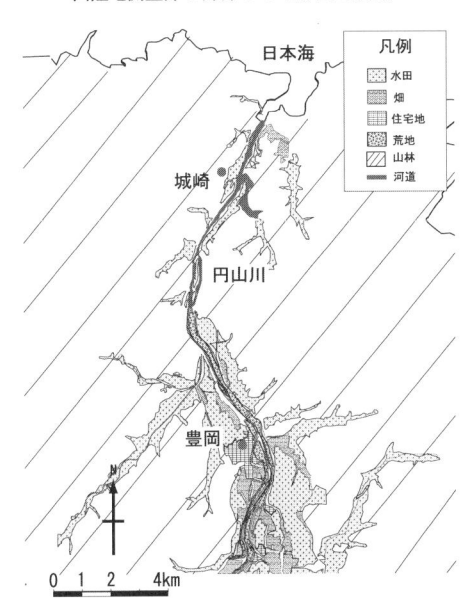

図2-13　昭和25年（1950）土地利用図（出典：地理調査所発行5万分の1地形図を使用）

よる（豊岡市史下巻1993）。この時期の三江地区の人口は2,416人、新田は2,308人と戦前よりそれぞれ10％、15％増加した。

　市街地の人口は昭和50年（1975）に16,288人（昭和50年国勢調査）、豊岡市中心部の人口は昭和40年頃の17,000人をピークに減少に転じた。右岸側の昭和50年（1975）の人口は三江3,011人、新田で3,493人であり、中心市街地の人口が減少に転じた後も増加を続けた。昭和40年以降の宅地開発で水田や畑として利用されていた谷底平野や旧沼沢地に住宅が広がった。新興住宅地の住民は豊岡市街地から独立、分家で新規家屋を購入、アパートやマンションに入居し、豊岡市以外からきた住民はない。豊岡市がベッドタウンでなく勤務地も豊岡市内か福知山市、京丹後市と限られていたためであろう。

　昭和51年（1976）、宅地は南北に拡大し、市街地の人口は11,806人、面積は約1.2km^{2}となった。1970年の土地利用図で水田だった谷底平野にも宅地が拡大した。昭和63年（1988）から建設開始した但馬こうのとり空港の平成6年（1994）完成で上流側でも開発が進められた。空港への道路整備で五荘、平成2年（1990）から平成7年に人口が3491人から4,090人と17％増加している（豊岡市統計資料1998）。一方、三江、新田の人口は

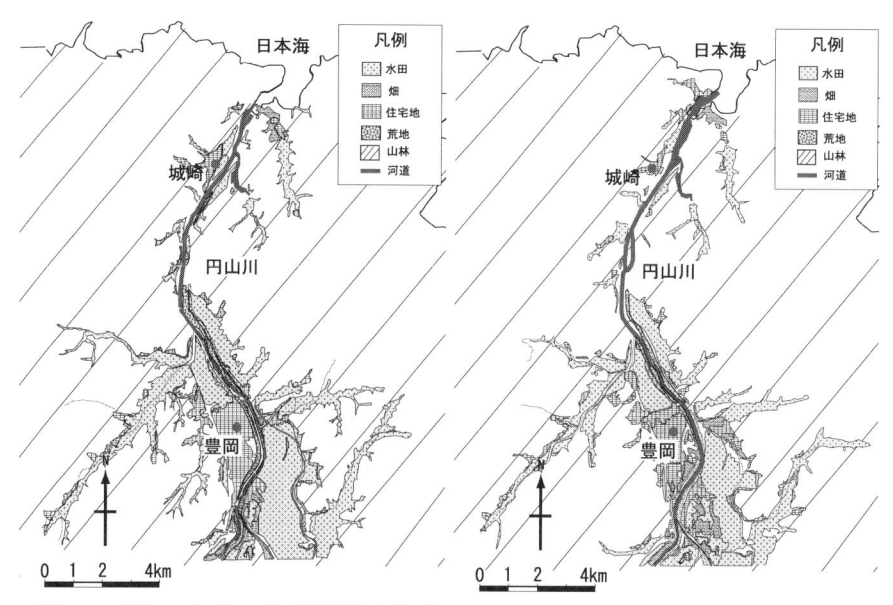

図 2-14　昭和 51 年（1976）土地利用図（国土地理院発行 5 万分の 1 地形図を使用）

図 2-15　平成 8 年（1996）土地利用図（国土地理院発行 5 万分の 1 地形図を使用）

1990 年代半ば 4,400 人、3,300 人をピークに減少し始めた（豊岡市統計資料 1998、2003）。2004 年も 1996 年から宅地面積で 6％増加、水田面積が 5％減少している。

6-3　旧豊岡市の防災対策について

　豊岡市での防災関連団体をみてみたい。旧豊岡市には昭和 32 年（1957）に「水防管理団体規則」が定められ水防班が設置された。水防班は班長、副班長、班員で構成され、市職員や消防団員など水防関係者から選ばれている。災害時の土嚢積み、危険区域の警戒、水難救助等を行っていたが、平成 9 年（1997）に「自主防災組織設置要綱」が施行されたことで水防班は廃止となった。この要綱では災害に備えて行政と地域住民との総合的な防災体制を築き、地域住民の防災意識の高揚と、災害時の応急活動の効率的推進を図るため、自主防災組織を設けることについて、必要な事項を定めている。

　また、この要綱に基づいて設置された自主防災組織が防災資機材を購入する経費の一部を対象地区の世帯数に応じて補助することについて、必要な事項を定めた「自主防災組織資機材整備補助金交付要綱」も施行された（豊岡市防災計画書平成 10 年版 1998）。旧豊岡市では平成 15 年（2003）から防災行政無線を全戸に配布し、海岸

部のみを津波対策用の有線放送も廃止した。災害時、市・区に 2 種類の情報を放送し、聴覚障害者への便宜として FAX での情報配信もある。

　2004 年災害後の市の取り組みとして、避難場所の見直し・追加、防災マップの配布などがある。避難場所での収容可能人数は旧豊岡市でおよそ 10,000 人とされている。避難所として指定されたのは公民館と学校であるが、各区の区会館と寺も避難所として想定されている。公民館には市職員が常駐するが、区会館は鍵管理が各区に任されており、緊急時の扱いは異なる。区ごとに食糧備蓄、毛布備蓄が異なり、両者を抱えるのは公民館と学校のみである。治療・介護を必要とする避難者には福祉避難所を 2007 年 1 月現在で構想され、特別養護老人ホームが想定されていた。当時の豊岡市で対象者は 7,000 人と見積もられていたためである。2004 年、各消防団に水防指導員が設置され、各消防団に 2 名選出されて講習と訓練に携わり、区内の水防普及活動を行っている（図 2-16）。

7　旧豊岡市の自主防災組織について

　旧豊岡市には 122 の小地区に分かれている。これは、江戸時代の町の区画に基づいたものであり現在の町名とは異なっている。規模は 13 世帯から 1,072 世帯（豊岡市統計資料 2006）までと様々である。区には近隣 10 世帯からなる隣保がある。自主的防災組織は 2004 年の水害時に機能した地区と機能しなかった地区があり、対策は区にまかされ自警団組織の対応も異なっていた。

　2005 年 7 月と 2006 年 2 月の現地調査の際には円山川本川の左岸側に位置する 2 区、右岸側で支川の六方川沿いに位置する 1 区での水害時の対応や日頃の活動・取り組みについて聞いた。さらに 2006 年 7 月には左岸側の市街地地域で 4 区、右岸側の六方川沿い三江地域で 2 区、新田地域で 2 区、出石川との合流点付近の中筋地域で 1 区、同 11 月には市街地の 5 区で同様に水害時の対応や水害後の活動・取り組みについて聞いた。日頃の取り組みについては、災害時の連携と地域内での交流に関連があるかをみるため、祭りなどの行事についても聞いた。調査実施地区は図 2-18 のとおりである。また、各区の規模や自主防災組織の設立時期については表 6 に示した。表中で市街地の区名には A、三江地域は B、新田地域は C、中筋地域は D と表記した。

7-1　自主防災組織設立以前の住民の水防活動について

　旧豊岡市における水防団体は、1908 年に円山川下流域の豊岡町及び新田・三江・

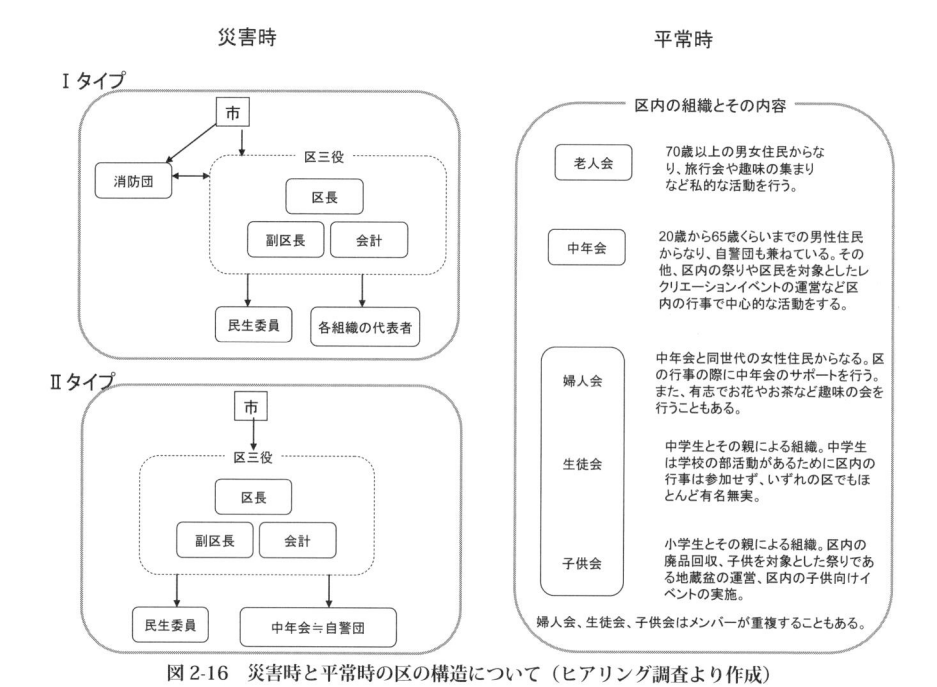

図 2-16　災害時と平常時の区の構造について（ヒアリング調査より作成）

五荘・田鶴野の 4 カ村による「円山川治水調査会」、南側の八条・国府・中筋・小坂・神美・新田 6 カ村による「治水期成同盟会」をはじめとして、戦前は国に対する改修の陳情を主な活動としていた。戦後、昭和 32 年（1957）に施行された「水防管理団体規則」に基づき水防団が設置され各区から区の規模に応じた人数の団員が出て水害時の土嚢積みが行われた。水防団は 1970 年代頃から自然消滅的に解散している（図 2-16）。

7-2　自主防災組織設立後の活動について

　1995 年の阪神・淡路大震災を契機として市からの働きかけで、1997 年〜 1998 年ごろを中心に旧豊岡市内の全区に自主防災組織が設置されたが、区によっては名目上だけで実体のない組織もあった（表 2-5）。活動を行っている区でも設立の契機が地震であるために、地震災害やそれに伴う火災を想定した訓練、機材整備を行っていた。

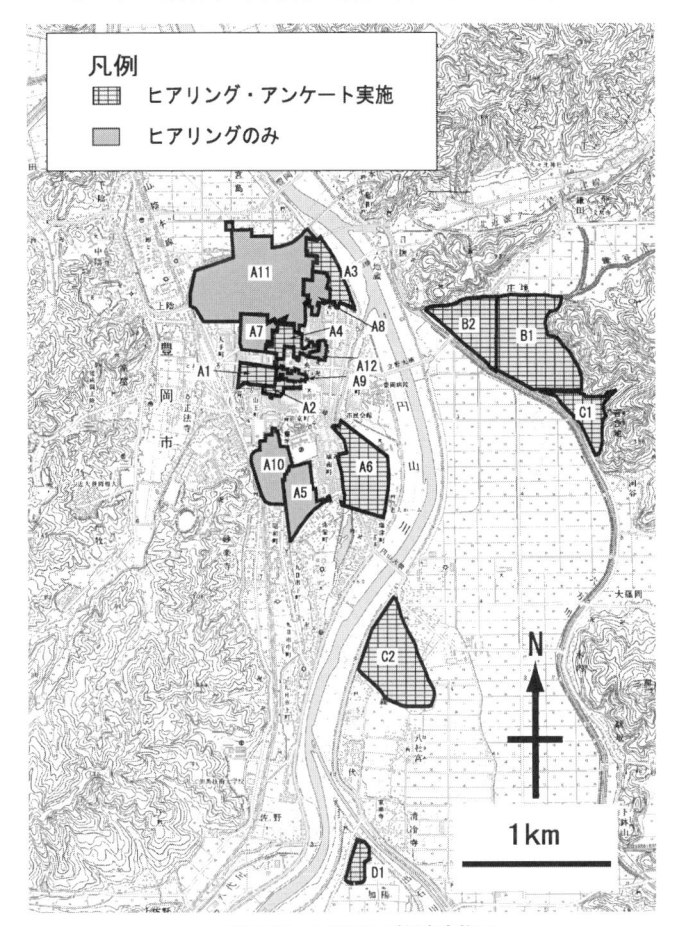

第2章　地方都市の社会変化と水害 ―円山川2004年洪水―

図2-17　ヒアリング調査実施区

7-3　2004年水害時の活動内容について

　A11では、「防災ネット」という自主防災組織を阪神・淡路大震災後の1998年に設立し、自警団だけでなく老人会、婦人会、子供会などの区内の他組織の代表者及び民生委員から構成している。また、防災マニュアルを水害と地震災害に分けて作成し、毎年修正し、2003年には兵庫県から優良自主防災組織表彰を受賞するなど風水害から地域を守る先進的な活動として他地域からも注目される組織である。2004年の水害後も道路冠水状況地図を作成し、今後、水害が発生した時の適切な避難ルートを把握した。また、災害時の対応をわかりやすくまとめた冊子を作成し区内の全戸に配布した。自主防災組織のリーダーは区長が兼務する区が多いが、A11では副区長、A1

表2-5 ヒアリング実施区概要

地区	世帯数	人口(人)	宅地化時期	2004年の浸水世帯数(床上・床下)	地形条件	自主防災組織の設立時期と規模(人数)
A1	135	323	明治時代末から大正初期	18・98	高位段丘谷底平野	1997年、約30人
A2	112	243	明治時代以前	35・52	高位段丘谷底平野	1998年、約50人
A3	195	499	江戸時代以前	33・49	自然堤防	1997年、約50人 2005年以降再整備中
A4	130	325	1960年頃	22・64	谷底平野	1997～8年、約30人
A5	277	718	1963年に市から分譲開始	251・7	谷底平野	1997～8年、約40人
A6	174	439	江戸時代以前	40・11	谷底平野谷底平野	1997～8年、約20人
A7	119	301	大正時代末から昭和初期	57・40	谷底平野	2005年(現在も整備中)、約20人
A8	176	420	1960年頃	87・66	谷底平野	1997～8年、約20人
A9	90	188	明治時代以前	35・35	高位段丘	1997～8年、約15人
A10	227	520	1960年頃	66・23	谷底平野	1997～8年、2004年被害後現在整備中
A11	886	2,308	1960年頃	396・180	谷底平野	1998年
A12	42	99	江戸時代以前	0・0	高位段丘	1997～8年、約40人
B1	460	1,184	1960年頃(旧世帯は江戸時代以前)	312・2	低位段丘谷底平野旧沼沢地	1997～8年、
B2	203	585	1960年頃(旧世帯は江戸時代以前)	183・10	低位段丘谷底平野旧沼沢地	2005年以降整備中
C1	78	245	江戸時代以前	47・3	低位段丘谷底平野	既存の組織を2006年に再整備、約50人
C2	412	1,090	明治時代以前	216・20	自然堤防谷底平野	1997～8年、約40人
D1	82	299	江戸時代以前	1・1	自然堤防	2005年、約50人

(ヒアリング結果、豊岡市統計資料2006、豊岡市2004より筆者作成)

では自警団長がリーダーとなり区長は顧問になっている。

　その他の2004年の水害時に自主防災組織の機能があった区では、既存の自警団がそのまま活動している例が大半であった。2004年水害以降の自主防災組織での取り組みを尋ねたところ、A4、C1では組織を再編した、A3は「区防災部」、A10は「区自警団」という既存の組織を2006年現在再編しているとのことであった。また、2004年には自主防災組織の実態がなかったと回答したA5、A7、B2、D1のうち、A7は「区自主防災組織」の名称で組織を設立し、マニュアルの作成や区独自の避難場所を設定した。また、現在も人員構成等を整備中である。D1は「防災ネットワーク」

の名称で 2005 年に組織を設立し、B2 は現在整備中であると回答した。A5 では組織はあったが地震や火災を想定しており 2004 年に活動を行わなかった。また、住民の高齢化が進んでおり今後組織を維持・強化していくことが困難であるとした。

2004 年水害時について、市街地では A5 以外の区は住民に対する避難の呼びかけ・誘導、独居世帯の安否確認、高齢者や障害者など支援を必要とする人を避難所まで運ぶといった活動を行った。A5 は世帯数が多く、区長が区内全域の状況を把握することが難しいため避難の有無は市の防災無線の情報から各自で判断するようにした。

B1 は「自主防災自警団」という組織があり 1990 年の台風時等、過去の水害で河川や水門の見回り、土嚢積みを行ったが、2004 年水害では区役員が 10 月 20 日 16 時半に協議して浸水が既往水害より大きくなると予想し自宅に戻り早期浸水に備えることとした。

水害後の復旧作業は 10 月 21 日に開始し、いずれの組織も市からのゴミの処理法の連絡、浸水で使えなくなった各家庭の畳や家具の搬出手伝い、消毒剤の配布、道路上に流出した障害物の撤去等を行った。

7-4 自主防災組織の平常時の活動について

自主防災組織の平常時の活動について 2004 年の災害前後での変化を聞いたところ A1、A3、C2 は区在住の住民全体を対象とした勉強会または講習会を 2004 年の災害後から年に 2～3 回行っていると回答した。市から 2006 年 7 月に配布された防災マップの内容について、災害時に支援が必要となる住民の把握とその対応についてである。

防災訓練はいずれの区も実施しており、A11 と B1 は区民全体を対象として行っているが、その他の区では自主防災組織のメンバーのみを対象としている。市主催の訓練も実施されているが、各区の自主防災組織を対象とし一般市民は参加しない。また、訓練内容は消火訓練や消火器の詰め替え等火災を想定したものが多い。旧豊岡市での自主防災組織の構造は大きく 2 タイプに分けられる。一つは三役、自警団の他に老人会、婦人会、子供会など区の他組織の代表者と民生委員、福祉委員からなり（以下 I タイプ）、もう一つは区長を中心とする区の三役、自警団と民生委員からなるもの（以下 II タイプ）で II タイプで民生委員を含まない場合もある。

I タイプに該当するのは A4、A11、C1、II タイプに該当するのは A1、A2、A3、A6、A7、A8、A9、A10、A12、C2、D1 である。自主防災組織のメンバーとなっている自警団員はいずれの区でも 20 代から 60 代くらいまでの男性で、区の行事でも準備や運営など中心的な役割を担うことが多く防災活動以外にも祭りなど様々な活動を行っている。現在、自主防災組織は区ごとに活動を行っており、区同士で情報交換

を行う場や連携して災害時に対応する機会は今のところない。市としては今後、情報交換などの面で自主防災組織の代表者が定期的に会合を開く必要があるのではないかとしている（市防災課職員ヒアリングより）。

7-5　消防団と自主防災組織の連携について

　旧豊岡市での水害時における消防団と自主防災組織の活動内容の違いは、消防団が堤防での土のう積みや危険箇所の見回りなどを行うのに対し、自主防災組織は住民への避難誘導や高齢者等の避難支援等住民に直接関わる活動を行う点である。

　2005年の調査で自主防災組織として災害時に消防団と連絡のやり取り等連携していると回答したのは、A4、A11、B1、D1であった。A6は消防団との連携はないが自警団の団長を消防団員経験者が務めている。

7-6　2004年水害時の避難状況

　2004年水害時に避難したかについて聞いたところ、Aでは避難しなかったと回答した人が70%だった。避難しなかった理由に、「メディア等の情報から、自己判断で避難の必要は無いと思った」という回答が約40%、「避難しようと思ったが間に合わなかった」が約20%となった。その他、浸水被害がそれ程大きくなかったため、家に残って家財道具を高い場所へ移動させたりしていたといった回答や、回答者本人は避難しなかったが、家族の高齢者や幼児などだけ避難させたという回答も2～3例あった。

　Bでは「避難した」が48%、「避難しなかった」が50%だった（B1、B2ともに）。理由としては「メディア等の情報から、自己判断で避難の必要は無いと思った」という回答が約40%、「避難しようと思ったが間に合わなかった」が約30%だった。また、避難場所である三江小学校や公民館まで徒歩で30分以上かかる世帯が多く、避難勧告・避難指示が出されたのが夜間だったことも避難した住民が少なかったことに影響している。

　CではC1地区では10%程度しか避難しておらず、C2地区では避難したという回答は約50%であった。理由としては「メディア等の情報から、自己判断で避難の必要は無いと思った」、「今まで浸水したことが無いので大丈夫と思った」、「避難しようと思ったが間に合わなかった」という回答がそれぞれ約30%と同じくらいの割合であった。その他、「夜間なので外に出るほうが危険と判断した」、「寝たきりの老人がいるため動けなかった」という回答も数例あった。

7-7　居住地区の水害脆弱性の認識について

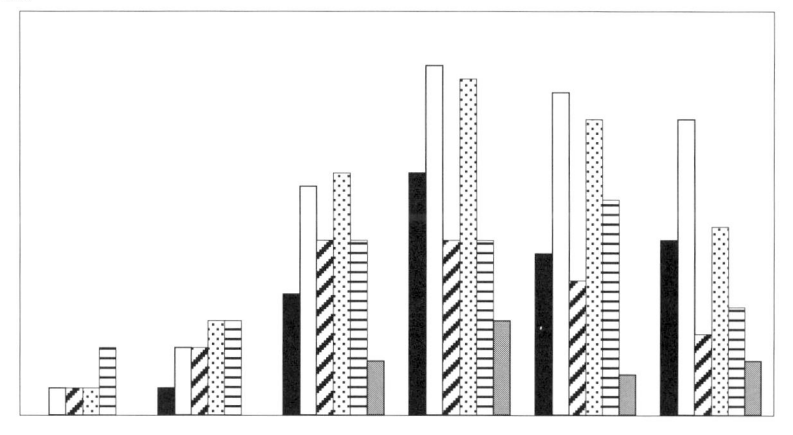

第 2 章　地方都市の社会変化と水害 ―円山川 2004 年洪水―

（人）

■訓練　□住民間の交流　▨資金・道具の整備　▦災害時の情報網　□既往・予測の情報　▨その他

図 2-18　現在の自主防災組織では何が不足化

　2004 年の災害以前から居住地域の水害脆弱性について聞いたところ、A で認識していたと回答したのは在住年数が長く、昭和 20 年（1945）以前からとした住民であった。ここでいう在住年数は回答者個人の居住年数ではなく、現在の場所に何世代前から居住しているかを聞いたものである。さらに、年代別では 50 代以上で「認識していた」という回答が多かった。A でアンケートを行った地区は 2004 年の浸水被害が 1959 年伊勢湾台風以来の被災であり、その経験の有無が年代による認識の違いにつながったと思われる。B では B1、B2 いずれでも「認識していた」の回答が多く、58 人の回答者のうち 54 人が認識していたと回答している。これは 2004 年以前にも 1990 年や 1976 年等、度々浸水被害を経験していることによると思われる。C は C1 で在住年数によらず「認識していた」が多かったのに対し、C2 は「認識していなかった」が多くなっている。C1 は低位段丘から谷底平野上に住宅があり、B 同様に過去にも浸水経験があるが C2 は自然堤防上に住宅が立地しており、床上まで浸水するような経験は A のアンケート実施区と同様に伊勢湾台風以来なかった（C2 区長ヒアリングより）。

7-8　2004 年水害時の自主防災組織の機能について

　2004 年水害時に防災組織が機能したかを「1. 非常にそう思う、2. ややそう思う、3. どちらでもない、4. あまり思わない、5. まったく思わない、6. その他」の 6 段階で、

さらにそれぞれの理由を自由記入で聞いた。その結果、A～Cいずれの地域でも回答にばらつきが見られ、地区による回答の特徴はなかった。機能した点では、老人の避難誘導や避難の呼びかけ、避難所での食糧配給などが多かった。機能しなかった点は、情報伝達の遅さや水害時には住民が各家庭のことに追われるため組織だった行動が取れなかったという意見が多かった。また、水害時には自主防災組織は関係ないという意見もあった。

7-9 自主防災組織について

住民が自主防災組織に対してどのような役割を求めているかを考察するために、「1.災害に備えた訓練を行う。2.災害時に連携がとれるよう、住民間で日頃から交流をはかる。3.災害時に使用する資金や道具の整備をする。4.災害時の情報網を整備する。5.既往の災害時の被害状況や、予測される被害の情報整備をする。6.その他」の6つの選択肢から2つまで選ぶ形式で聞いてみた。

集計の結果、2、4、5、1、3、6の順に多い結果となった。これは地域や被害の程度との関係はほとんど見られなかった。年代別に見ると、20～30代では4や5の情報整備を上げる答えが多かったのに対し、40代以降で4とともに2の日頃の交流を上げる答えが多かった。この傾向は特に50代以降で顕著であった（図2-19）。聞き取り調査で年配の住民から「若い層をどうやって地域に取り込むかが課題」という話があったが、若い世代ほど地域の交流をあまり重視しない傾向がアンケート結果からも示された。

7-10 平常時の地区内行事を通じた交流と災害時の支援連携の関連について

居住地区内で区全体を対象とした行事があるか、またその行事を通じた交流が災害

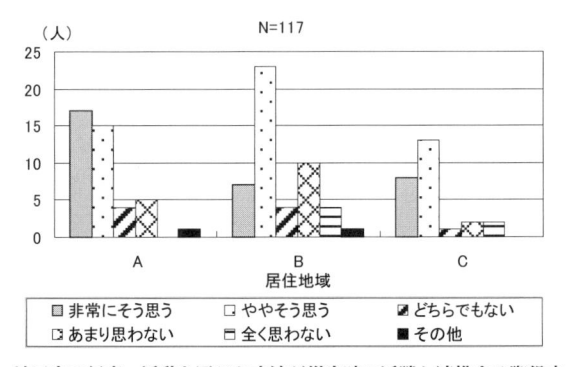

図2-19 地区内の行事・活動を通じた交流が災害時に近隣と連携する際役立ったか

時に近隣と連携を取る上で役立ったかについて「1.非常にそう思う、2.ややそう思う、3.どちらでもない、4.あまり思わない、5.まったく思わない、6.その他」の6段階で聞いてみた。

Aは全員が行事や活動が「ある」と答えた。内容としては、夏・秋祭り、だんじり、地蔵盆、運動会、カラオケ大会、区内清掃、廃品回収などがある。A1、A3はここ10年ほどで住民の高齢化に伴い運動会が開けなくなり、日帰り旅行やレクリエーションに変更されている。それらの行事が役立ったかについて1、2を合わせた肯定的な回答が約75％であった。4が10％弱あったが5はなかった。在住年数の長い住民が多く、近隣の人との付き合いが長いため災害時にも協力できたと考える人が多いと思われる。

BはB1で10％が行事は「ない」と回答した。B2では1人、行事があるかどうかわからないと回答した。「ない」という答えはB2ではなかった。行事・活動の内容としては夏・秋祭り、だんじり、地蔵盆、運動会、円山川支川の草刈り日役、区内清掃などがある。役立ったかについてB1では45％が1、2と肯定的、30％が4、5の否定的回答だった。また、3が5％、無記入が20％だった。B2では60％が1、2と肯定的、4が14％で5は0％だった。いずれも、在住年数や被害状況の違いによる回答の傾向は見られなかった。

CはC1で1人「ない」と回答した。内容は夏・秋祭り、盆踊り、カラオケ大会、草刈り日役など。C2では「ない」、「わからない」が1人ずつあった。内容は夏・秋祭り、だんじり、運動会、ソフトボール大会、区内清掃など。役立ったかについてC1では約80％が1、2と回答した。この区は全世帯の約80％が明治時代以前から居住しており、古くからの行事があることや近隣との付き合いが長いためと思われる。C2では約60％が1、2と回答しているがほとんどが2を選んでいる。こちらも在住年数や被害状況の違いによる回答の傾向は見られなかった。

これらの行事が、祭り・地蔵盆などは戦前から行っていたが、地区内運動会などのイベントは戦後、社会が落ち着いてきた昭和30～40年代頃（1950～1960）からという回答が多かった。

8　自然と人文現象からみた円山川流域の洪水要因

8-1　水害に関する自然条件としての地形の分析

円山川下流域の地形特性の把握に関しては地形分類図の作成を行い、本川・支川の谷底平野、自然堤防、低位段丘面、高位段丘面、人工改変地、旧河道、泥炭地、沼沢

地、河原、中洲、堤防に分類された。旧豊岡市は円山川によって形成された豊岡盆地上に立地しており、その大半を谷底平野が占めている。円山川は下流部で河床勾配が約1/10,000と非常に緩く、河口近くでは中洲も多く洪水時に水が流下しにくい河川地形を示している。

8-2　旧豊岡市における社会的条件の変化

明治時代後期から現在までの円山川流域の土地利用変化を考えるために、6つの年代の土地利用図を作成した。その結果、過去約100年の間に人口は約2.4倍、市街地面積は約4倍に増えている。特に戦後の1950年代から1970年代にかけての人口の伸びが顕著である。この人口増加に伴い、宅地も拡大したが、古くからの集落が自然堤防上や段丘面上にあるのに対し、1960年代以降に開発された土地はそれ以前には遊水地であったような谷底平野や旧沼沢地上に多く見られる。そのような地域では2004年水害以前の1990年や1976年などの既往水害でも浸水被害に遭っている。一方で、江戸時代、明治時代からの住宅地では、2004年の浸水被害は伊勢湾台風以来の災害であり、住民が水害に対する地形条件を踏まえた住み方をしていた。

8-3　旧豊岡市における治水・水防活動について

旧豊岡市における治水・水防団体の活動については自主防災組織設立以前の活動について「豊岡市史」などのテキスト分析、自主防災組織設立後の活動については自治会役員へのヒアリング、住民の水害意識を分析するためアンケート調査を行った。旧豊岡市における治水・水防団体の活動は1900年代初めの治水調査会や治水期成同盟会に始まる。これらの団体は円山川の水害に対して、改善を求めて陳情を行っていた。しかし、政府が1910年に行った全国の河川に対する改修の優先順位の決定は非常に低く、それに対して早期改修の要請がさらに行われていた。その結果、1920年から1937年まで直轄工事による改修が行われた。その後も1966年に一級河川に指定され、放水路の整備などが行われたが、未だに無堤防地帯も一部にある。戦後は1957年の旧豊岡市の条例により水防団が設置され、住民による治水・水防団体は土のう積など水害時の活動を中心に行う組織に変化していった。

さらに1995年の阪神・淡路大震災を契機として旧豊岡市内の全区に自主防災組織が設立された。A11では2004年水害以前から水害用のマニュアルを作成していたが、その他の区では水害を想定した活動はほとんど行われていなかった。2004年の水害後に組織の再編、マニュアル作成、区民を対象とした勉強会・講習会の開催など新たな取り組みを行っている区もあるが、活動度の違いは被災状況によるものではなく自

主防災組織メンバーの水害認識の高さに拠るところが大きい。現在、自主防災組織の活動は区ごとで行われており、消防団との連携の有無も区によって異なる。そのため、市全体として自主防災組織の充実を図るには、活動が活発な地区の情報を積極的に他区にも提供する場や情報交換の場が必要であると考える。

　旧豊岡市の自主防災組織の課題として、人員不足、一部地区の高齢化、組織の構成員以外の住民の関心が低いことが自治会役員、自主防災組織メンバーへのヒアリング調査より明らかになった。人員不足の原因として高齢化や、若い世代の住民が地域の活動への参加を敬遠する傾向が挙げられる。また、自主防災組織で中心的に活動している 20 代から 60 代の男性住民は日中、勤務先にいることが多く、平日の日中に災害が発生した際、即座に集合できない点も課題である。さらに自主防災組織の規模については世帯数が多いと、日頃からの住民の把握が難しく災害時にも所在確認などが困難である。A11 区のように世帯数が多くても系統だった活動が行われている区もあるが、場合によっては区よりも小さな隣保単位での活動も必要と思われる。

　自主防災組織の構造には大きく分けて 2 タイプあった。多くの組織は I タイプとした自警団中心の構造で、II タイプの区内の各組織の代表者からなる組織は、調査を行った区の中では 3 区しかなく、そのうち 2004 年水害以前からあるのは 1 つである。そのため、それぞれのタイプの利点やそうでない点については、まだ比較できる段階にはない。しかし、人員不足を解決するためには II タイプのように様々な住民がそれぞれの役割を決めて行動することが有効であると思われる。また、区内の組織ではそれぞれの活動が行われており、そうした住民同士の連携は自主防災組織の活動を行う上で有効な素地になる。

　水害はその地域全体が被害にあうため、浸水被害が大きくなると住民が移動することも困難になる。そのため、浸水被害の大きな地域ほど自主防災組織として機能することは難しいと考える住民が多い傾向があるが、その一方で災害時における早い段階での高齢者や障害者への避難誘導、避難場所までの搬送、避難所の運営といった活動において自主防災組織は機能していることがアンケート結果より示された。1960 年代以降の高度経済成長期以降に発展した地方都市において、都市化に伴う地域の変容という点から、地域を基盤とした地域防災組織とその活動を評価してみた。円山川は河床勾配が極端に緩い特殊な河川であり、さらにその周囲の水害脆弱性の高い地形条件の上に都市が拡大したことが 2004 年水害の大被害につながった。また、自主防災組織については、宅地化の時期や地形条件の異なる複数の区を選定し調査したが、活動内容や組織構造のばらつきはそれらの条件とは関係なく、自治会役員の災害意識の高さに拠ることが明らかとなった。

引用文献

井上和也・戸田圭一・川池健司（2001）：東海豪雨災害と都市水害．京都大学防災研究所年報．44-A：71-79．
石原安雄・大沢昿・佐野元彦編（1986）：『都市の変容と自然災害』．69-100．日本学術振興会．
石見利勝（1997）：自主防災組織とコミュニティ活動．社会経済システム．16：43-49．
伊藤安男（1994）：『治水思想の風土―近世から現代へ―』．45-49．古今書院．
春山成子・大矢雅彦（1986）：地形分類を基礎とした庄内川，矢作川の河成平野の比較研究．地理学評論．59（Ser. A-9）：571-588．
橋本 健・森田 正（1982）：土地利用変化を評価する洪水流出モデルに関する研究．土木学会論文報告集．325：45-50．
福岡捷二・谷岡康・高本正彦（1993）：都市中小河川における雨量観測所の密度が面積雨量精度に与える影響．水工学論文集．37：27-32．
兵庫県史編集委員会（1967）：『兵庫県百年史』．530．兵庫県．
気象庁（2005）：『異常気象レポート2005』．60-64．気象庁．
北原糸子編（2006）：『日本災害史』．305-328．吉川弘文館．
建設省（1962）：『伊勢湾台風災害史』．602-611．建設省．
国土交通省河川局（2001）：『災害列島2000』．16．国土交通省．
国土交通省河川局（2005）：『災害列島2004』．30-31．国土交通省．
国土交通省近畿地方整備局豊岡河川国道事務所（2001）：『母なる川　円山川』．17-18．
国土交通省近畿地方整備局豊岡河川国道事務所（2005b）：『円山川堤防調査委員会　報告書』．30．
松本洋一（1996）：災害にそなえる自主防災組織．公衆衛生．60（4）：258-262．
宮崎暢俊（2006）：地域防災を担う自主防災組織の役割．砂防と治水．39（2）：32-35．
三好規正（2003）：河川の流域総合管理実現に向けた法政策の提言―河川管理法制の大転換を求めて―．都市問題．94（4）．99-118．
水野 智（2006）：都市化に伴う地域防災への影響評価．東京大学大学院新領域創成科学研究科環境学専攻自然環境学コース平成17年度修士論文（未発表）．
水田哲生（2003）：水害リスクマネジメントとしての土地利用用途変更に関する一考察―先行研究のサーベイを手がかりに―．京都大学防災研究所年報．46-B：75-80．
元吉忠寛・高尾堅司・池田三郎（2004）：地域防災活動への参加意図を規定する要因―水害被災地域における検討―．心理学研究．75（1）：72-77．
室崎益輝・大西一嘉（1991）：水害時の住民対応行動に関する研究-平成2年台風19号の兵庫県北部水害を事例として．都市計画論文集．26-A：193-198．
虫明功ın（2003）：特集・都市型水害の脅威に備えて―巻頭言　流域ぐるみでの都市型水害軽減対策の新たな展開―．河川．59（10）：3-7．
内閣府編（2006）：『防災白書　平成18年版』．221-223・246-255・260-277．株式会社セルコ．
西道 実・清水 裕・田中 優・福岡欣治・堀 洋元・松井 豊・水田恵三　2004．自主防災組織に見る地域防災体制の規定因―神戸市における防災福祉コミュニティの特徴―．プール学院大学研究紀要．44：77-90．
大熊 孝（1988）：『洪水と治水の河川史―水害の制圧から受容へ』．18．平凡社．
大谷貞夫（1986）：『近世日本治水史の研究』．雄山閣出版株式会社．
大矢雅彦　1986．水害地形分類図の作成とその活用．地理．31（5）：53-65．
大矢雅彦・丸山裕一・海津正倫・春山成子・平井幸弘・熊木洋太・長澤良太・杉浦正美・久保純子・岩橋純子・長谷川 奏・大倉 博（2002）：『地形分類図の読み方・作り方』．古今書院．
リバーフロント整備センター編（1992）：『河川水辺の国勢調査年鑑　平成4年度　河川空間利用実態調査編』．山海堂．
佐賀武司・山田晴義・小関公明・高橋隆博・湯田善郎・青木恭介（1989）：災害弱者に対する地域の防災的対応力に関する研究　自主防災組織の活動実態についてその1．日本建築学会大会学術講演梗概集．237-238．
坂上敏彦　2005．平成16年台風23号による地盤災害―兵庫県豊岡市の円山川の事例―．地質と調査．第2号：42-45．

瀬尾佳美（2002）：都市水害へのソフト型対策とリスクコミュニケーション―東海豪雨災害を例に―．下水道協会誌．39（478）：14-19．
島谷幸宏（2000）：『河川環境の保全と復元』．2-4．鹿島出版会．
周　国云・森　二郎・江崎哲郎（2000）：GISを用いた広域地盤沈下の浸水発生危険性および洪水氾濫への影響評価．土と基礎．48（1）：18-20．
高橋和雄・阿比留勝吾・三重野恵介（1996）：平成5年8月豪雨による鹿児島水害後の地域防災計画の見直しと自主防災組織の対応に関する調査．自然災害科学15（2）：125-138．
高橋和雄・河野祐次・中村聖三（2005）：熊本県内市町村の地域防災計画と防災体制の実態に関するアンケート調査．自然災害科学．24（2）：163-170．
高橋和雄・藤井　真・伊藤雅尚（1997）：噴火災害下における島原市の自主防災組織の現状と課題．自然災害科学．15（4）：269-285．
滝田　真・熊谷良雄(2002)：大規模災害時の避難所運営に関する地域防災力評価．地域安全学会論文集．4：15-24．
谷岡　康・福岡捷二・谷口将俊・小山幸也（1998）：都市中小河川の洪水流出特性．土木学会論文集．No. 586：1-11．
豊岡市（1973～2006）：豊岡市統計資料．豊岡市．
豊岡市（1998）：『豊岡市防災計画平成10年版』．豊岡市．
豊岡市史編集委員会（1981）：『豊岡市史　上巻』．豊岡市．
豊岡市史編集委員会（1993）：『豊岡市史　下巻』．豊岡市．
豊岡市消防本部(2005)：『119　2004活動の記録(消防年報)台風23号水害の記録』．豊岡市消防本部．
築山秀夫（1996）：自主防災組織の活動とその課題．中央大学文学部紀要．165：75-112．
辻本哲郎編(2006)：『豪雨・洪水災害の減災に向けて　ソフト対策とハード整備の一体化』．技法堂出版．
内田和子（1994）：『近代日本の水害地域社会史』．古今書院．
牛山素行（2005a）：2004年台風23号による人的被害の特徴．自然災害科学．23（4）：257-265．
牛山素行（2005b）：2004年10月20日～21日の台風23号による豪雨災害の特徴．自然災害科学．23（4）：583-593．
山崎憲治（1994）：『都市の水害と過疎地の水害』．27-29．築地書館．
吉野文雄・吉川勝秀（1980）：土地利用の変化に起因する洪水災害変化の分析と治水対策の評価．土木技術資料．22（2）：77-81．
吉野文雄・吉川勝秀・山本雅史（1982）：洪水危険度評価地図．土木技術資料．24（5）：243-248．

参考文献・資料

兵庫県防災協会南但・豊岡・浜坂支部編（1993）『但馬の災害史』．兵庫県防災協会南但・豊岡・浜坂支部．
国土交通省近畿地方整備局豊岡河川国道事務所（2005a）『明日へ生かそう！地図が伝える水害体験』
高橋　裕（1999）：『都市と水』．37-38．岩波新書．
豊岡市（1998）：『豊岡市防災計画書』．121-139．
豊岡市（2004）：『台風23号関連資料　住家等浸水被害状況（平成16年　1次調査結果）』．
国土交通省豊岡河川国道事務所（2005c）：『円山川緊急治水対策の概要―水害に強い街づくりを目指して―』．

第3章
城下町の変容と災害リスクの変化
―法制度変化と都市河川防災―

春山成子・水野 智

1 災害リスクを考える

　河川流域整備にむけた高度技術が確立する前、近世における日本での水害による被害者数は年間で数万人規模であった。1896年にいわゆる旧河川法が制定されて、お雇い外人としてオランダから派遣された土木技術者のエッセルやデ・レーケらは、日本の河川流域をつぶさに調査を行い、流域管理と洪水軽減にむけた河川計画に深く参画することによって、治水事業は国策として進化・進展していった（JICA 2003）。
　戦後、河川工学分野での研究が進み、土木技術は大きく進展していった。このような社会的な背景の中で、大規模な河川改修を促すことになり、河川流域の氾濫被害は徐々に減少していった。が、1960年代に入ると、首都圏への人口集中、太平洋ベルトに立地している4大工業地帯と都市圏、その周辺地域で土地利用景観が急激に変化していった。かつては、土地利用上における洪水バッファーとしての遊水地機能をもっていた水田面積が減少していったことを合わせてみると、都市およびその周辺地域での水害ポテンシャルが高められた（末次2004）。
　日本の土地利用は長い間の「経験知」によって土地条件で判断された伝統的な知恵が隠されている。濃尾平野に一部で残されている輪中堤防と水屋との組み合わせによる減災努力の痕跡も、広大な氾濫原地帯でどのように洪水と共生していくかについての居住空間の工夫としてとらえることができよう。住宅空間の洪水からの安全性を考えるのは、いつの時代でも同じである。しかし、経済的状況で宅地施設は左右される。そこで、低平地での宅地建設には盛土、非盛土地を持つ家屋は洪水の南北問題でもあった。
　一方、畑作の立地条件として、水はけの良好な地域を選定し、果樹園は多少の砂礫

を含んでもいい場所、水田は水持ちの良好な地域、水を配水しやすい地域を選定条件して考慮していた。土地利用の成立は、自然発生的な側面もあるが、継続的な生業にあうように土地条件が考慮された歴史でもある。

河川流域を勘案すると河川洪水・高潮・津波などのポテンシャルは地形要素と関係している。このため、豪雨・洪水での湛水期間が長く持続し、洪水流が早い流速で流れやすい旧河道、また、一方で湛水期間が長く、湛水深度も大きな後背湿地、さらに、地盤高は低く平坦であり、零メートル地域で沿岸地域にある湛水した洪水が流れにくく、潮汐の作用を受ける地域では高潮災害にも弱いデルタという地形環境が土地利用計画には大いに反映されていた。

現在でも、地形要素としての後背湿地とデルタは低平性を考えに入れて、水田として利用されている場合が多い。この土地条件を宅地化した場合にも、自然環境要因とその属性は持続するために、下水道の許容量を超えた豪雨に見舞われた時には、内水氾濫が恒常的に発生する。このような洪水に対しての土地条件を超えて、居住空間を広げていった都市住民は洪水危険度を察知しておらず、河川構造物の建設によって、地域住民の水害危険認識が低下していったために、突発的な水害には住民が対応できない場合もある（河川審議会 2000）。

河川地形に表れている洪水脆弱性、住民が参加してきた地域コミュニティーの構造に変化が表れている。居住区での孤立無援状況、隣人との付き合いがないなど、災害発生時に地域住民相互の支援機能は低下している。2000年に発生した東海豪雨では、名古屋・中京圏の都市と隣接地域は洪水で交通マヒを引き起こしたため多くの帰宅難民を出すことになった。この東海豪雨を契機にして水防法も改正された。また、市町村でハザードマップを作成することも提案されている。市町村での防災管理室の創設、災害リスクとして既往洪水の重ね合わせをすることで、災害ポテンシャルを一目でみることができ、土地条件についても住民が理解することが示される。都市住民がひとりひとり、リスク・マネージメントの能力を高め、養うことが求められるべきであり、行政のみが防災手法を考えるのでなく、地域社会全体で防災ネットワークを考えて、防災・減災のための地域社会を取り込める組織を作り、適切な組織運営する能力が地域住民にも求められるようになった。

都市水害と発生メカニズムについての研究は1970年代以降に大きく進められている。首都圏および近郊地域での人口集中で進んだアーバンスプロールで土地利用景観が大きく変わり、都市河川流域では水害ポテンシャルが高まった。大きく土地利用が変化する中で都市河川流域での防災を考える際、総合治水の概念が必要である（鶴見川流域総合治水対策協議会 1989）。福岡水害の後、都市という階層性のある特殊な

地下空間で水害脆弱性が高められたこと、豪雨の急激な流れ込で逃げ場が失われる特殊空間ではことなる自然災害ポテンシャリテイーがあると認識されるようになった（舘野 2003）。

東海豪雨では中小河川の河川整備が進まなかったこと、不十分な河川整備、ポンプ排水容量が不足したこと、天井川化のなかで河川に沿った地域において内水氾濫が発生しやすい条件を作り出した（玉井 2001）。地域社会においては水害時の避難活動を適切にするために、自然災害の危険性が地域住民に認識されていることをおのおのの事象に対して検証をすること、住民の避難行動は行政との共同防災体制や情報リテラシーとの関連性を考えると、災害教育の重要性がクローズアップされている（片田 2005）。

アメリカ合衆国では国家水害保険が採用されているが、日本でも水害保険・補償制度が有効的であるとされている（召田 2005）。河川構造物の整備が進む中でも洪水発生を抑えることはできないため、構造物建設を伴わないでも減災に迎えるように、社会システムを整えることも必要である。洪水発生時、災害からの復興時、地域社会組織がどのように活動をすべきか、災害が発生する前に住民に避難を促すための洪水予警報、避難警報などのシステムの充実も必要である。また、災害にかかわる科学・技術などのリテラシー面を拡充して、地域住民の防災教育に力をいれることも求められている。

すでに、2004年7月に発生した福井豪雨で被災した足羽川流域の洪水被害分析からみると、ダムや河川改修による治水効果は検証された（河田 2005）おり、福井市で生じた豪雨災害についての降雨特性よび破堤のメカニズム、住民の避難状況について時間や認識のアンケートによる調査はいち早く河川工学分野で行われた（土木学会 2005）。堤防の破堤と住民避難について考えると、足羽川の治水対策の再検討の必要も問われている（塚本 2005）。しかし、自然災害に係る情報、防災にかかわるシステム、災害時の住民の心理、避難者にたいしてのボランティア活動について様式は語られているものの、地域の自主的な防災組織・団体にかかわる情報は少なく、都市部における地域防災の歴史・構造的な問題点を体系的に述べたものはない。

「近代日本の地域水害社会史」（内田 1994）のなかで、明治時代および大正時代において設立されていった水害予防組合・水利組合等の構造と歴史的変遷が体系的に明らかにされた。この研究の中では、行政を頼らない土地密着型の洪水予防のための組織があり、その活動が明らかにされた。しかし、都市部の地域防災において主要な役割を担っている自治会・町内会を母体とする自主防災組織の役割や活動についての役割については明らかでない。また、地域固有の防災組織は都市化地域のなかにおいて

も、重要な災害被害の要素であって、自然災害の認識が低い住民が増加していることは、地域防災上にひとつの問題点をなげかけている。

そこで、ここでは都市河川環境が法制度の整備過程でどのように変容しているのか、行政主導の防災の進展が流域住民の防災活動に与えた影響を考えることにしたい。このうえで、地域を基盤とした防災組織の活動が災害軽減にむけてどのような変化をおったのかについて分析したい。地域防災団体の存在は、将来的に考え、持続可能な地域防災力として重要である。

表 3-1 福井市の基本データ

福井県の基本データ	福井市の基本データ
人口（人）	253710（2005 年 7 月 1 日現在）
世帯数（世帯）	87170（2005 年 7 月 1 日現在）
面積（km^2）	340.6
人口密度（人/km^2）	744.9（2005 年 7 月 1 日現在）
高齢化率	20.42%（2005 年 7 月 1 日現在）

（出典：福井市統計資料 2005 年度版）

一級河川の九頭竜川水系にある足羽川の下流平野に位置する福井市では、2004 年福井豪雨で被災した。足羽川およびその支流の荒川における河川の外水氾濫をみてみると、流域の 50%までが被災した（福井市防災課 2004）。

福井市は人口 254,178 人、世帯数 87,666 世帯（2006 年 1 月 1 日現在）（表 3-1)、面積 340.60km^2（2006 年 1 月 1 日現在）、その中心部は県の一級河川である足羽川の下流部 0 〜 8.0m 地点に位置する。市街地は地形的には谷底平野にあたるが、足羽川が天井川であり九頭竜川との合流点が狭窄部となっており、水害脆弱性が高い地形的特性である。福井市は高度経済成長期に都市化の進展した地方都市であり、福井水害は都市水害としての典型的な特徴を保有し、被害は死者負傷者、全半壊の割合は少なく、床上・床下浸水の世帯数が多く、福岡水害や東海豪雨などと同様の傾向を示している（表 3-2)。

九頭竜川の河川整備・防災行政・都市化の状況を把握し、研究対象地で聞き取り調査を行った。地域と河川整備・及び防災に関わる諸団体との関連については、福井

表 3-2 2004 度豪雨災害による福井県・福井市の主な被害

	福井市	福井県	被害のうち福井市の占める割合（%）
死者・行方不明者（人）	0	5	0.00%
負傷者（人）	1	19	5.30%
全壊（世帯）	11	66	16.70%
半壊（世帯）	39	135	28.90%
一部損壊（世帯）	82	229	35.80%
床上浸水（世帯）	2514	4052	62.00%
床下浸水（世帯）	8673	9674	89.70%
被害総額（円）	487 億（推定）	606 億（推定）	80.40%

（出典：消防庁の資料より作成）

福井県の県及び町村土木費の推移（単位：万円）

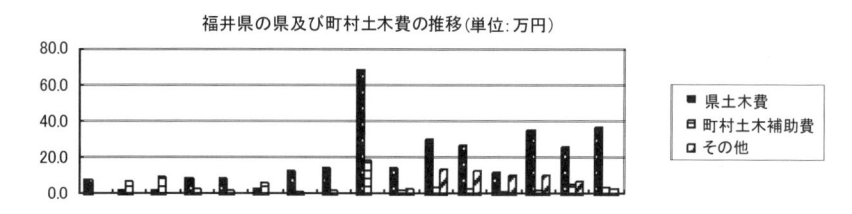

図3-1　福井県の県及び町村土木費の推移（単位：万円　明治1811年～1911年　2年刻み）
（千円以下四捨五入　福井県土木史1983より作成）

県の河川整備及び地域固有の防災団体への聞き取り調査を行った。地域のコミュニティーベースの防災団体の活動の状態をみると、都市化の影響を大きく受けている地域として「木田」「豊」「旭」「日之出」「湊」の5地区を選択して地域社会組織をかんがえてみたい。この地区は避難勧告・避難指示の対象となったが、足羽川では右岸・左岸で避難活動に大きな差がでている（北陸豪雨災害緊急調査団報告書2005）。

2　福井県における河川整備と防災について

2-1　福井県の河川整備

　九頭竜川流域誌（2003）、福井県土木史（1983）、日本の災害対策（2002）から福井県の防災行政と河川整備・流量調節について整理した。九頭竜川は扇状地の布状洪水で大規模洪水が頻発し、江戸時代では藩組織が洪水緩和策として堤防を建設し（九頭竜川流域誌　2003）、管理手法に霞堤が建設された（表3-3）。明治の四大洪水（1885、1895年、1896年、1899年）後、福井県では当時10万円の土木関連費用をあてて河川改修に当たったが、事業費用は県で賄えない分を国庫に依存していた。明治以降の国・福井県、福井市が担当した主な河川整備と災害関連法をみると、歴史的水害後に整備が進展したことがわかる（図3-1）。

　　河川改修には被災した地元住民がインフラ整備を国に直訴したことも背景にある。地域コミュニティー・レベルで最少の「公」である地域における社会組織の結成と組織を中心とした行政への治水事業の陳情が、治水事業を動かしたことである（福井県土木史1983）。地域住民の活動も手伝い、1898年に春江新堤が竣工（翌1899年完成）、同年に九頭竜川では旧河川の適用で1900年に第一期九頭竜川直轄改修工事が開始した（1911年完成）。九頭竜川流域の河川整備にかかわった工事費用は当時の福井県土木予算の数倍に及んでいる（表3-3、表3-4）。

　　町村土木補助費の予算規模は県の数分の1に過ぎず、市町村の単独事業としての

表 3-3 国（主に建設・国土交通省）・福井県・福井市の水害防災に関する事項

年次	全国的災害	法律	国及び国交省（建設省）の取り組み	県の出来事と取り組み	市の出来事と取り組み
1885			九頭竜川大水害（明治四大洪水の一つ 7月1日〜7月8日、暴風雨による越水・氾濫	被災地（足羽川流域 南条・今立・丹生・足羽・吉田・坂井・大野 7郡563村）家屋損壊・流失1250戸、耕地流出91ha、浸水面積2347ha	
1895			暴風雨による越水・氾濫・破提・豪雨 7月29日〜8月7日（8月5日より再び豪雨）	南条・坂井・足羽・今立・吉田・福井市、9郡1市131町村（家屋損壊・流失244戸、浸水戸数26920戸、浸水面積16419ha）	
1896		旧河川法	水防管理団体の創設	南条・坂井・今立・吉田	
			暴風雨による越水・破堤（8月31日〜、9月8日豪雨）	（家屋損壊・流失1197戸、浸水戸数47796戸、浸水面積29635ha）	
1898			九頭竜川に旧河川法施行		
1899			暴風雨による決壊・氾濫（9月6~8日豪雨）	福井市・吉田・坂井・丹精（家屋損壊・流失15346、浸水面積67666ha）	
1900			九頭竜川直轄改修工事（〜1911）		
1929				足羽川放水路工事（〜1931）	
1948					福井震災後の水害
1949		水防法			
1951				足羽川河道掘削工事（〜1963）	
1953					台風13号
1956			九頭竜川再改修事業（〜1960）		台風6, 7号
1959	伊勢湾台風		ダムによる洪水調節メニューの開始	九頭竜川出水	
				荒川改修事業（〜1981）	
1961		災害対策基本法	地域防災・水防計画策定に関する通達		第二室戸台風
1963			九頭竜川工事実施基本計画の策定	福井県地域防災計画策定	福井市防災計画策定
1964		新河川法	一級河川の指定と建設省管理		梅雨前線の停滞による豪雨
			災害救助法発令		
1965			激甚災害の指定	40.9 三大風水害	
				九頭竜川を一級河川に指定する陳情、荒川排水機場設置	
1966			九頭竜川水系の一級河川指定		
1978			総合治水の施行		
1979			足羽川計画流量（1800㎥/s）決定と改修工事（〜2004）		
1984				荒川水門改修	

1995				わがまち夢プラン施行
1997	河川法改正	多自然型河川整備		
2000	東海豪雨			
2001	水防法改正	ハザードマップ整備・洪水予報河川の拡充		
2003			県防災計画で水防対策強化	市防災計画で水防対策強化
2004		激甚災害の指定・災害救助法発令	福井豪雨災害	福井豪雨災害
			足羽川に激特適用	
2005	水防法改正	防災協力団体の設立		市内水害ハザードマップ公開 総合防災訓練（水防中心） 自主防災組織結成率50％突破

（九頭竜川流域誌（2003）、福井県土木史（1983）、日本の災害対策（2002）より作成）

表 3-4　九頭竜川直轄改修工事の概要と予算額（単位：円）

河川名	九頭竜川	足羽川	日野川	計
種別				
築堤	631714	242645		874359
護岸	150000	22500	52500	225000
水制	154800	25500	18000	195300
閘門	20000	—	—	20000
浚渫	1277881	96922	85270	1460073
土地買収	501760	68940	130380	701080
家屋買収	69750	3815	16425	90000
雑費	—	49650	—	49650
計	2805905	759907	—	3615462
付帯工事補助	71800	—	—	71800
その他	123948	—	—	123948
総計	3811210			

（福井県土木史（1983）より作成）

河川整備は困難であった。

2-2　河川改修と工事費用について

　明治後半から大正初頭の中小河川の河川整備費の歴史的経過をみてみよう。九頭竜川流域の直轄河川改修事業では 10 年間で 380 万円が支出されており、県土木費が年間数千〜一万円に過ぎなかったのと大きな差異がある。当時の福井県土木予算の規模の中小河川改修事業は困難であった（福井県土木史 1983）。河川改修事業予算の

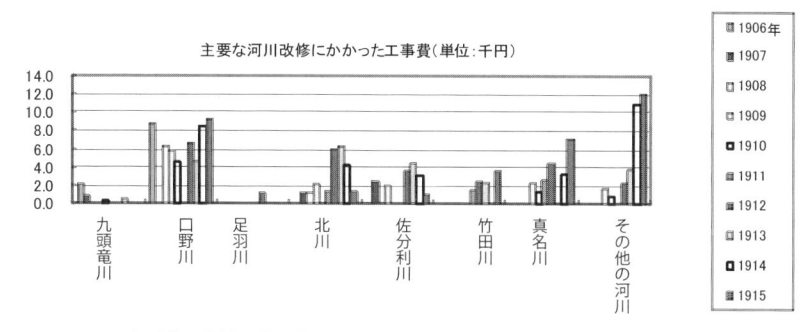

第3章 城下町の変容と災害リスクの変化 —法制度変化と都市河川防災— 57

図 3-2 九頭竜川直轄工事以後の河川改修と工事費（1906年〜1915年 1年刻み）
（単位：千円、百円以下を四捨五入 福井県土木史 1983 より作成）

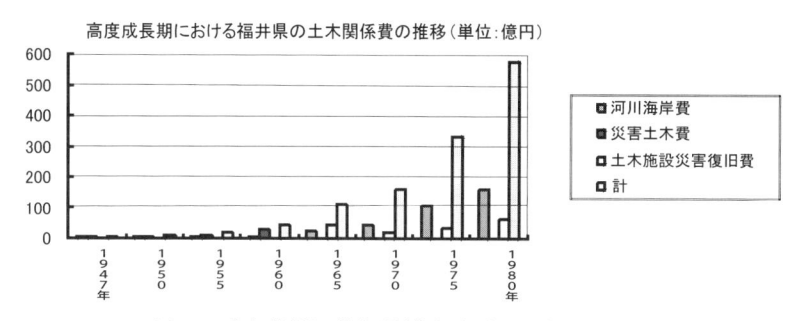

図 3-3 高度成長期の災害関係費変遷（1947年〜1980年）
（単位：億円 千万以下四捨五入 福井県土木史 1983 より作成、注：河川海岸費について 1947〜1948 年は治水堤防費、1949〜1963 年は「河川費」、土木施設災害復旧費は 1947〜1963 年は「災害土木費」を用いた）

制約は、中小河川流域の河川整備の遅れの原因になった。福井県では 1960 年以降に土木費用が増額され、1947〜1978 年では 1.24％（デフレーターを修正）の伸びを示している（図 3-2、図 3-3）。

足羽川の計画流量は、1953 年の台風 28 号を基準に 700m³/s と定められたが、1972 年、台風 20 号の 1,100m³/s で水害に見舞われた。しかし、福井市で防災計画は見送られ、足羽川の洪水流量確率年は 1/10 にとどまった（九頭竜川流域委員会資料 2004）。九頭竜川の治水計画は、1959 年 9 月の伊勢湾台風を基準に、1960 年に中角地点の基本高水流量を 5400m³/s とし、計画高水の 1,600m³/s をダム群で調節し、3,800m³/s は河道で処理するとした（国土交通省近畿地方整備局資料）。

1965 年の 3 大風水害と称される洪水状況をみてみたい。西谷村本戸地区では 3 日連続雨量 1,044mm を記録した。これは、1959 年の伊勢湾台風を大幅に上回っている。

このため、1968年6月に基本計画を改訂し、中角地点の基本高水流量を6,400m^3/sに引き上げた。大野市下若生子地先に真名川ダムを建設、他のダム群で可能な洪水調節と合せて、中角地点の計画高水流量を3,800m^3/sとした（九頭竜川流域誌2003）。1968年には九頭竜ダム、1972年以降に足羽川にもダムが建設され、治水容量は増強された。1978年の真名川ダムに続き、足羽川ダムも建設され、ダム整備で足羽川の計画流量は1979年に700m^3/sから1,800m^3/sに嵩上げされた。これらの治水によって2004年まで福井市をはじめ足羽川流域では大規模な越水水害が発生していない。

3　都市化と防災団体の活動

3-1　福井市の人口動態

福井市の前身は城下町である。結城秀康が越前藩主として1600年に入封後、福井城が建設され、足羽川にそって城下町が形成された（本多・川上他1995）。明治を経て、県庁周辺は都市化に向かい、一方、村落は地形的な高みとして自然堤防、山裾を利用し、自然環境立地的土地利用が昭和前期まで続いた。

1948年以降、福井市は市町村合併で、1950～1980年に市域が34.61km^{2}から340.6km^{2}と飛躍的に増加した。世帯数は22,900世帯から67,855世帯に増加し、人口は100,688人から

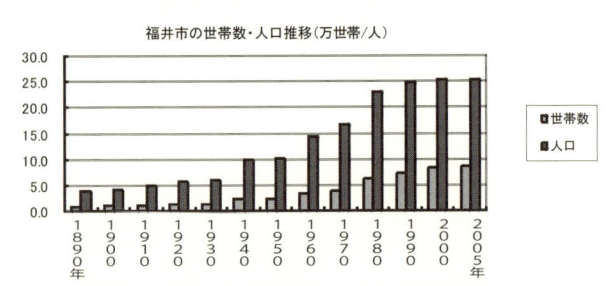

図3-4　福井市の世帯数・人口推移（1890～2005 単位：万世帯／人）
（10年刻み　千人以下を四捨五入　福井市統計資料より作成）

240,767人へと2倍以上に増加した。戦後の福井市街地の発展に道路網整備も関与している（福井市史2004）。1968年頃、幹線道路に沿ってロードサイドショップが進出し、郊外に市街地は拡大し、市街地縁辺部に新興住宅地が造成され、1980年代、マンションなど集合住宅建設が進んだ（本多・川上1995）。

3-2　福井市の防災組織

水害時に避難活動支援、土嚢つみなどの活動に対応するものとして、福井市には水防団と社会福祉協議会、農地防災にかかわる土地改良区があり、異なる防災活動を行っている。

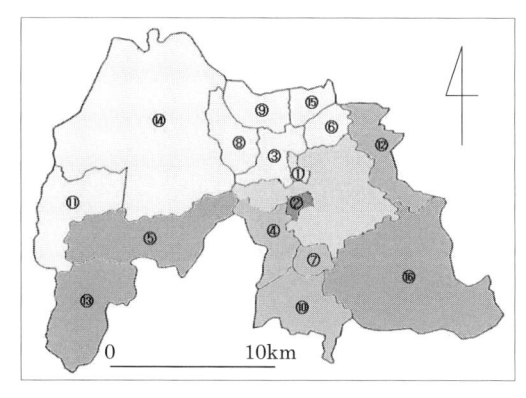

第3章　城下町の変容と災害リスクの変化 —法制度変化と都市河川防災—　　59

図3-5　市町村合併による市域の拡大状況
（出典：福井市市町村合併推進室資料）

合併年月	合併された市町村
① 1948/6	吉田郡西藤島村の大字田原下、牧の島
② 1949/4	足羽郡社村の大字小山谷
③ 1951/3	吉田郡西藤島村
④ 1954/4	足羽郡社村
⑤ 1954/8	丹生郡西安居村
⑥ 1955/3	吉田郡中藤島村
⑦ 1956/4	足羽郡足羽村の大字大町別所、大島、大町、江端、下荒井
⑧ 1957/4	坂井郡大安寺村
⑨ 1957/5	吉田郡河合村
⑩ 1957/10	足羽郡麻生津村
⑪ 1959/2	丹生郡国見村
⑫ 1961/10	吉田郡藤岡村
⑬ 1963/4	丹生郡殿下村
⑭ 1967/5	坂井郡川西町
⑮ 1967/7	吉田郡森田町
⑯ 1974/9	足羽郡足羽町

【水防団】

　水防団、消防団が地域の水防活動を担ってきた。水防団員は地域住民の有志で構成され、災害時に非常勤地方公務員として防災活動をする。福井市の水防団員は地元の自営業者や農家の出身であったが、これは時間的制約が少なく、居住地域と勤務地が近いためであろう。高度経済成長期を経て、居住地域と勤務地の時間距離が大きい水防団員が増えサラリーマン団員が6割以上になった（福井市消防署における聞き取り）。このため、会社勤務者が平日の昼の災害に対応できず、土日の災害訓練にも参加できない団員が増えている（福井市消防署における聞き取り）。市街地中心部では郊外型大型店舗の進出で自営業者が減少し、団員は高齢化している。福井新聞（2005/1/25）は福井県内の水防団員の21.3%が50歳以上であるとした。福井市でも水防団員の高齢化で災害時の実務が困難になると感じている。さらに、防災活動を支援する町内会の構成員の参加率が下がり、若者が居住地に帰属意識がないことも防災活動への支障となっている。

　このような社会的な背景を踏まえ、福井水害の被災5区の防災活動を見てみたい。集合住宅では町内会への参加は会費を支払うだけであり、近隣地域と積極的な関わりがない。1980年代以降の新興住宅地の住民は近隣住民との付き合いだけで町内会活動は参加していない（木田地区公民館主事）。福井市では、水防団組織が地域の町内会の活動と連動し新規住民が町内会に参加しない地区での団員の高齢化で活動がとどこおっている。

【社会福祉協議会】

　災害時の高齢者・災害弱者への対応にかかわる窓口は、福井市の場合、社会福祉協議会である。2004 年、福井市の高齢化割合は 20％で支援体制が整備されているとは言い難い（表 3-1）。社会福祉協議会は厚生労働省所属の行政組織であるが、各町内会から福祉委員を一人ずつ任命し、全体の管理を行っている。社会福祉協議会は災害時に支援するのみでなく、高齢者世帯の訪問、デイサービスを

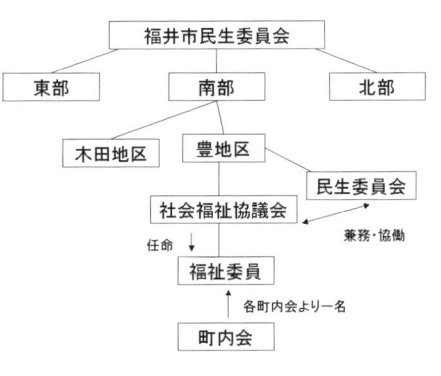

図 3-6　福井市社会福祉協議会の組織図
（社会福祉協議会委員への聞き取り）

表 3-5　最近 5 年間の 65 歳以上高齢者数の推移（2000 ～ 2004 年）

年次	2000	2001	2002	2003	2004
高齢者数（人）	46,357	48,023	49,439	50,512	51,065
前年度比増加数	—	1648	1416	1073	553

（福井市統計資料より作成）

担当しており、世帯状況を掌握している。上部組織である民生委員会と協力して災害時に障害者の円滑な避難のための支援体制をとっている。福井水害後、一人暮らし高齢者には各種サービスが開始され始めた。

　2004 年災害時の地域内組織の活動を調べたところ、福井市の南部地区では委員数は地区全体で 35 名、この地区の 2005 年人口 23,767 名の 20％が高齢者であった。社会福祉協議会と民生委員には中高年の女性が多く、寝たきり老人の世話、高齢者を避難させる活動などの力仕事は現状の委員の構成では困難であると感じている（社会福祉協議会委員）。災害時には地区の防災会・消防団に情報を提供して避難活動支援を受けることが必要となる。防災上の問題点として、近年の個人情報を保護しなければならないが、地区で防災活動を行う責任者においても、災害弱者の情報の提供は受けられない（湊地区の防災連事務局長による）。情報提供を受けられない災害弱者がいる地区では活動が困難であり、社会福祉協議会の構成員を防災組織に取り込もうとする試みもある（湊地区防災連の場合）（図 3-6、表 3-5）。

【土地改良区】

　灌漑排水施設の建設と管理などを中心とする農業土木事業を担当してきた土地改良区は、この地域でも、福井市の都市化によって、最も大きな影響を受けた団体である。1953 年の風水害で福井市街地のみならず、都市周辺農地の被害も甚大であった。こ

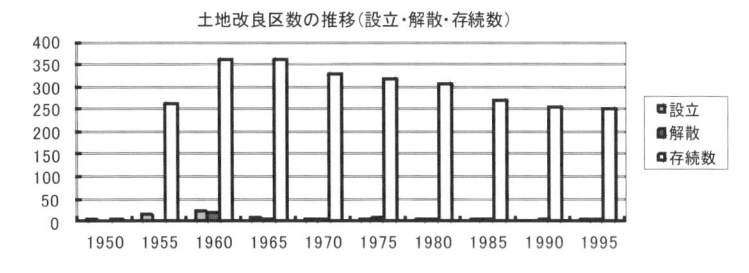

図3-7 戦後の土地改良区数の推移（1950～1995年）
（福井県農村振興課提供資料より作成）

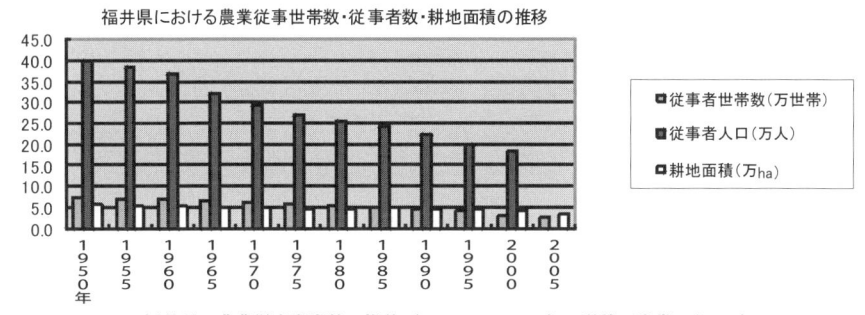

図3-8 福井県の農業従事世帯数の推移（1950～2005年　単位万世帯／人／ha）

のため、福井県での災害復旧事業は個人及び共同で施行されてはいたが、復旧事業施行にあたって、人手不足や資金難などの問題が生じていた。この時期に、50件の土地改良区が一度に設立されている。しかし、監督者として市町村・農業共同組合を施行主体として、大規模な事業については県営で対処するという方式に改められた。

　福井県の土地改良区は、1962～1963年に363か所、人員及び組織のピークを示したが、その後に解散、減少した。1995年、土地改良区は2/3に減り、250か所となった（図3-7）。1964年、土地改良法改正で土地改良区は複数事業を担当できるようになり、土地改良区の合併と連合化が進められたことも背景にある。豪雨時、土地改良区の持っている農地での排水機場の管理、圃場や水路の見回りが行われるようになった（図3-7、図3-8）。

　表3-6は1950年の台風13号で生じた農業被害への自己資金と補助金を示した。国庫補助や融資額は年々増加している。自己資金と自己努力に頼った災害復旧事業は政府や土地改良区、農業関連団体を通した公的・集団事業へと変化し、2004年福井水害に引き継がれた。災害後、農地復旧の経済的支援を行政に任せる農家も多い（美

用水管理について次に見てみよう。福井市内の用水の大部分を管理しているのは足羽川堰堤土地改良連合である。この団体は、1891年に設立された徳光用水普通水利組合を中心にして、1963年に改組された。受益面積は2321ha、組合員数は998名、各地区から選挙で選ばれた代表者の42名で構成され（2005年度現在）、福井市の市街地部を流れる用水路の大部分を管理している。しかし、連合化でも足羽川堰堤土地改良連合の事業本部がある福井市東郷地区では農業従事人口が減少して活動は困難になっている（土地改良区職員）。農業用水は水利システムが整備され利水施設を一元化できたが、都市部では用水路へのゴミ投棄で水路が詰る、水質悪化など防災上の問題点を生じている。用排水管理は農業従事者の仕事であるが用水路暗渠化、都市部の用水では管理ができない状況である（土地改良区職員）。しかし、1990年以降には都市住民との協働が始まり、都市特有の利水環境の改善が図られてきている（土地改良区職員）。

　このような日常的で組織的な活動があるために、足羽川堰堤土地改良連合は、2004年福井水害時に、他の土地改良区から災害復興応援を得て、長期間かかると予想された用水路の大型ゴミ除去を数日で完了させ、被災4日で取水事業が可能となった（土地改良区職員）。水田の宅地化、農業用水の使命が終わった地域であっても農業用水系の一部をなす宅地では基幹水路もある。複雑な水慣行事業は農業地域と都市地域の境界で様々な問題を投げかけているが、このような組織が「農村と都市」を結びつけて防災活動がすすめられることが将来、求められることであろう。

表3-6　台風13号での災害復旧資金（農地・農業施設）

年次	国庫補助（万円）	融資（万円）	自己資金（万円）	合計（万円）	自己資金割合（％）
1953年	25.6	15	12.4	53	0.23
1954	46	54	20	120	0.16
1955	53	10	30	93	0.32
1956	13.8	75	—	88.8	0

（千円以下四捨五入　福井県土地改良区1993より作成、融資の返済額は考慮していない）

4　福井市の都市化と地域防災

4-1　対象地区と分類手法

　都市化と地域防災にはどのような関係があるのだろうか。

　戦前の宅地割合を基準に人口数と世帯数動態を加味し都市化指標を考慮して都市化度とし社会状況と照合した。木田地区は自然堤防の集落から南に広がった。1970年代に新興住宅が開発され新規住民の占める割合は大きい。旭地区は戦前から一定程度の住宅地比率があり、他地区と比べ宅地への余剰が少なく大規模宅地造成の空間がな

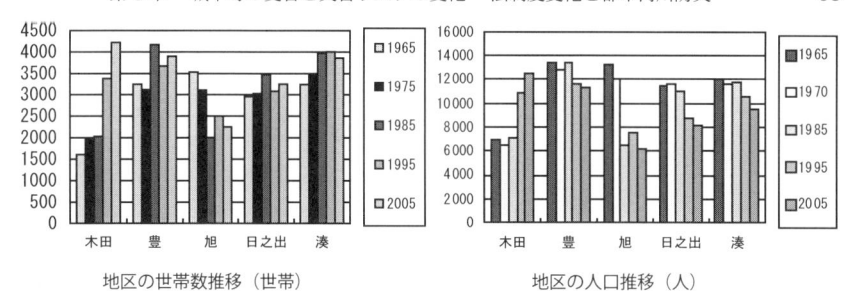

第3章　城下町の変容と災害リスクの変化 ―法制度変化と都市河川防災―

図3-9　対象地区の世帯数・人口推移（単位：世帯／人）
（福井市統計資料ほかより作成）

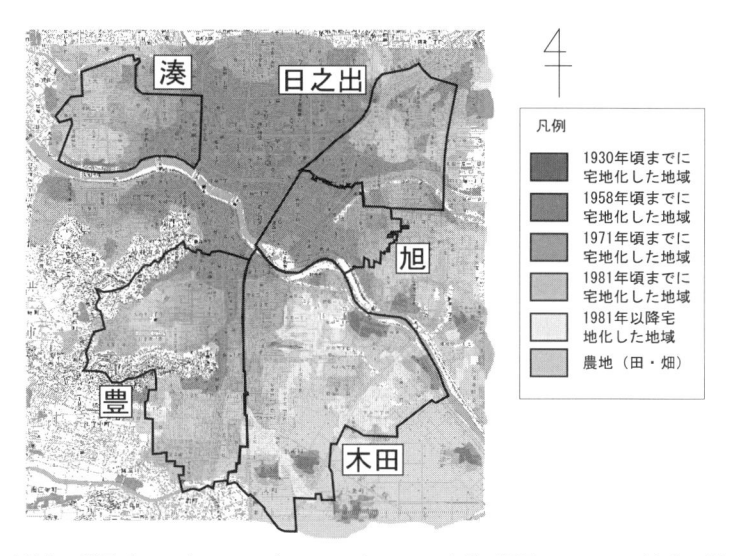

図3-10　宅地化の進展（1930年、1958年、1971年、1981年修正測量の1/25000地形図「福井」の宅地部分を1996年修正測量の1/25000地形図「福井」に追加記載した）

く人口は減少に転じている。日之出・湊・豊では旧住宅地区と水田が転換された新興住宅地に分類できる。都市化の低い旭地区がAタイプ、木田地区は都市化度が低いEタイプである。

　豊・湊・日之出地区は高度経済成長期に都市化が進展したが、人口・世帯数、及び宅地化の進展状況には差異がある。他の2地区と比べると、日之出地区は戦前からの宅地化程度が大きく、人口・世帯数は早い時点で減少に転じる。次に豊地区を見てみたい。この地区の場合、高度経済成長期以降、鉄道沿線に商店街地区が形成され、

足羽山の山麓部に宅地が急速に進出している。この3地区をさらに宅地化が早い時期に進められた地域と遅い時期に進出している地区に再分類してみると、旧住宅が優越する日之出をBタイプ、新規宅地が優越する湊をCタイプとなる。地域コミュニテイーの構造に差異が生じる商店街卓越地区と宅地が混在している豊をDタイプとした。

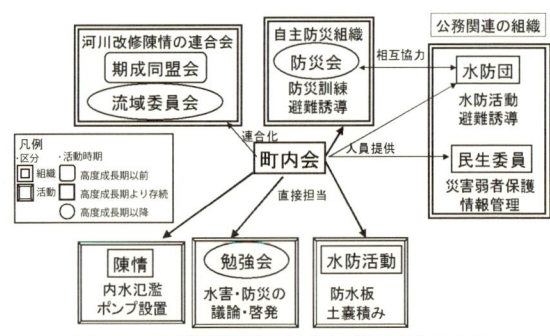

図3-11 地域防災団体と町内会（聞き取りによる）

モデル地域での防災活動と社会組織との関係を構造図として示した（図3-11）。福井市の防災活動には町内会活動が関与し、これが自主防災組織の活動を触発し、「河川改修陳情の連合会」、「内水氾濫軽減するための排水機場設置の陳情組織」を生み出した。洪水後、被災住民は積極的に地方行政、国の行政に働きかけるための地域組織を生み出した。この様な組織と活動は水防団組織ともかかわり合っている。災害弱者の支援活動を行う民生委員も水防団と避難誘導にあたっている。

また、町内会活動は都市化度とは相関があり、木田・日之出地区で活動度が高く、湊・豊地区で中程度の活動、木田地区で相対的に活動実態がなく、活動度が低い。人口、世帯数、宅地化の状況、都市化度と町内会の活動の活発度は都市化指標と関係が認められる（表3-7）。

表3-7 人口・世帯数・宅地化度の特徴

地区名	旭	日之出	湊	豊	木田
人口	1960年代より減少傾向	1980年代より減少傾向だが、減少速度がやや速い	1980年代より減少傾向	1980年代より減少傾向	戦後一貫して増加傾向
世帯数	1960年代より減少傾向	1980年代以降横ばい傾向	1980年代以降ほぼ横ばい傾向	1980年代以降ほぼ横ばい傾向	戦後一貫して増加傾向
宅地化の状況【戦前の住宅割合】	戦前時点で一定程度の宅地化。新規住宅の割合が少ない【50%以上】	新旧住宅混在であるが、戦前に宅地化された部分が大きく、戦後の進展も早い【30%程度】	戦前時点で宅地化された区域と、戦後に宅地化が進展した区域に2分割【25%程度】	戦前からの商店街地区と高度経済成長期に発達した新興住宅地に2分割【20%程度】	戦前の自然堤防上の集落から発達。特に1970年代以降に宅地造成が進展【10%程度】
都市化度	A：旧住宅優越	B：新旧住宅混在(旧住宅優越)	C：新旧住宅混在(新興住宅優越)	D：宅地商店街混在	E：新興住宅優越
町内会活動活発度	a：全体的に活発	a：全体的に活発	b：旧住宅地域と親交宅住宅地地域では活動に地域差がある	b：住宅地と商店街では活動に地域差がある	c：全体的にまとまりが活動である

4-2 地形と水害
【歴史的水害と 2004 年度水害】
　戦後、福井市が見舞われた洪水には 1948 年洪水と 1953 年洪水の 2 つである。既往最大洪水時に、足羽川右岸部は長期湛水した。九頭竜川本流と足羽川の合流ポイントの上流側が被災地であり、福井市街地東部は浸水している。1959 年洪水、1964 年水害ともに被災地は足羽川右岸、荒川流域に集中しているため、行政ならびに住民は、足羽川の右岸地区が洪水常習地域だと認識している（左岸地区住民への聞き取り調査）。一方、2004 年福井水害では福井市全域にわたり、河川決壊で左岸側が主被災地となり、既往水害の被災状況とは異なっていた（水分科会 1983）。

　聞き取り調査によって 2004 年の洪水時の洪水流の動きをプロットしてみたのが図 3-12 である。浸水深度と浸水時間図を作成したところ、隣接地域でも浸水深度と浸水時間に食い違いがある。浸水開始時刻では足羽川右岸で早く午前中に浸水開始、左岸地域では越水が生じた 13：00 前後であり、みのり・月見地区は破堤から 30 分後に浸水した（豊地区連合自治会長）。浸水深度は足羽川左岸で深い。これは破堤による流入が原因であるが、破堤部から 10km 離れた地点で浸水深度が深い。右岸側は床下浸水のみであり、左岸側に比べて被害は少ない。

【水害と地形的特性との関連】
　足羽川下流地域の水害地形分類図には福井市は谷底平野と氾濫原に挟まれていることが示されている。九頭竜川は礫質扇状地を形成し、足羽川は蛇行河川で自然堤防帯・後背湿地型の谷底平野部である。福井水害の破堤地点は攻撃型斜面にあり、浸水マップと対照すると破堤部から洪水流が旧河道に入り人工改変地に流れ込んでいる。聞き取りでは、水害被害が大きかった地点は宅地造成時に水田を埋め立てた地域であり、常に水はけが悪く降雨時には道路がすぐに湛水してしまい、地形的影響で今回の 2004 年水害では内水氾濫にも影響を与えていたことがわかる。

4-3　地形環境・河川環境からみ災害要因
【木田地区】
　戦前、自然堤防の集落を除くと水田が 70％を占めたが、1960 年に宅地開発が進み 1996 年の水田面積は 26.7％に減少した（木田地区わがまち夢プラン資料より）。水田は豪雨時の遊水地となったが、現在、その機能はなくない内水氾濫が発生している。南部の住宅街は下水道未整備で氾濫水排水ができない。内水排除施設の建設陳情も行われたが農業用水路が狐川と繋がっており、地区単独で排水処理できない特殊事情がある。すなわち、狐川処理には豊地区との協議が必要である。しかし、2005 年

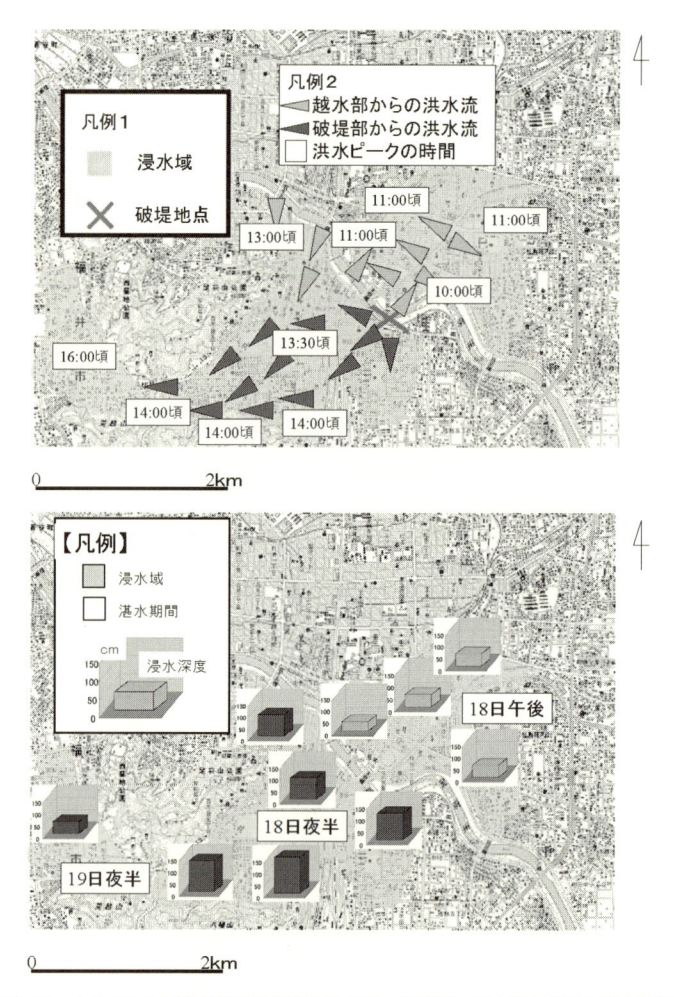

図3-12　上：2004年度水害の洪水流と浸水ピーク時間、下：浸水深度と湛水期間
浸水深度、洪水流の動き、浸水・湛水期間は聞き取りによる、浸水域はPasco（2004）
作成の資料を1/25000地形図「福井」に謄写

に狐川流域内水対策連絡協議会が設置され、地区の代表者で議論が開始している。
　地形的にみると、足羽川が形成した扇状地の扇端部にあり地下水に恵まれている。大正・昭和期、福井市の水源地で水利条件はよく、11の井戸が稼動し、市の水道使用量の8.5％をまかなっている（木田地区わがまち夢プラン資料より）。この地区から足羽川堰堤土地改良区連合（1963年設立）に5名の員を送り出し洪水時のポンプ

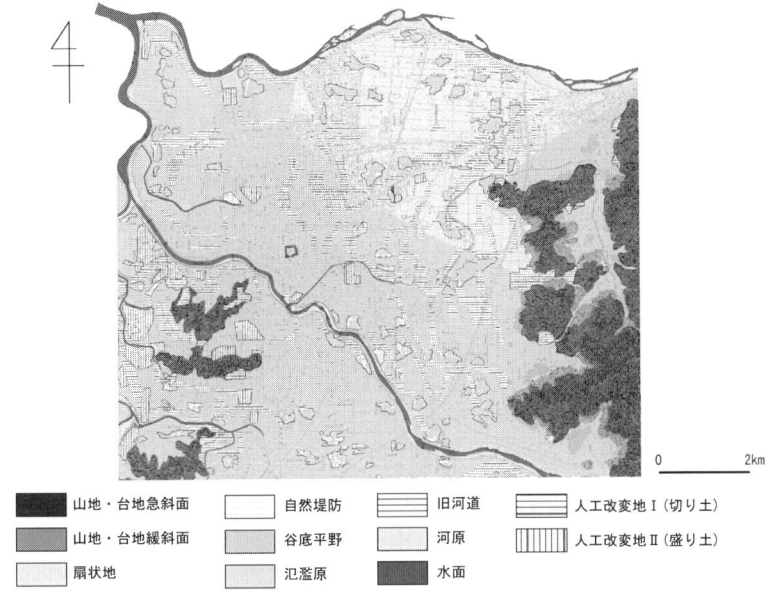

第3章　城下町の変容と災害リスクの変化 —法制度変化と都市河川防災—

凡例:
- 山地・台地急斜面
- 山地・台地緩斜面
- 扇状地
- 自然堤防
- 谷底平野
- 氾濫原
- 旧河道
- 河原
- 水面
- 人工改変地Ⅰ（切り土）
- 人工改変地Ⅱ（盛り土）

図3-13　対象地域の地形分類図

操作や水門操作を担当し、末端排水河川となる足羽川、狐川、江端川への用水流下作業を行っている。ここでは土地改良区が中心となって防災活動も行っている。

【豊地区】

豊地区は戦前からJR北陸線の沿線に発達した商店街の地区と1960年代以降に足羽山の山麓に開発された新興住宅地域、さらに、狐川流域でこれも高度成長期に形成された新興住宅地の多い地域（西谷、花堂）の3つに分かれる。2004年度水害の被害が大きかったのは商店街地区と足羽山の麓にある新興住宅街の2地区であった。

既往水害は足羽山麓の新興住宅地と狐川流域の住宅地で発生し、木田との間で流域委員会を設置しているが、狐川が社北地区にも流入するため、木田・豊地区の氾濫防除が社北地区の水害誘因となり根本的対処は難しいと考えられてきた（第二回狐川流域内水対策連絡協議会資料）。

一方で足羽川麓の新興住宅地区では排水の悪さから、建設当初以降、内水氾濫が続発していた。この地区は江戸時代では沼地であり、福井城の城主の鴨狩りのための「鴨溜め」であり、その後も水田として使用されたに過ぎないが、1960代以降、福井市中心市街地近傍という立地の良さから大規模な宅地造成が行われた。1960〜1961年ご

ろの造成で「土砂を流入するとその分の泥土が大量に噴出する」泥土地であり造成は難航した。軟弱地盤であるため、基礎杭を多量に打ち込まないと住宅街を支えられないとの意見もあった。1970頃、みのり5丁目の小学校は「建物の自重沈降により入り口のドアが傾き、開かなくなった。強雨で運動場が水浸しとなり体育が行えなかった」ため、社北地区に移転された。小学校跡地は2004年時にはカルチャーパークとして遊水地機能が付与されていたとのことであった（豊地区連合自治会長による）。

内水氾濫被害で「30分降雨で道路が冠水する」（月見地区住民）という排水性は造成当初からあるとして地区では行政に陳情し対策を要請していた。行政は増水した河川水を別河川に流すポンプを3台設置し、大雨時には稼動しているが、完全に氾濫は排除できていない。下水道は1994～1997年に整備されたが、内水への影響は「多少マシになった程度」（月見地区住民）である。2005年にも、6回十数mmの雨が降った中で4回の道路冠水が起きている（第二回狐川流域内水対策連絡協議会資料）。

内水氾濫を防除できないため、2005年、公園に貯水池施設を設置し、貯留能力を増強する方針がまとめられ（福井市下水道課）、月見には新排水ポンプを増設中である（2005年度末現在）。北部の商店街地域では、内水氾濫は無い。商店街では子供が少なく町内会活動は不活発で（豊地区自治会長）、住宅地域と温度差がある。

【旭地区】

古くからの住宅街であり、福井城下外縁に位置し、明治以後は荒川流域の住宅地として発展した。県東部の勝山地区に繋がる国道158号線が1968に開通以来、東部地区に宅地が拡大した。荒川は度々氾濫を起こし、江戸から明治の福井城堀を埋め立てると遊水地がなくなったため氾濫がひどくなった（聞き取りによる）。戦後の水害は1948年、1953年、1955年、1959年、1964年と5年ごとに大規模氾濫が生じている。戦前の対策では中島堤防のみである（写真3-1）。荒川下流から日之出地区までの福井城下を守るために荒川右岸の片側堤防で無提地区の左岸、上流側住民には争いの種でもある。地区史によると洪水時には堤防を切るか切らないかをめぐって流血を伴う激しい争いもあった（旭地区史1981）。

写真3-1に見るように、現在、左岸側にもコンクリートの堤防が設置されている。これは1953年から始まった第二期工事によって建設されたものである。写真をみると河川敷までの隙間があるが、これは1960年頃まで河川で洗濯したころの名残である（旭地区住民）。しかし、増水時にこの隙間から氾濫流が流れ込むため防備のため「角落し」と呼ぶ防水版が市から地区に委託され、左岸住民が責任管理している。このため、堤防と合せて地域水防の要である。

同地区での水防上の出来事は、1959年に日之出地区と共同で設置された「荒川改修

第 3 章　城下町の変容と災害リスクの変化 —法制度変化と都市河川防災— 69

写真 3-1　現在の中島堤防跡及び左岸のコンクリート堤防（旭地区）
（2005 年 10 月）

工事促進期成同盟会」である。1959 年 8 月の連続豪雨、荒川決壊により同年に関係市町村が結成した陳情団体である。会長は福井市長であり、政府に繰り返した結果、早くも同年 12 月には 2800 万円の予算で工事が開始した。その後、荒川河川改修工事が進められ、1956 年に豊島水門コンクリート化、1964 年に 2 基のポンプ設置、1965 年に 1 基のポンプ、1975 年に 1 基のポンプが設置され大規模水害は終息している。現在の水門は 1984 年に足羽川との通水を目的に設置されたものである（以上、旭公民館提供資料より筆者まとめ）。荒川の改修には平成期までに 80 億円の巨費と 50 年の歳月が投じられたものである（日之出地区史 1998）。

「角落し」に関する水防活動を除くと水防活動は近隣の建物へ避難のみである。荒川の氾濫は旭・日之出で共通する水害であるが、旭地区が下流側であるため水深が深く、日之出地区と比べ床上浸水面積も広い。資料によると、旭地区では水防団に協力して青年団が防災に関わっている（福井市震災史 1949 ほか）。これは地域防災の大きな力であるが、地区人口・世帯数ともに減少が早く、1955 年ごろより団員数は漸減している。「若潮」と名称変更して再編が図られたが、1972 年の公民館改築時に消滅した（旭地区史 1981）。

【日之出地区】

かつての城下町外縁で武家屋敷がおかれた地区である。地区東側は農村で農業用水とともに飲料水のため芝原用水が引かれていた（日之出地区史 1998）。日之出地区でも荒川の河川氾濫被害を受けてきた。日之出地区では家屋流出などは比較的少なかったが、床上・床下浸水で被災している。1950 年の荒川改修後も、荒川の水位が足羽川より高いため氾濫は継続し、1964 年の排水ポンプ設置までは水害が収まらなかった（日之出地区史 1998）。旭地区と協同で「荒川改修工事促進期成同盟会」を

1959年に結成し、河川改修とポンプ設置の陳情を繰り返している。

　水害時、日之出地区の防災活動では家財道具の運び出しが中心となっていた。浸水面積がひろい日之出地区では家財を守ることが第一優先事項であった。1960年頃まで、水害時には床に木箱を積み上げて畳を上げ、家財道具を避難させていた（日之出地区史1998）。同地区では1995～1998年頃まで下水道整備が未整備（地区住民への聞き取り）で、洪水時にトイレの汚物が地区全体に広がった。そこで、洪水時にはバケツやひしゃくで溜まった汚水をくみ出し、市役所から配られた石灰を撒いて消毒するのが災害後の作業であった。二次的な疾病を避けるために、伝染病予防にむけ保健所に消毒班出動を要請していた（日之出地区史1998）。

　同地区での防災組織は1989年より志比口など一部で自主的に結成されたが（福井市防災計画2003）、地区の防災組織結成は「日之出地区連合自主防災会」の設立された1995～1996年頃である（日之出地区連合自治会長より聞き取り）。1995年度より始動した「わがまち夢プラン」事業の一貫であり、震災に備えた防災組織である。地区自治会に「防災部会」が新設され、各種防災訓練の実施、自主防災組織の整備・強化、防災訓練の実施などの業務を担当している（日之出公民館資料）。当時の地区連合自治会長は地区防犯隊の初代隊長でもあり、防災活動の組織化への手法があった（日之出地区史1998）。

　この地区での、年間行事の内容を整理してみた。市役所が、毎年主催している防災訓練に参加する他に、地区でも独自に連合防災訓練や防災の研修を行っている。湊地区の活動ほどでないが、体系的な防災計画があり活動が積極的に行われている。地区住民の参加は年二回の防災訓練であるが、2004年度6月の合同訓練には999名が参加し（公民館資料）、この活動が豪雨災害時に避難場所の周知につながったようである（地区住民より聞き取り）。

　同地区でも1980年頃からマンションが増加し、新規住民の取り込みに苦労している。自治会長はオートロック式のマンションでは町内会誌配布もできず、自治会加入を勧めることもできなかった（日之出地区自治会長より聞き取り）。町内会未加入世帯も増加し、2004年福井豪雨後、新興住民を取り込む活動が必要となっている。

【湊地区】

　湊地区は他の地区と比べて既往水害の影響をそれほど強く受けていない。地区を流れる底喰川の由来は「底を喰うほど」暴れる川という意味であるが、1948年震災後の水害、1953年台風13号水害後、大きな氾濫は起きていない（湊地区防災会事務局長）。1998年に床下浸水田原町で生じたが地区外である。既往水害では、都市中心部の川幅が狭窄する部分で水害が生じ、湊地区は水害を免れてきた。地区は福井市

表 3-9　湊地区の世帯数変化

年次（年）	第一区世帯数（戸）	第二区世帯数（戸）	第三区世帯数（戸）	第四区世帯数（戸）	世帯数計（戸）
1968	776	884	772	703	3135
1990	543	908	509	954	2921

（湊公民館資料）

の中では左外縁部に当たるが、下水道整備も1960年代には行われているが、西部の都市化地区でも消防団に火災や震災への関心は高い（湊公民館資料）。

　湊地区は宅地化度で東側の第一区、第三区と西側の第二区、第四区に分けることが出来る。東側は福井城下の屋敷町や城門地区で古くからの住宅地が多い。西側は1959年に福井実業高等学校（1965年に福井工業大学に改組）が設立された後に都市化に向かった。貸家、アパート、マンション、大型スーパーが進出した（湊公民館資料）。1960年代頃まで各区で均衡の取れていた世帯数も大幅に変化し、1990年時点で二区、四区が一区、三区の2倍程度の世帯数である（表3-9）。

　地区発展状態の不均衡は町内会活動にまとまりを欠くものとなった。学生などの新規住民の多い第四区で自治会未加入者が増加し、自治会長の定着率が悪いなどの問題点が生じている（湊公民館資料）。こうした社会的な背景で「わがまち夢プラン」においては、地区のまとまりを再考して地域防災力を高めることに主眼がおかれた。1994年、丹鳥地区に震災時に備えた防火水槽が設置、丹鳥防災会が設立された。自主防災組織への機運が高まり、連合自治会長と湊公民館が中心となり1996年度に「湊地区自主防災会連絡協議会」（略称：湊地区防災連）が立ち上げられた。

　図3-14のように湊地区の防災会は詳細に系統化された組織体制をとっており、福井市内の地域防災組織の中でもトップレベルの水準にあると言う（福井市防災課）。

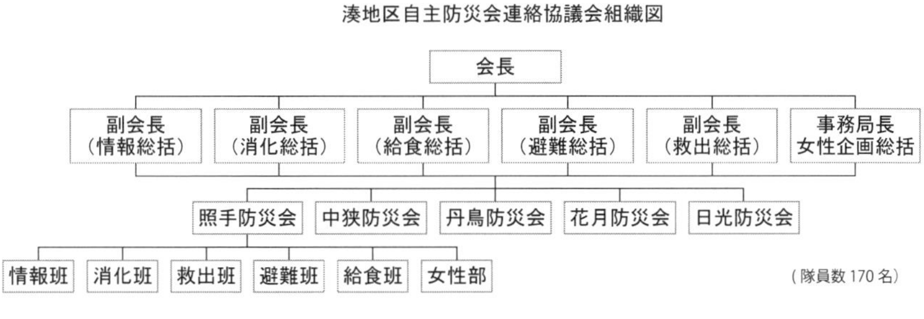

湊地区自主防災会連絡協議会組織図

会長
├─ 副会長（情報総括）─ 情報班
├─ 副会長（消化総括）─ 消化班
├─ 副会長（給食総括）
├─ 副会長（避難総括）
├─ 副会長（救出総括）
└─ 事務局長 女性企画総括

照手防災会／中狭防災会／丹鳥防災会／花月防災会／日光防災会

情報班／消化班／救出班／避難班／給食班／女性部

（隊員数170名）

図3-14　湊地区防災連の組織系統（事務局長提供資料より作成）

表3-10 湊地区防災連の会員数（2004年度）

防災会名称	該当地域	会員数（世帯）
照手防災会	一区	448
中狭防災会	二区	873
花月防災会	三区	431
丹鳥防災会	二・四区	435
日光防災会	四区	553
	会員世帯数　計	2740

（事務局長提供資料より作成）

表3-11 福井市湊地区自主防災連のあゆみ

年次(年)	主な出来事と防災連の活動
1995	阪神淡路大震災
1996	防災連設立
2000	防災連設立5周年 記念防災訓練大会（1194名参加）
2001	防災部会設立 防災マップ作成計画 事務局長新設 13年度訓練大会（以後一年ごとに開催） 女性部発足
2002	優秀賞受賞 湊地区全所帯に防災マップ配布
2003	制服新調・スタッフジャンバー配布 福井豪雨・水害対策本部設置、避難者195名
2004	全国交流会
2005	10周年記念大会（1977名参加）、湊小学校で開催

（事務局長提供資料より作成）

表3-10は湊地区の防災連会員数であり地区世帯数と比較すると防災連会員であることが分かる。このように全域を統括しているのが地区防災連の強みである。表3-11に見るように自主防災連は防災活動と同時に「市民参加型まちづくり」にも取り組んできた。分裂気味の町内会組織の結束を固め、「防災」をテーマにまとまろうとするものである。

湊地区では自主防災連が中心となり、2001年より地区のハザードマップ作成を開始し、2002年に全戸配布をおこなった。1953年の台風13号の浸水地域と浸水深度マッピングし、食料品店や消火器、防火水槽、避難場所など非常時に役立つ建物の場所を示した実践的な防災マップである。防災マップ作成の費用は「わがまち夢プラン」の補助金と町内会費である。

湊地区自主防災連の年間行事は表3-12であり、月一回の防災訓練、防災技術の普

表3-12 湊地区防災連の主な年間行事

月	区分	事業内容	場所
4	防災連	防災連定期総会	湊公民館
5	各防災会	防火訓練、資材点検	湊地区
6	合同訓練大会	消化訓練、救出・救命訓練、炊飯訓練、競技等	地区公園
9	防災連代表	福井地区自衛消防隊操法競技大会出場	県消防学校
11	防災連・一般	救命普及講習会	湊公民館
	女性部	老人宅防火訪問	湊地区
1	女性部	新春消防出初め式出場、老人宅防火訪問	福井駅東、湊地区
3	女性部	防災連女性部総会	湊公民館

（事務局長提供資料より作成）

第 3 章　城下町の変容と災害リスクの変化 —法制度変化と都市河川防災—　　73

と意識の定着を図っている。防災組織に女性部があり、活動に組み込まれている。災害時には炊き出しや老人の介護が大きな問題となるため女性部に割り当て隙のない地域防災体制としている。質の高い防災組織と活動にも問題点がないわけではない。同地区には町内会に加入しない学生や外国人などが数千名いる。外国人生徒は防災活動に参加しないため、声かけで防災訓練への見学者を増やす努力も行っている（湊地区防災連事務局長）。設立から 10 年経ち、隊員の高齢化で若い世代の育成が必要となった。

4-4　2004 年豪雨と地域防災

　2004 年水害当日に地域はどのような活動を行ったのかについて、地域コミュニティーに注目しながら検証してみたい。

　2004 年度時点で防災会があったのは日之出と湊の 2 地区のみであった。日之出地区の代表者への聞き取りを行った結果、大掛かりな避難活動は行われなかった（日之出地区防災会長）。地区資料を見ても、被災世帯数は 500 世帯のうち床上浸水は 50 と少ない。荒川下流部から離れており越流が起こらなかったためである（日之出地区住民）。

　地区の防災会に主導よる避難の手助けは行われたが、自宅に止まった住民も多い。これは同地区における既往の水害においても同様の傾向が見られ、基本的に被災は大部分が床下浸水に止まるため、床上浸水に備えて荷物を二階に上げるという対策が中心になるためである。水害時、県立病院や丸山の避難場所が周知され混乱は起きなかった。

　湊地区の被災状況は対象地区の中では一番軽度であったが、防災会の活動は一番活発であった。10 時ごろには防災会の役員が公民館に集合し、消防団所有の広報車を利用して周知をおこなった。そのため他の地区と比べて水害が生じる前に避難した割合が大変高いものとなっている。またその後も防災会の役員が積極的に地区の見回りを行ったため、同地区の避難者は 126 名を数え、実際には被災していない人間も多く避難するなど積極的な対応であった。こうした組織的な対応は、普段からの防災訓練によるものが大きいと考えられる。

　旭地区では町内会の担当者による呼びかけから、午前中だけで公民館に 100 名以上の人間が避難した（旭公民館資料）。日之出地区と同様に、角落しを使用して荒川の堤防を塞ぐ活動が試みられた。角落しは川の傍に住む住民が責任者となって管理し、洪水時には見回りも行われた。一部、荒川の土嚢積みも行われた（旭地区公民館）。

　木田では浸水被害が大きかったにも関わらず、積極的な防災活動は見られなかった。木田地区の決壊場所周辺では破提の一時間前より土嚢積みが行われたことが明らかとなっている（福井新聞 2004）。しかし、これは地域でもともと行っていた活動というわけではなく、同地区に水防団が派遣されないため仕方なく行ったものであるとい

う（木田公民館主事）。また木田公民館では午後4時頃には約1,200名もの避難者が押しかけ、身動きが取れない状態となった（福井新聞2004）。避難場所であった木田小学校では道路や校庭が冠水し、遅れて避難しようとしても内部に入れない状況であった。

一方、豊地区では破堤から30分ほどして大規模な冠水が起こった。4-2で述べたように浸水深度が他の地区に比べて深くなったため特に災害弱者の避難が難航した（福井市社会福祉協議会委員）。そのため避難場所への誘導ではなく、近所の2階以上の家に預かってもらうなどの対応を取る必要があった。同地区の新興住宅地では水害時にも自宅に止まった人間が多いため、近隣による助け合いが積極的に行われる要因ともなった。

4-5 考察

都市化と地区による防災の歴史から既往の水害への対応をまとめると表3-13のようになる。表をもとに都市化度と町内会活動の活発度との関係についてみてみたい。

高度経済成長期までの水防活動は、都市化度との強い相関がある。これはA、Bの地区が1960年代まで既往水害による被災を多く受け、期成同盟会を結成するなど河川改修に強い意欲を持っていたこととの相関が考えられる。Cの地区も1948、1953年の水害で被災したが、地区から離れた九頭竜川が原因であったために、防災組織結成までには至らなかった。ここでは水害を引き起こした河川の大きさ、また距離的な相関がでている。

一方で1960年代に宅地が増加したD地区では新興住宅地域において内水氾濫が生じた。そのため早い時期から町内会による陳情が行われたことが、主に高度経済成長期以降に宅地の増加したE地区との大きな差となった。

次に2004年度水害直前における変化についてみてみたい。Aの地区では防災組織・活動ともに目立ったものは無くなっているが、これは1960年代以降地区で大規模な水害が生じなかったため、活動そのものが無くなったためである。しかし、災害軽減のために「防水板の管理」などは、町内会で継続して行われており、地域による防災の意識は温存されていると考えられる。またB、Cの地区では防災会が設立されているが、これは両地域に新規住民の流入が生じたため、地域のまとまりを維持・強化するために平成期に入ってから設立されたものである。

D、E地区では内水氾濫を低減させるための陳情が行われている。Dの地区では高度経済成長期からの継続である。これらの陳情は町内会を通しており同様のものに見えるが、Dの地区では高度経済成長期からの陳情が繰り返して行われたことから、

第3章 城下町の変容と災害リスクの変化 —法制度変化と都市河川防災—

表 3-13 地区における水害と水防の歴史

○高度経済成長期以前

都市化度	A	B	C	D	E
既往水害の種類	外水氾濫	外水氾濫	外水氾濫	内水氾濫	なし
防災組織	水害期成同盟会	水害期成同盟会	なし	なし	なし
防災活動	陳情（河川改修）水防活動（町内会）	陳情（河川改修）水防活動（個人）	なし	陳情（内水氾濫）	なし

○2004年度水害直前

都市化度	A	B	C	D	E
既往水害の種類	なし	なし	なし	内水氾濫	内水氾濫
防災組織	なし	防災会	防災会	なし	実績なし
防災活動	なし	防災訓練	防災訓練	陳情（内水氾濫）	陳情（内水氾濫）
町内会活発度	a	a	b	b	c

○2004年度水害時

都市化度	A	B	C	D	E
防災組織	（町内会）	防災会	防災会	（近隣住民）	（住民各自）
防災活動	水防活動 避難誘導	避難誘導 家財搬出	広報車の使用 避難誘導	避難誘導	避難
行動開始期	浸水ピーク前	浸水ピーク前	浸水ピーク前	浸水ピーク後	浸水ピーク後
町内会活発度	a	a	b	b	c

○水害後

都市化度	A	B	C	D	E
主導	地域	地域	地域	行政	行政
組織	なし	【従前】	【従前】	流域委員会	流域委員会
計画中の組織	防災会	—	—	防災会	防災会
水害後の活動	勉強会	地区防災会議	水防訓練の追加	（不明）	勉強会
町内会活発度	a	a	b	b	c

2004年度までに排水ポンプ3台の設置、及び下水道の整備などの成果がある。E地区では宅地化時期が遅く、陳情も散発的であり対策が行われていない。町内会活発度と比較するとD地区では新興住宅地で町内会の力が強く、まとまった陳情が行われ、E地区では町内会活動が全般的に散漫なために陳情の力が弱かった。

　全体的に、都市化度の低い地域で組織・活動ともに活発で、都市化度の高い地域で組織・活動ともに脆弱な傾向がみられた。

表 3-14　都市化と地域防災

地区名	旭	日之出	湊	豊	木田
都市化度	A：旧住宅優越	B：新旧住宅混在(旧住宅優越)	C：新旧住宅混在(新興住宅優越)	D：宅地商店街混在	E：新興住宅優越
町内会活発度	a	a	b	b	c
都市化度と既往防災	旧住宅街のため防災意識の温存	都市化に伴う防災組織新設	都市化に伴う防災組織新設	宅地化による内水氾濫陳情と成果	宅地化による内水氾濫陳情
都市化度と2004年防災	町内会による組織的活動	防災会、及び個人による活動	防災会によるトップダウン的活動	近隣住民コミュニティーの形成と助け合い	コミュニティーの希薄さと混乱
コミュニティーと地域防災	町内会を主体とした防災組織・活動防災コミュニティーの温存	防災会・個々人を主体とした防災組織・活動新設組織と過去の防災コミュニティーの混在	防災会を主体とした組織・活動新設組織によるトップダウン型のコミュニティー	隣近所のコミュニティーを主体とした防災活動時間経過による住民コミュニティーの成立	個人々を主体とした防災活動新規住民増加によるコミュニティーの希薄さ

　A、B、Cの3地区では水害時の活動が組織的であり、対応も浸水のピーク前と早い。既往水害時の対応や日常の防災訓練などの成果から、非常時に責任者が公民館に集合して対策を協議するという体制が出来上がっていたためである。

　町内会活発度と比較するとA、B地区では、住民個人が対応し、C地区ではトップダウン式の防災体制である。既往水害時の対応マニュアル的な意識が温存されている旧来の地域と前提の無い新興住宅優越地区の違いである。防災会を詳しく見ると、B地区は町内会の組織中に防災部会が存在し、町内会活動の活発度に大きく左右される、町内会とはある程度切り離された別組織として防災会が存在するC地区の防災連など、組織構造における差異がみられる。

　D、E地区では破堤からの流入が急激であったため組織的な対応がない。その中でも両地区には顕著な対応の差異がみられた。D地区では破堤部からの洪水流がE地区より30分遅れで押し寄せたが、足羽川から数キロ離れた場所にあったために水害認識に欠け避難が遅れた。自宅に止まった住民間で、老人を二階以上のある家に避難させている。これは高度経済成長期にある程度まとまって住民が入居し、その後の内水氾濫や町内会活動で結束を固めたため、新興住宅地域においてコミュニティーが形成されていた。

　一方、E地区では住民が場当たり的な対応で、冠水しない避難所を探して公民館に1200人が殺到したことから、住民の情報伝達が行われていない。新興住民は内輪でコミュニティーを作り公民館や地域とのつながりが希薄であるためにコミュニティーの脆弱性が水害の混乱を引き起こしている。

水害後の対応についても、組織による地域防災の素地があるA、B、Cの3地区と、素地のないD、Eの2地区に大きな差異が出た。A、B、Cの3地区は防災組織や町内会の主導によって水害後の対応がスムーズに行われ、また活発である。特にA地区は2004年度から勉強会を3回開催し、市の防災担当者を招いて活発な議論を行うなど町内会の力が発揮されている。

これらの活動に対して、D、Eの2地区では水害後の対策も行政主導によっている。これは防災組織が無いという素地に加えて地域間コミュニティーの繋がりが希薄であるため、地区全体としての統一した行動を行うことが難しいといった背景がある。公民館での聞き取りによると、D地区では地域間で差がでているものの、水害後に比較的早く立ち上げた地域も見られる。全体的には商店街の地域で立ち上げが遅いようであった。一方でEの地区ではそもそも防災組織立ち上げの機運が薄く、補助金が出るために仕方なくやるという地域が多いという話が聞かれた。特に新興住宅地域の住民にとっては、防災は行政主体によるものを想定しているため、組織が設立されてからも活発な活動を行えるかどうかは難しい部分があると考えられる。

5　地方都市における地域防災のあり方

河川整備の歴史との関連では、直轄工事以外の予算規模が少なかったために、昭和初期まで中小河川の整備に大きな問題を抱えていたことが明らかである。整備経緯が戦後の相次ぐ台風による都市河川の出水を引き起こし、期成同盟会設立などの地域防災組織に繋がっていった。高度経済成長に伴う都市化で足羽川の河川整備に支障をきたし、1970年代以降にダム整備による計画降水量の調節が主流として導入され、下流部の市街地を貫流する部分における水害脆弱性が改善されないまま、2004年水害をむかえた。

地域防災関連団体の変遷では、水防団、社会福祉協議会、土地改良区のいずれもが人口動態や高齢化、構成員の質的変化を起こしている。地方都市の高齢化は組織的な活動を集約化し、システム化すること、協働などによって脆弱な部分をカバーすることが一つの大きな課題になると考えられる。

地域と防災の関連では、宅地化と人口・世帯数の推移から地区の都市化度を定義し、指標に用いて地区の歴史経緯、既往及び2004年度水害における防災組織・活動について考察を行った。その結果、地域防災力は都市化度との相関が見られることが明らかとなった。一方で、都市化度の似通った地域においては地域コミュニティーの差異が地域の防災活動に影響を与えていることが示唆された。本研究では、特に高度経済

成長期以降に宅地化が進展した地域では地形的条件に加え、コミュニティーごとの災害脆弱性が示唆される。

参考文献

災害対策制度研究会編著（2004）：図解 日本の防災行政．ぎょうせい，34-57
災害対策制度研究会編著（2002）：新 日本の災害対策．ぎょうせい，40-45
東京都市政調査会編（1988）：都市問題の軌跡と展望．ぎょうせい，56-89
藤原尚雄（2005）：洪水災害における行政とNPOの連携の有用性について．河川，No. 703，81-85
九頭竜川流域誌編集委員会編（2000）：九頭竜川流域誌．国土交通省近畿地方整備局福井河川国道事務所，1-19，23-46，219-224，304-320
塚本勝典（2005）：平成16年福井豪雨について 足羽川破堤の復旧と住民避難について．河川，No. 704，34-38
片田敏孝（2005）：豪雨災害時における住民避難の現状と課題．河川，No. 704，25-28
福崎博孝（2005）：自然災害の被災者救済とわが国の法制度～被災者生活再建支援法の成立ちを中心として～．予防時報，No. 220，58-63
中村功（2005）：大規模災害と通信ネットワーク．予防時報，No. 220，70-75
服部勇・西村真希ほか（1996）：福井県における自然災害のリスト．日本海地域の自然と環境，No. 3，91-136
田中和子・服部勇（1998）：福井市と足羽川の今昔．日本海地域の自然と環境，No. 5，139-146
本多義明・川上洋司編（1995）：福井まちづくりの歴史．財団法人地域環境研究所．22-24，35-38，77-79，124-130
長尾朋子（2004）：福井豪雨災害にみる水害防備林の立地と機能．地理，vol. 49，60-63
廣内大助・堀和明（2004）：福井豪雨による足羽川中・上流域の浸水被害．地理，vol. 49，57–59
京都大学防災研究所編（2003）：防災学講座第1巻 風水害論．山海堂，72-110，133-144
京都大学防災研究所編（2003）：防災学講座第4巻 防災計画論．山海堂，1-24，100-130
福井県土地改良史編纂委（1991）：福井県土地改良史．福井県，296-299，358-362，576-587
稲澤俊一（2001）：戦後の福井県行政．特定非営利活動法人地域公共政策支援センター，317-327
水分科会（1983）：福井市における河川と水害に関する住民意識の考察．REF，第3号，27-39
多々納裕一（2004）：災害リスク情報の伝達：現状と課題．21世紀COE拠点形成プロジェクトフォーラムin東京第30回防災講座配布資料，1-5
細田尚（2005）：2004年豪雨災害と流域計画．アップデイト都市社会，vol. 1，2-5
牛山素行・寶馨（2000）：既往豪雨災害事例との比較の観点から見た2000年東海豪雨の特徴．2000年9月東海豪雨災害に関する調査研究，平成12年度科学研究費補助金研究成果報告書（研究課題番号12800012），7-14
玉井信之（2001）：東海豪雨を通して現代の都市水害を考える．予防時報，No. 206，8-13
大矢雅彦編（1994）：防災と環境保全のための応用地理学．古今書院，65-89，209-221，235-245
国土交通省河川局治水課（2005）：平成16年出水における河川事業の効果．河川，No. 703，75–80
河田惠昭（2005）：2004年の災害の特徴と減災戦略．河川，No. 703，3-6
JICA（2003）：日本の洪水災害と防災事業から学ぶこと．防災と開発，国際協力総合研修所 調査研究グループ報告書，23–46
藤原尚雄（2005）：「洪水災害における行政とNPOの連携の有用性について．河川，81-85.
内田和子（1994）：近代日本の水害地域社会史．古今書院，16–69，72–112
薬袋奈美子（2005）：福井豪雨の被害と再建—中山間地域の生活環境を中心として—．交通工学，24-32.
北陸豪雨災害緊急調査団（2005）：平成16年7月北陸豪雨災害緊急調査報告書．土木学会，154-232
牛山素行（2005）：2004年台風23号による人的被害の特徴．自然災害科学，Vol. 24，No. 3，443-

452
田中和子(1995):福井市における都市内人口移動の空間的パターン.日本海地域の自然と環境,No. 2, 55-70
小田島範和(1996):福井都市圏縁辺部の新興住宅地への住居移動.日本海地域の自然と環境,No. 6, 65-80
福井市人口問題研究会(2000):福井市人口と県内市町村との社会動態分析― 30 万都市は可能か―. 地域公共政策研究,第 3 号,119-130
諏訪義男(2005):カリフォルニア州と日本の水災防止体制および危機管理体制の比較.河川,No. 701, 91-95
浦野正樹(1993):大都市の郊外住宅地における近隣の相互援助と災害対応行動.社会科学討究,No. 113, 201-233
萩原良巳・畑山満則(2003):コミュニティーの活性化・不活性化が災害時の情報伝達に及ぼす影響.京都大学防災研究所年報,No. 46B, 61-66
内閣府 国民生活局(2004):平成 16 年度版 国民生活白書.国立印刷局,5-18
福井市市史編さん室(2004):福井市史 通史編 3 近現代.福井市,27-59
福井市防災会議(2003):平成 15 年度版.福井市地域防災計画.福井市,一般対策編,13-16, 41, 74, 78, 80, 101, 106-113, 資料編,26-33
福井県建設技術協会編(1983):福井県土木史.福井県,52-63, 96-111, 142-146, 247-249, 276-281, 455-457, 466-471, 577
福井県建設技術協会編(2002):福井県土木史 第二巻.福井県,204-212, 563-567, 598-603
福井市旭公民館編(1981):旭区史.福井市旭社会教育会,福井市旭公民,97-102, 42-43
福井市日之出地区史編集委員会(1998):うらがまち日之出地区史.「うらがまちづくり」日之出委員会,134-142, 218-220
末次忠司(2004):河川の減災マニュアル.山海堂.80-90, 230-323
福井県(2003):福井県地域防災計画 平成 15 年度版,13-15, 25-26, 33-36, 55, 162-166
消防史誌発刊等検討委員会(2000):福井消防 50 年の歩み.福井地区消防本部,2-17, 44-45, 76-109, 180-181
日本地理学会災害対応委員会(2005):天変地異に備えるための地理学― 2004 年の気象災害と大地震を受けて―,日本地理学会公開シンポジウム配布資料,1-21
青野壽郎・尾留川正平(1970):日本地誌 第 10 巻 富山県・石川県・福井県.二宮書店,365-397
福井新聞(2004):7 月 24 日号朝刊
国土交通省近畿地方整備局 福井県土木部(2004):第 23 回九頭竜川流域委員会参考資料 1,1-20, 参考資料 2,1-22
ZENRIN(2005):福井豪雨災害住宅被災状況図,A-福井市内
国土地理院(2004):平成 16 年福井豪雨による冠水区域図,1-3
中日新聞(2004):7 月 20 日号朝刊
県民福井(2004):7 月 24 日号朝刊
福井市市民協働推進課(2004):福井市まちづくり 10 年のあゆみ.福井市,2-13
市長室広報広聴課(2005):福井市政要覧 2005.資料編 2-10
吉田健(2004):日野川・足羽川改修図.福井県文書館研究紀要,第 1 号,75-81
龍崎俊和・清水榮一ほか(1994):福井地震に学ぶ―住民参加型の防災―.REF,第 14 号,61-70
地象分科会(1997):福井における防災都市づくり―『情報管理のあり方』に関する考察―.REF,第 17 号,44-52
水分科会(1984):福井平野における水害と洪水処理の問題について.REF,第 4 号,31-41
佐藤照子(2005):水害リスクの構造とその特徴について―統合的な水害リスクマネジメント手法の構築にむけて―.慶応義塾大学日吉紀要,社会科学,第 15 号,25-38
菊池静香(2004):川にかかわる伝統的地域組織の成立と変遷に関する一考察.同志社政策科学研究,第 6 巻,173-186
菊池静香(2003)川にかかわる地域組織の役割に関する研究―歴史的実証からみた NPO 活動―.同志社政策科学研究,第 4 巻,223-233

資料編
木田地区公民館資料
湊地区公民館資料
湊地区自主防災会連絡協議会資料
旭地区公民館資料
狐川流域内水対策連絡協議会資料
福井市総務部危機管理室資料
福井市下水道部資料
足羽川堰堤土地改良区連合資料
福井市社会福祉協議会資料

第4章
漁村から国際的リゾート地域に変化した地域での災害
―プーケット津波災害―

春山成子・林　香織

1　災害に強い地域とは

　地震と津波の災害地域は密接な関係がある。タイ国南部に位置しているプーケット県は、西海岸に形成されているポケットビーチで 2004 年スマトラ大地震後に発生した津波で広い地域が被災した。津波災害後に多くの研究者が現地に入り、調査を行っている。地域が復興するための計画へのアプローチとして防災ネットワークの復興、津波で海水流入した農地での塩害問題を処理するため農地復旧手法が提案された（中矢ほか 2005）。バンサックビーチでの津波堆積物と津波浸水域に大きな関係が認められること（後藤ほか 2006）、プーケット島の典型的リゾート・パトンビーチにおける海岸平野の微地形形態・構造が明らかになり、津波侵入ルートや浸水の長短が微地形ごとに地域偏差があるとされた。現地調査結果を踏まえ、津波災害軽減にむけ構造物建設を主とする施設拡充型ではなく被災地域の住民自身による減災への工夫・手法が必要であり地域防災力強化が最も重要だと示唆された（林ほか 2007、河田ほか 2005）。

　「災害に強い社会」を創造し、地域防災力強化が減災の課題である。しかし、どのような分野が補強されることで地域防災力が備わるのかについての議論はまだない。地域の抱える問題は多様性があり地域ごとの地域防災力創造が望まれる。日常の積極的な地域コミュニテイ活動を表尺とすると、災害時でも相互支援体制が養われており、迅速な行動に結びついていることもわかり始めた。地縁団体、「隣近所の付き合い」は「小さな公」である（山崎 1999）。

　2004 年福井水害では、微地形と要素の組み合わせに示される地形・地質要因が被災空間分布を規定していた。その一方、今までは顧みられなかった点として、土地利

用変化が被災ポテンシャルを変化させたこともわかった。土地利用変化は福井市・近郊地域で都市化拡大と外部からの急激な人口流動をもたらし、さらに土地利用の規定要因を変化させ、脆弱性が高まった。土地利用変化と並行して都市の社会構造変化が顕在化した。隣近所の付き合いの希薄化、地域住民の付き合い方がルーズになると地域社会を束ねる紐帯が失われ地域防災力が脆弱化された。迅速に避難活動に結び付かないのは地域社会が崩壊していた地域である（春山・水野 2008）。

地域防災力は地域コミュニテイの日常的活動が基礎であり、地域を支える組織が地域防災力の糧となったことも 2004 年豊岡水害で示された。地域防災力は地域コミュニテイの継続的活動で養われている。被災経験は災害回避への準備、災害時の迅速な避難行動を支えている。その半面、人口流入・流出が顕著な地域、急速な土地利用変化の弊害として、多忙も手伝い、地域住民が「隣近所の付き合い」を疎んじるようになり、組織活動を費用対価とする地域も増え、疎遠な組織での活動は消極的である。アーバンスプロールは宅地拡大のみにならず、社会構造を変容させている。地域の「絆」「紐帯」を喪失した地域では、組織的活動が困難であるが、リーダーシップ的人材の有無は防災・避難・復旧時に活動を活性化させている（春山・辻村 2009）。

2004 年スマトラ沖地震でプーケット島西側海岸は津波に見舞われ多くの死傷者を出した。住民の地域への関わり、行政依存度、土地利用変化と社会構造変容は災害脆弱性を変化させている。地域社会の変動は次世代を変革させるものである。

地形環境、国際的な観光地への階梯と土地利用変化過程の異なる地域では防災活動は同じであろうか？ 地域社会の空洞化を促進するリゾート化、都市化は地域住民の流出と域外人口の流入で、地域防災力は脆弱化される。観光地やリゾート地での災害・復興に、社会組織の最小単位である「公」は存在しうるのだろうか。地域共同体への帰属意識はリゾート、リゾート混在地域では薄らぐと考えられるが一般居住区と異なる地域での防災力を担うための手法を考えることは重要な課題となろう。

2　プーケット県はどこに位置しているか？

プーケット島はタイ半島、北緯 7.7 〜 8.3 度、東経 98.2 〜 98.5 度に位置している。小さな島は観光地開発の波を受けて、現在は半島部とは道路で結ばれている。2004 年のスマトラ大地震後の津波災害はこの小さな島の西海岸、石灰岩丘陵や花崗岩の丘陵に挟まれるポケットビーチで発生した。西岸地域に点在するポケットビーチは丘陵、段丘に囲まれた氾濫原平野であり、海岸線に沿って浜堤、砂丘が形成され、内陸側にはラグーン、潮汐作用の大きな地区ではエスチュアリーが形成されている。また、堤

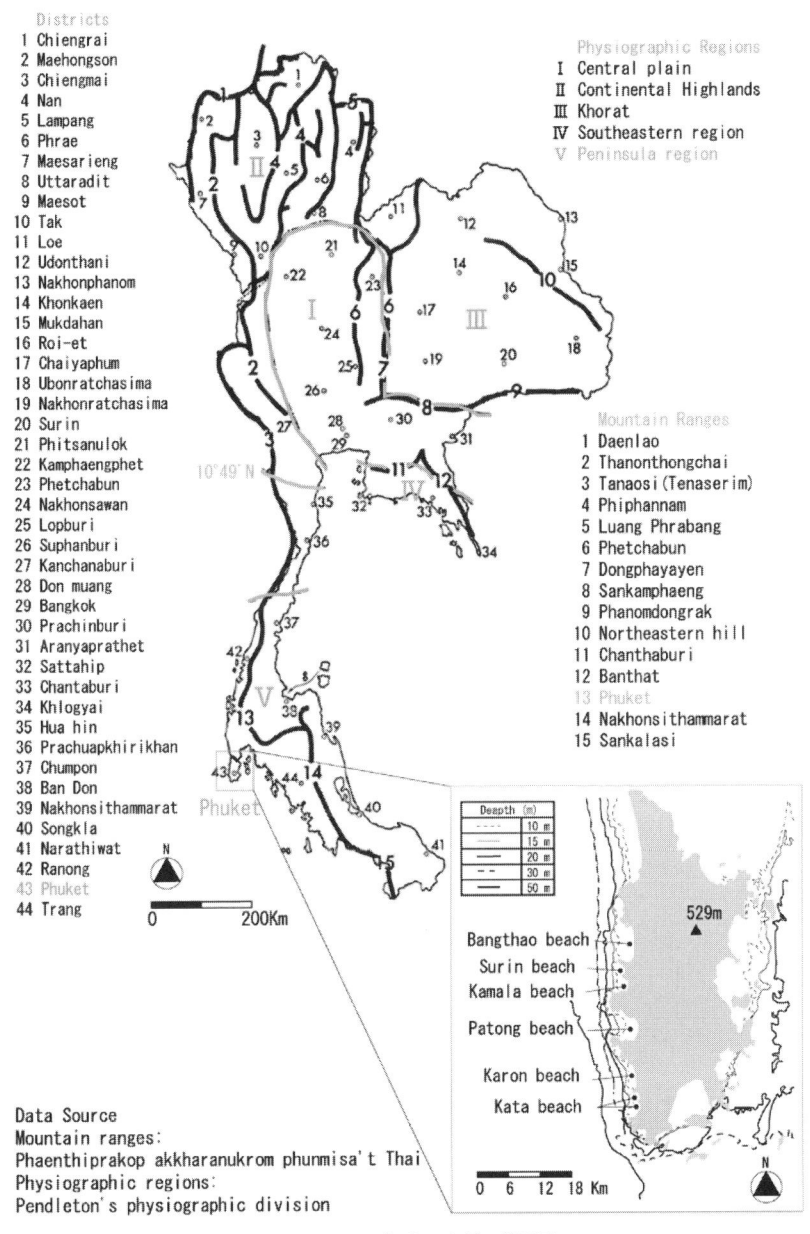

第4章　漁村から国際的リゾート地域に変化した地域での災害 —プーケット津波災害—　83

図4-1　プーケット県の位置図

間低地、自然堤防と後背湿地などの微地形は起伏に富んでいる（林ほか2007）。

2004年津波被害を受けたシュンタレー（Choengtale）行政区、カマラ（Kamala）行政区、パトン（Patong）行政区、カロン（Karon）行政区の4行政区はいずれも西海岸に向いている（図4-1、図4-2）。シュンタレー行政区はバンタオ（Bangthao）ビーチおよびスリン（Surin）ビーチの二つのポケットビーチ、カマラ行政区はカマラビーチ、パトン行政区はパトンビーチ、カロン行政区はカロンビーチおよびカタ（kata）ビーチがある。6つのポケットビーチの中でパトンビーチではリゾート地域が大きく観光施設も集中している。

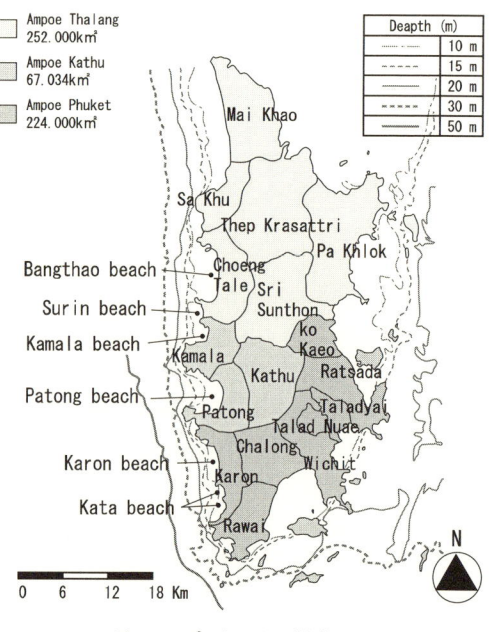

図4-2 プーケットの行政区画

タイでは2003年に自治行政制度が改正され商業・工業区を抱え、歳入規模が大きいパトン行政区は市町自治体（Sub-district municipality）に昇格した。人口規模が小さく、歳入規模も小さいカロン・シュンタレー行政区はタンボン行政区を継承し、漁業に特化するカマラ行政区は非自治区でタンボン評議会が管理している。このように人口規模の大小は、異なる行政主体と行政事業の中で地域に多様性を与えている。防災活動、復興事業はタイ中央官庁が行うわけではなく県自治体・市町自治体・タンボン自治体など、地域に密着した行政対応が必要であるが2004年津波災害後の対応は速やかではなかった（図4-3）。

社会を映し出す指標として人口の持つ意味は大きい。津波災害直前のプーケットの社会を2003年人口統計（Statistical year book　2003：Changawat Phuket）からみてみることにした（Fig.3）。2003年、全島の人口数は270、438人、人口密度は498人/km2であった。男女別、年齢別の人口比率をみると、労働人口である30～34歳の人口数が突出しているため、都市型・人口転入型の人口形態を示している。観光地であるため、ホテル・ペンション・遊戯施設・飲食店など、観光業と関係する

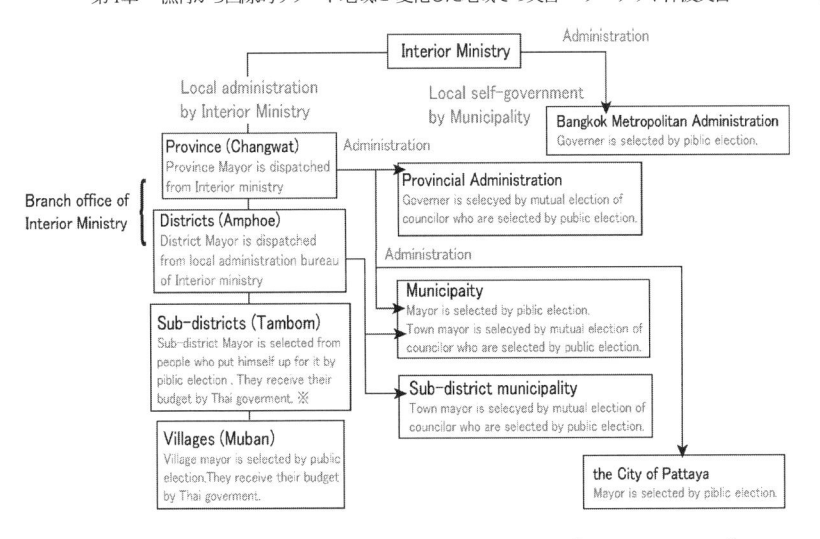

第4章　漁村から国際的リゾート地域に変化した地域での災害 ―プーケット津波災害―

```
                        Interior Ministry          Administration
         ┌───────────────────┴─────────────┐
      Local administration              Local self-government
      by Interior Ministry              by Municipality
                                                    ↓
                                        Bangkok Metropolitan Administration
                                        Goverer is selected by public election.

         Province (Changwat)     Administration
         Province Mayor is dispatched    →
         from Interior ministry
                                        Provincial Administration
 Branch office of                       Goverer is seleyed by mutual election of
 Interior Ministry                      councilor who are selected by public election.
         Districts (Amphoe)
         District Mayor is dispatched   Administration
         from local administration bureau
         of Interior ministry           Municipaity
                                        ・Mayor is selected by public election.
         Sub-districts (Tambom)         ・Town mayor is seleyed by mutual election of
         Sub-district Mayor is selected from  councilor who are selected by public election.
         people who put himself up for it by
         public election . They receive their  Sub-district municipality
         budget by Thai goverment. ※    Town mayor is seleyed by mutual election of
                                        councilor who are selected by public election.
         Villages (Muban)
         Village mayor is selected by pubic
         election.They receive their budget  the City of Pattaya
         by Thai goverment.             Mayor is selected by piblic election.
```

※ "Tambon council" which exists in Sub-districts are upgraded to "Sub-district municipality" when their tax revenue run up to fixed condition.

図 4-3　タイの地方レベルの行政について（Thai government public administration（2001）を簡略化した）

業務就労者を希望して流入人口が多い。年齢別の人口比に占めている 20 歳未満の人口比率は 32.0％、高齢者人口比率は 6.4％である。一方、パトン、カロン行政区の 20 ～ 40 歳人口比率は 70.1％、68.9％と高率である。カマラ、シュンタレー行政区では 40 歳以上人口比率が 50％、57.7％である（図 4-4、図 4-5）。各行政区では若年比率が異なっており、行政区ごとに対照的な人口構成をみせている。

津波災害後の 2005 年、パトン行政区にはタイ国内外から 20 ～ 40 歳の若い労働人口となる出稼ぎ労働者が大量に流入して、災害後の復興事業を支えていたが、一方で農漁村のカマラ行政区では労働人口にあたる若年人口が流出している。

プーケット島の 1970 年代前半までの主要産業は錫鉱業であり、鉱山の周辺地域ではゴム・ココナッツ・パイナップルなどの商業的・換金作物が栽培されてきた。錫鉱山の採掘事業の開始は 16 世紀までさかのぼる。ポルトガル人、華僑は 20 世紀に錫鉱掘削を継続していた。錫鉱山の採掘地とゴムプランテーションのおりなす土地利用の景観は 1972 年のこの地域を代表する風景である。1972 年にプーケット島で初めての大型宿泊施設としてパトンホテルが建設されと、プーケット島は一変することになる。西海岸のポケットビーチには、大小さまざまな規模、多様な宿泊施設の建設が進み、プーケット県の観光地信仰の計画指針に合うように、遊戯施設と商業施設が増

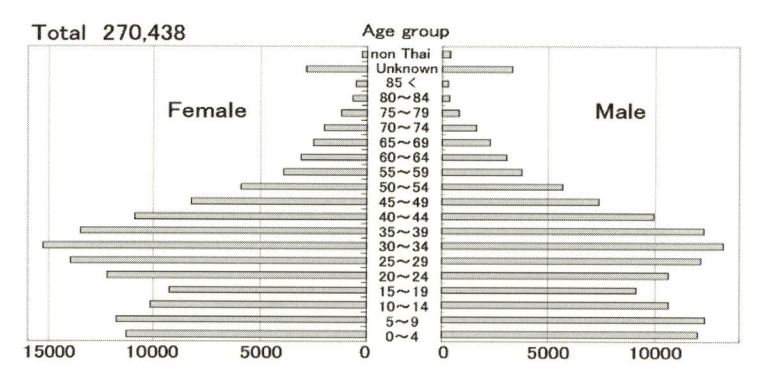

図 4-4　プーケットの人口ピラミッド（Statistical year book：Changwat Phuket 2003）

設され、道路網が拡充することで一気に観光地化にむかった。
　1980年代を迎えると、錫鉱山を中心とした鉱業と農業が中心であった第一次、第二次産業に依存していたプーケット島はサービス業の人口数を大きく引き上げた。タイ中央政府もプーケット島を国際的に知名度が高い観光地にすべくプーケット空港の国際空港としての利便性を高めることに努力した。島内では道路が整備され、交通インフラをあいついで建設し、ホテル誘致には積極的であり、大規模リゾート地域を島内に拡大させていった。
　1984年以降、タイの国内資本のみならず欧米、マレーシア・シンガポールなどの外資系の大規模宿泊施設と大規模遊戯施設がプーケット島の西海岸のポケットビーチに進出した（岩田 2002）。外的圧力はプーケット県内の人口数の 21.7％をホテル・レストラン業などの観光事業就労者に育て上げた。観光業の展開は卸売り・小売業への就労人口を 12.7％と跳ね上げた。運輸業務に 7.4％人口、錫鉱山などでの鉱業従事者数は 0.4％へ減少させた。第一次産業である農業・漁業などへの従事者数は 4.2％、1.3％にとどまり、観光業とこれに付随する事業に関わるようになった。地域社会の

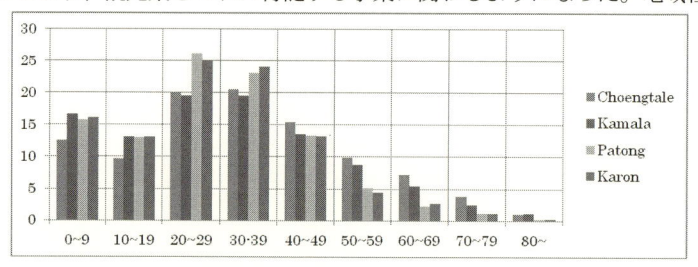

図 4-5　4行政区の年齢別人口（Statistical year book：Changwat Phuket 2003）
（縦線の単位は％、横線の単位は歳）

構造としては極めてアンバランスな状況である（Changwat Phuket 2003）。

3　災害脆弱性評価について

　プーケット島の西海岸の土地利用のダイナミクな変化、これに合わせて観光地への歩みと若年層の流入人口は地域社会の構造を大きく変えている。また、災害への脆弱性、社会の災害からの回復を提言させている。すなわち、自然災害を軽減させることが可能な地形が人為的に変更されること、地域防災力と考えられる最少の「公」である地域コミニュテイの変容が自助的な活動を衰退させた。リゾート地という人口構成、社会構造が単一化している地域での災害脆弱性をどのように考えるべきだろうか。

　プーケット西海岸で地形分類図と土地利用景観を復元することでダイナミクな変化を表現してみたい。自然立地的土地利用から人工的土地利用景観への変化、観光地の拡大と原風景であろう水田農業地域の減少は持続可能な土地利用管理都の相反を示す指標となる。このような視点から社会構造の異なるプーケット県の西海岸4行政地区を、自然災害時および復興時において、地域コミュニテイの活動状況を評価することで地域防災力の強弱をみることができる。ここではリゾート地の災害軽減を考える上で、国際的リゾート地域という特殊性を考え、上記の4行政区のリゾート度の強弱が地域コミュニティー活動に与える影響をみてみたい。

　リゾート度は「Ⅰ（各行政区の自治体レベルの面積）とⅡ（各行政区で宅地エリア‐居住区・リゾート地―を含む）に占めるリゾート地域比率」と定義した。GISで土地利用図に表示されている宅地面積（居住区・リゾート地域）を計算し、この面積に占めるリゾート地域の面積を「リゾート地域面積／宅地面積×100」としてリゾート化率を計算した。4行政位ごとにリゾート度を区分した（表4-1、図4-6）。シュンタレーとカマラ行政区のリゾート化率は低く、カロン行政区は中程度、最大のリゾー

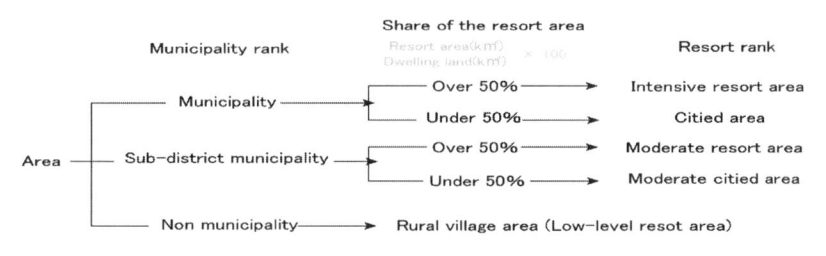

図4-6　リゾート度評価

表4-1 4行政区のリゾード度

Sub-district	Municipality Rank	Share of resort area(%)	Resort rank	Population	Density (p/km²)
Choengtale	Non-municipality	40.4	Low-level resort area	3,109	105.7
Kamala	Non-municipality	40.1	Low-level resort area	4,293	216.8
Patong	Municipality	74.3	Intensive resort area	15,257	690.4
Karon	sub-district	64	Moderate resort area	5,809	282

ト度を示しているのはパトン行政区である。

4 二枚の地形図・空中写真から土地利用変化の進展を理解する

リゾート化度の異なる4つの行政区の土地利用変化の進展が地形条件をどのように変化させていったのかについてみてみたい。

4-1 シュンタレー行政区の土地利用変化について

シュンタレー行政区は島北部に位置している。北西方向に突き出した岬はこの行政区のポケットビーチを二つに分けている。北部がバンタオビーチ、南部をスリンビーチである。プーケット国際空港に近いこともあり、かつての錫鉱山の採掘跡地を再整備する地域計画がたてられた時、国際的にも評価を受けている5星の高級ホテルを誘致し、高級ホテル群を中心として大規模なリゾート地域が形成されていった。さらに、錫鉱山の採掘跡地である水面を「ラグーナ」コンプレックスと呼び、積極的に水資源活用を行ってきた。この地域には、バンヤンツリープーケットホテル、アラマンダララグーナラグーナプーケットホテル、シェラトングランデラグーナプーケットホテル、デユシットラグーナンリゾートホテル、ラグーナビーチホテルなどの高級ホテルが建ち並び、ショッピングモール、レストラン、アクアリゾート施設、乗馬リゾート施設ほかが設置され、ホテル相互で連携した運用がなされている。

バンタオビーチは東部にそびえる丘陵や海岸段丘に氾濫原平野が続いている。氾濫原は水面が残る後背湿地・湿地と小高い浜堤などの微起伏が繰り返される海岸平野をなしている。この海岸平野には、海岸線に並行して浜堤Iが連続し、海岸平野にひとつのアクセントのある自然景観の特徴をなし南北に細長く伸びている。浜堤列II、IIIはこれよりは内陸側に位置するが、侵食を受けているために局部的に分布するのみで

ある（Fig.6-a）。浜堤列Ⅰ背後は後背湿地であり、凹地部は沼沢地と水田利用である。微地形起伏は小さために、被覆する植生、土地利用の違いが微地形の違いを見せる。

ポケットビーチ中央部にラグーンが残されており、この周辺地域は葦湿地が形成されている。南部のスリンビーチは段丘が沿岸部まで迫っているために浜堤と後背湿地

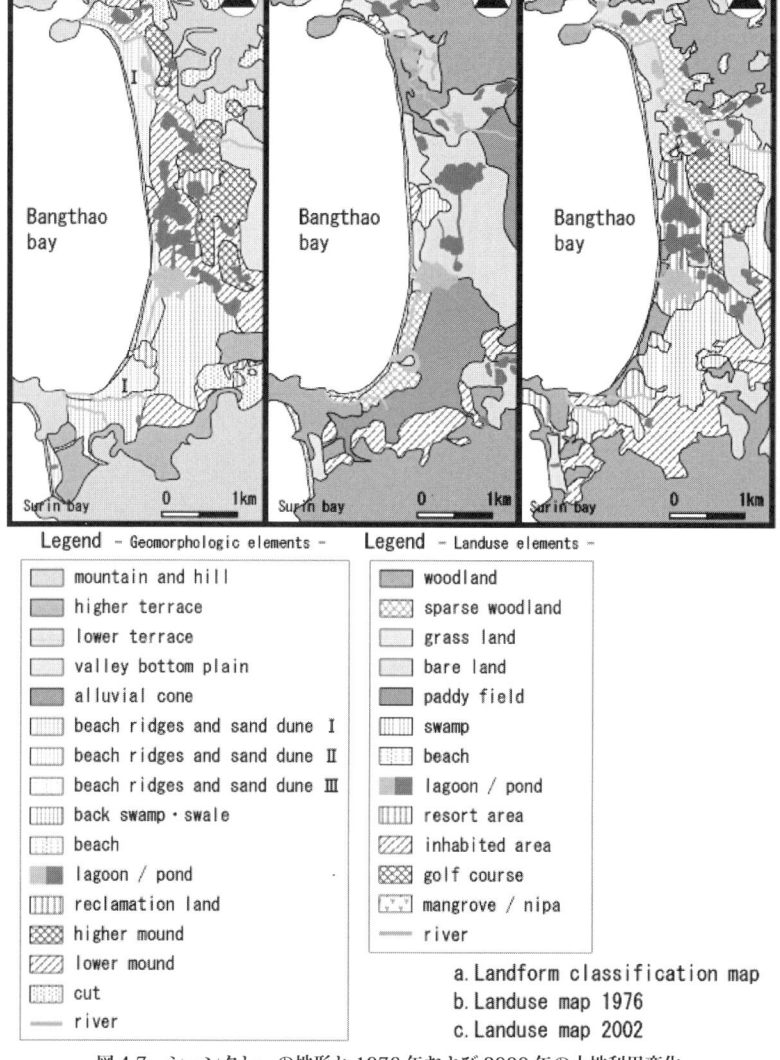

Legend - Geomorphologic elements -
- mountain and hill
- higher terrace
- lower terrace
- valley bottom plain
- alluvial cone
- beach ridges and sand dune Ⅰ
- beach ridges and sand dune Ⅱ
- beach ridges and sand dune Ⅲ
- back swamp・swale
- beach
- lagoon / pond
- reclamation land
- higher mound
- lower mound
- cut
- river

Legend - Landuse elements -
- woodland
- sparse woodland
- grass land
- bare land
- paddy field
- swamp
- beach
- lagoon / pond
- resort area
- inhabited area
- golf course
- mangrove / nipa
- river

a. Landform classification map
b. Landuse map 1976
c. Landuse map 2002

図4-7　シュンタレーの地形と1976年および2000年の土地利用変化

は局所的に分布するのみである。バンタオビーチ北部の浜堤Iと海岸砂丘の後方には、18世紀の錫鉱山の巨大な露天掘り採掘跡がある。海岸段丘には鉱山掘削地が点在し池沼となっている。

1976年と2002年の2時期の土地利用を分類してみると（図4-7b、c）、この28年間に発生した土地利用景観の変化の跡をみいだすことができる。1974年に撮影された空中写真で確認できるバンタオビーチの土地利用を細かにみると、台地直下に草地と裸地が広がっていること、天水田が分布していることである。1976年の天水田の存在は自然環境立地型の土地利用をしめしており、バンタオビーチの南部に広がる後背湿地が重要な土地資源を背景にした稲作地域を形成していること、一方、起伏のある中央部から北部にかけて分布している海岸段丘では果樹・ゴム園と畑地が広がっている。

しかし、2002年の土地利用景観の中には錫鉱山の掘削跡地には内陸水面として点在していることが確認でき、錫の露天掘り鉱山掘削跡地はこの地域に新しい景観を作り出している。この海岸段丘に分布していた掘削跡地の一部は埋め立てられてリゾート地域に変容している地区もあり、沿岸地域はホテル・コテージ・遊園地ならびに舟遊びが可能な人工的なラグーンとして使用されている。人工的水辺空間を形成して利用している地区もある。このようなリゾート地域の拡大によって、かつて普遍的に広がっていた天水田、畑などが消失していった。観光地化に伴い、耕作放棄地面積も拡大しており、水田から湿地・草地へと変化した地区もある。また宅地に地目変更された地区もある。

4-2 カマラ行政区

カマラビーチはY字型に延びた2つの谷底平野が合流して谷幅を広げた小さなポケットビーチである（図4-8a）。開析が進む丘陵の脚部から高位段丘が続き、低位段丘はこれらに連続して海岸線へとのびている。海岸平野の氾濫原面積は狭いが、海岸線に沿って南北方向に伸びる3列の浜堤列（浜堤I、II、III）とこの背後の堤間湿地が地形景観をなしている。内陸の浜堤II、IIIは断片的にしかすぎないが、海岸線に沿って形成されている浜堤列Iは連続してポケットビーチと海洋を分けている。

カマラビーチは夕陽が美しいとされ、テーマパーク「プーケットファンタシー」がリゾート地域の遊戯施設として観光客を呼び寄せる起爆剤となったが観光化は遅れた。この海岸では沿岸流が速く、海水浴に適さず、サーフイン向きでサーファー来訪客が多い。2005年、カマラビーチホテルでは沿岸域で宿泊施設が再開した。ビーチ南端の海岸段丘には大型宿泊施設が建設されている。

第4章　漁村から国際的リゾート地域に変化した地域での災害 —プーケット津波災害—　　91

カマラビーチの浜堤列は1976年と2002年ともに無植生で砂礫が露出する浜堤である。内陸側の浜堤は草地・灌木が被覆している。1976年、堤間低地と後背湿地はニッパヤシとヒルギ類のマングローブ林が存在していたが、2005年には湿性植物が一部確認できたが、内陸部の浜堤を被覆していた灌木林は破壊されていた。空中写真の地形判読と土地利用判読から作成した土地利用分類図（図4-8b、c）から、1976年には低位段丘・高位段丘が2面ともに錫鉱山の採掘跡地が凹地となり裸地化していること、段丘面に畑・牧草地と農家が点在し谷底平野は天水田であることが

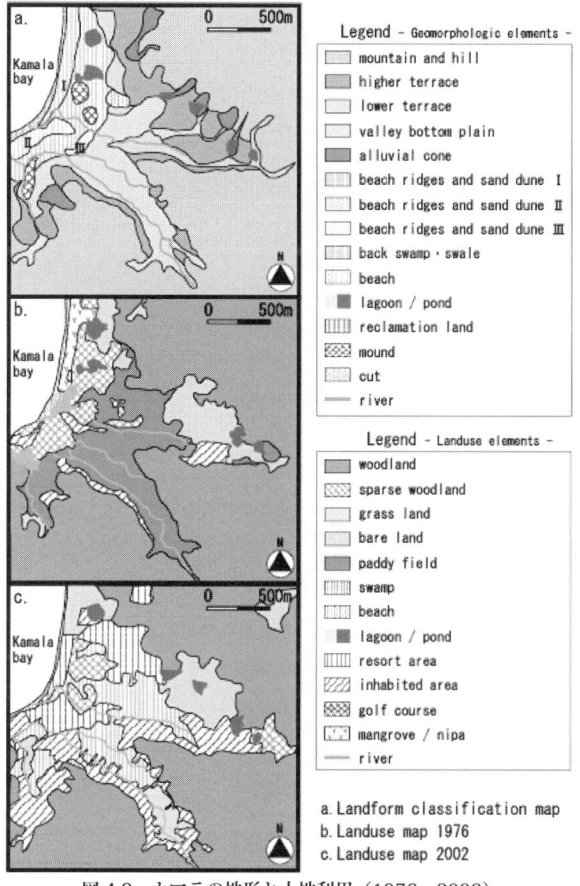

図4-8　カマラの地形と土地利用（1976、2002）

わかる。海岸線に近い浜堤Ⅰは草地であったが、墓地が点在していた。
　内陸側の浜堤Ⅱには仏教寺院および小学校などの公共施設、村落も立地している。カマラビーチ北部では後背湿地と谷底平野に隣接し錫鉱山跡地が水面として当時を彷彿とさせている。2002年時点の土地利用景観を20年前と比べると、海岸線に近い最前線の浜堤列には小型のコテージ・ホテルなどが林立する小規模なリゾート地域と商業用のスペースと変容している。浜堤Ⅱと浜堤Ⅲの2つの微高地にも宿泊施設が進出し、遊園地と商店街が外延部に拡大した。一般居住地は海岸線に近い浜堤に進出している。
　現在、カマラビーチの中央部の河川とその周辺に広がる未開発地が当該地域の景

観であり、わずかに湿地が残存している。後背湿地や堤間低地といった冠水を免れない地形単位は人工的に盛土して均平化された後、簡易宿泊施設であるバンガローなどが建つ宿泊施設に変化するほか、新しい居住空間としても活用されるようになった。錫鉱山の掘削地は、テーマパークとホテル遊技施設に変化した。

4-3 パトン行政区

パトンビーチは最も古くから観光地化の波を受けた地域である。東西3.5km、幅30～35mの細長い海岸平野であり、花崗岩丘陵脚部に500mで高位段丘が南北方向に走っているが、この西側は低位段丘である。氾濫原幅は限られ最大2.5kmにすぎない。沿岸部には浜堤Iが伸び、背後に浜堤IIが断片的に形成されている。沿岸地域の微高地に囲まれた地域は堤間湿地で天水田に利用されている。浜堤IIと低位段丘の間にも、幅2km程度の後背湿地が広がっている（図4-9a）。

堤間湿地の地盤高を現地で簡易測量したところ、地形面として確認できる浜堤の地盤高度と比べると0.5m～1.0m程度低いことが分かる。2004年のスマトラ地震後に発生した津波は浜堤Iを乗り越え、浜堤IIを超えて止まった。浜堤IIまでの沿岸域で低層の観光施設が崩壊している。引き波に続く第二波で死傷者を出した。2005年、沿岸地域にはホテル、キャンピングゾーン、バンガロー、飲食店などが復興した。道路と海岸堤防も復旧した。復興が進み、津波災害の被災痕跡をとどめている地区は限られていた。海浜公園と遊戯施設に並列して建設された食堂は浜堤にもどって営業再開した。

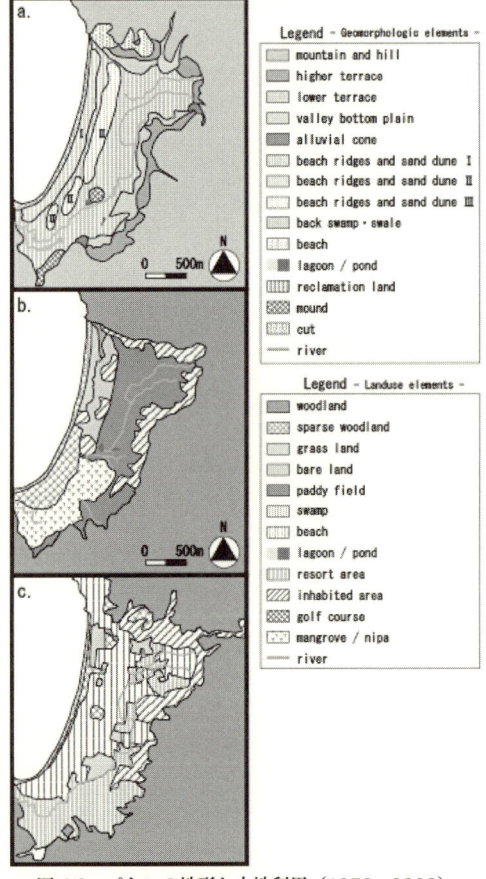

図4-9　パトンの地形と土地利用（1976、2002）

1976年の土地利用分類図（図4-9b）を作成してみたところ、後背湿地は稲作に利用され、居住地域は高位段丘ならびに低位段丘にのみ限定されている。この時期、浜堤Ⅰ・Ⅱには住宅地・農家などは数軒のみでビーチ南端部はマングローブ湿地であった。パトンホテル建設後に宿泊施設がビーチ中央部から南北方向に拡大した。

　2002年の土地利用図（図4-9c）をみると、パトンビーチで湿地の自然景観を残している地域は南部に限られており、蛇行・分流を繰り返す小河川と湿地のみである。2005年の現地調査現在では、この南部のマングローブ林も消失していた。パトンビーチには中小規模の観光ホテルが多く、外国資本の観光ホテルは少ない。レストランほかの観光客が利用する商業施設、ならびに、マリンスポーツ施設は浜堤Ⅰ・Ⅱに立地していった。堤間湿地は埋め立てが進み原地形は残されていない。段丘崖下の湿地に宅地が点在している。1976年には稲作地域が広がっていた後背湿地の2002年の景観は80％までがホテル・コテージ・簡易宿泊施設・観光土産売店などのリゾート地区に変化した。

　浜堤には公的海浜公園が建設され、ホテル・コテージ密集地域との間に道路が敷設された。パトンビーチの氾濫原の原地形が失われ30年間で土地利用状況は大きく変容した。

4-4　カロン行政区

　カロン行政区には北部にカロンビーチ、南部にはカタビーチ（カタビーチはカタヤイビーチとカタノイビーチに区分される）のポケットビーチがある。リゾート開発の早かったパトンビーチを車で10分ほど南下したところがカロンビーチである。ビーチにはヒルトンホテルなどの大型施設も多いが、内陸側には地元資本のホテル・ゲストハウスもある。ポケットビーチは東西方向に1km、南北0.3-8kmの小さな規模である。開析された丘陵の脚部からは海岸段丘が伸びており、段丘の前面は湿地が形成されている。海岸線に沿って連続のよい浜堤が形成されている。カロンビーチでは北部から中央部にかけてラグーンとマングローブ湿地が残されていた（図4-10a）。

　海岸線に並行して南北方向に延びる浜堤は匍匐性の草本類によって被覆されている。この浜堤の背後の堤間湿地は経年湿地である。浜堤と堤間湿地との地形の比高は大きな地区で2m、小さな地区では1m未満で地形境界は不明瞭である。浜堤Ⅱ・Ⅲは断片的でビーチ南部にのみある。

　2005年、浜堤Ⅰの西側は市民用の海浜公園が整備され自然景観は残されてない。ヒルトンホテルなど外資系大型ホテルの出現は下水道工事、排水路の拡幅、浜堤列を掘削して環境は改変された。現在、海岸に直行する水路で自然景観は大きく変わった。

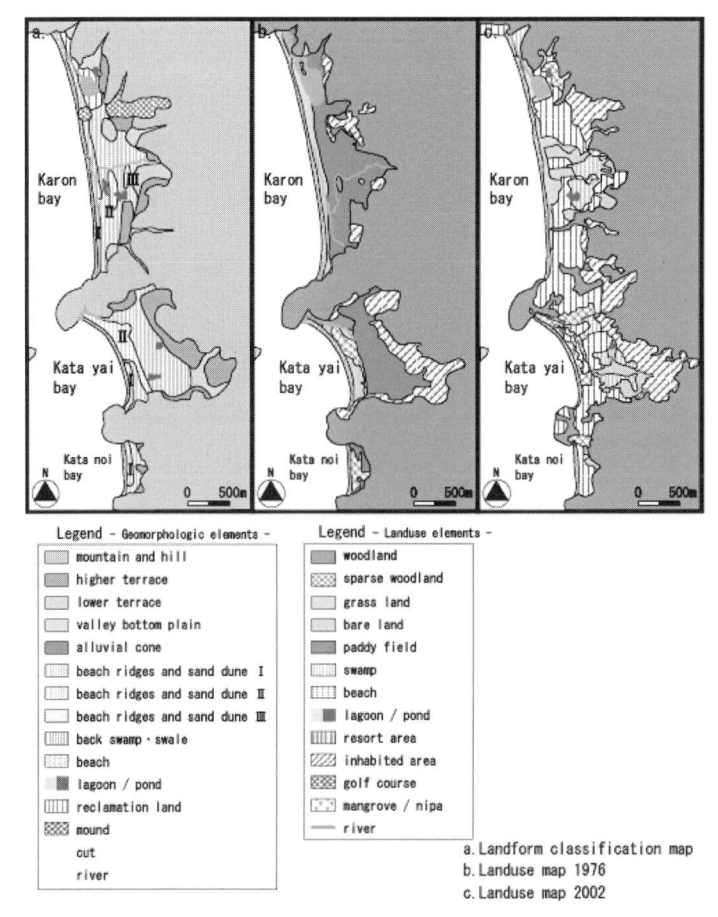

図4-10 カロンの地形と土地利用（1976、2002）

　大型ホテルはプライベートビーチ、個別の遊戯施設、プロムナード、ゴルフ場を建設して海岸線をホテル前景に取り込んだため、切り土、盛土などの人工改変地となった。カロンビーチでは浜堤が掘削されて園地・遊戯施設が建築された地区もあり、沿岸部では浜堤・砂丘に切土地が拡大した。

　カタヤイビーチはクラブ・メディタレーニィアンなどのようなヨーロッパ系ホテルの建設が進み、このビーチの80％を占拠している。ビーチの奥行きは最大で2.5kmあり、カロンビーチよりは海岸平野の幅が広い。このポケットビーチにも浜堤列I・IIが形成されているが断片的である。浜堤の背後に形成されている後背湿地は高位段

丘までの間に湿性地を残している。カタノイビーチは南北方向に500m、平野の幅は250mと小さなポケットビーチであるため、海岸線にそって浜堤Ⅰのみが形成されているにすぎない。

1976年の土地利用図（図4-10b）をみてみると、カロンビーチの北部に広がる海岸段丘を掘削して飲料水用の貯水池が設置され、丘陵にはゴムのプランテーションや果樹園が広がっており、その栽培農家の集落が点在している。全体的にみれば、自然立地型の土地利用であって、湿性地である後背湿地は天水稲作農地に特化している。浜堤列は無植生地・裸地もしくは未利用地である。カタヤイビーチ、ならびに、カタノイビーチも同様の土地利用景観を見せており、後背湿地には稲作地域が広がっていた。

2002年（図4-10c）の土地利用図では浜堤Ⅰが自然景観を残こすものの、微高地に道路が建設され、観光施設が設置された。ビーチ中央部には浜堤列Ⅱ・Ⅲが形成されているが、この微高地の景観を利用して外資系の大型ホテル・タイ資本の大型ホテルが進出し遊戯施設などのリゾート施設が拡大した。外資系大型ホテルは宿泊施設のみならずプライベートビーチを併設し観光客用に園地を作っている。雨季には長期湛水する後背湿地を盛土して宿泊施設の一部に利用している。2002年と1976年の2時期の土地利用を比較すると後背湿地の70%までがホテル用地と飲食店に変容した。

カタヤイビーチでは南端部から中央部の浜堤Ⅰ・Ⅱが、2002年に道路整備で後背湿地が埋め立てられた。浜堤Ⅱに外資系大型リゾートホテルとレストランが立地し浜堤Ⅰは中小規模のショッピングアーケードが建設された。氾濫原面積は狭いが、浜堤Ⅰと後背湿地は人工改変地となっている。土地利用の変化状況をみると、4行政区のポケットビーチの変化には近似するところが多いがリゾート地域の進出時期は異なっている。2004年、海岸線近くのリゾート施設で観光客、雇用者は死傷者をだしている。

5　地域コミュニティーは防災活動とのむすびつき

地域コミュニティーの活動は日常的な地域作りの活動、単なる隣近所の付き合い、血縁ネットワークの「晴れの日」の顔合わせ、祭りなどの地域集団の集まりと地域の結束にかかわる活動、消防団などの目的のある地域組織の活動、宗教にかかわる地域団体の活動など、さまざまな地域社会の組織、地域社会の活動がある。

かつての文化人類学者は、「タイ社会はルーズリーストラクチュアー」であるしていた。タイでは普通に娘が両親を介護し、土地を継承するという、日本の社会とは異なる社会性を見せている。地域社会の活動と宗教を取り上げてみると、仏教社会での

紐帯として村落に設置されている寺が中心的な活動拠点となっていることもわかる。むろん、日本でも浄土真宗などの地盤の一つ、愛知県三河地方では地区の寺院が日常的な地域活動の中心となっており、祭りで地域コミュニティーの活動が促進され、寺の整備と寺での説教が地域活動の初動となってきた地域もある。これらの地域活動は都市化と農業地域の変容で大きな節目を迎えてはいるものの、多くの家には仏間と仏壇が設えてあり、葬儀のみでなく、地域住民が仏事をこなしながら、地域社会の基礎を作ろうとしていることもわかる。

しかし、東京下町といわれる、根岸、浅草などのように地域活動の盛んな地区、祭りが地域社会の活動に大きく位置づけられているものもあるが、東京、大阪などの大都市ではこのような地域活動は限られている。沖縄県のビーチリゾートでは大型宿泊施設が整備されたビーチの非日常性のみが顕在化しており、観光地での地域社会構造の変容は大きい。

1970年代のタイ社会は稲作農業を基礎とした農村社会として紹介されている。1980年代後半にタイで現地調査を行っていた時期、低地集落、高地集落、少数民族の集落……など集落のおかれた地盤現況と集落を支える地域社会構造で社会組織の活動に差異がある。しかし、宗教という紐帯は活動の多様性を超越しており、タイ社会に特有な「ブンを積む」、「一生に一度、男子は仏門に入る」といった仏教との実践的な付き合いは共通して認められる。バンコク首都圏などのように農村社会から一気に都市に変化した地域では宗教との関係が薄らいでいる。バンコクではすでに托鉢の姿は見ることはできない。

このプーケット島の場合、かつてはマレー人、中国人が錫鉱を採掘するために入村し、プーケットの主要市街はマレー系民族の流入も手伝い、イスラム教の浸透など、中央部のタイ社会が示す仏教社会とは異なっている。また、1980年代に観光業にシフトしようとした社会であり、地域住民社会への流入者は地域とは積極的に関わろうとする住民ではなく、第三次産業への就労機会を求めてやってきた流入人口である。リゾート地域は非日常的な地域を創造しているのであり、日常的な活動範囲を超えた行動と行動規範がみられる地域である。

リゾート地域として開発されたことの強弱、すなわち、リゾート化度の違いは地域社会の構造、ならびに、地域社会の形成にかかわりがあるのだろうか？

仮説としてあげられるのは流入人口が多い地域では社会変動が大きいことである。このため、リゾート地域はリゾート地域の占有面積が拡大し、全体人口比率のなかで第三次産業依存度の大きい地域である。このような地域ではリゾート施設の拡大によって、従来の産業形態を変化させている。さらに、就労と地域社会に関連が失われ

るため、地域社会と疎遠になる、一方で、就労先の労働者との付き合いが増える。就労時間が土曜、日曜、季節性もなくなると、地域社会との付き合いがさらに薄れ、宗教への依存もなくなる。このような、特殊な地域性を考えると、リゾートのレベルによって地域社会の地域コミュニティー活動、防災には大きな変動が生まれる。ここでは、リゾート度という表尺を求め、そのリゾート度の違いが地域性を生み出していると考えてみた。

　リゾート度を形成したところ、表 4-1 に示すようにシュンタレー行政区およびカマラ行政区は低リゾート地域であること、カロン行政区は中リゾート地域、パトン行政区は高リゾート地域である。

　パトン行政区では、1970 年代前半には、すでに観光施設の誘致と開発が開始しており、ここで扱う 4 行政地区内の中では開発時期が最も早い。2003 年現在におけるパトン行政区の地区内人口数は 15,257 人であり、人口密度は 690.4 人 /km^2、4 行政区では最大のリゾート地区を形成していた。一方、カロン行政区をみてみると、1970 年代の後半に開発が開始してはいるが、地区内の人口数は 5,809 人、人口密度は 282.0 人 /km^2 にすぎず、パトン行政区とくらべてみると人口密度は半分以下、人口も 3 分の 1 である。カマラ行政区とシュンタレー行政区をみてみると、各々、1980 年代前半と 1980 年代後半に、他の 2 つの行政区より遅れて観光開発が始まっている。カマラ行政区の人口数は 4,293 人（人口密度 216.8 人 /km^2）であり、さらに、人口数の少ないシュンタレー行政区では、地域内人口数は 3,109 人（人口密度 105.7 人 /km^2）である。パトン行政区と比べてみると、この 2 つの行政区の人口規模は 4 分の 1 程度にすぎず、人口密度も低い。

　4 つの行政区のリゾート度を分析した結果、シュンタレー行政区ならびにカマラ行政区は低度リゾート地域、カロン行区は中度リゾート地域、パトン行政区は高度リゾート地域である。以下、リゾート度の差は津波災害時にどのような変化を与えたのかについてみてみたい。

5-1　シュンタレー行政区

地区概要

　シュンタレー行政区は沿岸域に 6 行政村（現地では、行政村をムー（Moo）と呼ぶ）を持っており、さらに、内陸部にはタンボン自治体が管理する小さな自治組織地区がある。タンボン自治体の役所は、行政村 5 番内に位置しており、中央部にある行政村 1 番が地区面積の大部分を外国資本の大型高級ホテルと複合リゾート施設の所有地である。このため、居住民の人口数は 20 名にすぎず、地域住民の少ない変則的な

地域構成を示している。大型リゾート施設地域一帯は、住民の居住空間とは完全に分離されており、高い塀によって囲まれており、行政村1番にあるリゾート地区は自治体組織が関与できない管轄外の地域でもある。リゾート周辺の農地にはリゾート施設に勤務する職員の施設、マンションがたちならび生活者と無縁である。

行政村3番内では観光業従事者、居住者の47人を対象に対面アンケート調査を行った。被験者数に占めるプーケット県出身者が67％、県外の出身者は33％であった。県外から流入した者うち4人は、結婚を機にして入村したムスリム信仰の女性であった。アンケートへの回答者は、全員が地区内に居住しており、他県から流入した者の居住年数を見ると、最少が3年、最大が20年であり、平均して12年であった。

この行政村では、地区住民が利用している宗教施設には寺院が4軒、モスクが3軒ある。これらの宗教施設は氾濫原のなかでも内陸側に立地しており、宗教施設には小学校が併設されており、地域社会のコミュニティーの最少規模の活動はこの二つの施設が中心母体して機能している。信仰宗教をみると、被検者の47人のうち、仏教徒が9人、イスラム教徒は38人であった。イスラム教徒の多くの住民の生業は漁業であり、居住地域は沿岸地域に特化している。一方、仏教徒の生活県は海岸部に限らず、内陸部に展開している。

シュンタレー行政区（図4-11）における行政村の内訳をみてみたい。沿岸地域は漁業に特化した6行政村であり、内陸部は稲作・ゴムのプランテーションを経営している農業が主体の農民で構成される4・5番行政村がある。さらに、6・4・2番の3つの行政村は小さな組織であり、タンボン自治体が管理する地区である。

大規模外資系ホテル・リゾートが林立している地区が1・3番行政村と一致している。このリゾート地域にはタンボン自治体が管理する地域もあるが、行政村1番の村人は、先に述べたように20名にすぎず、地域社会の組織を形成していると考えるよりは、地縁団体の延長である。行政村1番では、ホテル・レストラン・遊戯施設、遊園地はタンボン自治体の管理外であって、行政村内の村民との共同活動の実態はない。シュンタレー行政区はタイ社会の中では特殊な社会構造を持っており、漂海民に近い沿岸地域の漁業集落で独立した社会構造を持つ地区、バンコクほかの大都市からホテル経営を目的として地元住民とは関わらない社会、農業に従事する従来型の地域社会を保持しようとする地域が混在している。

地域コミュニティーの活動と宗教

被験者に居住地域における宗教活動の有無と、宗教と住民組織の作る地域コミュニティーでの付き合い方などを質問してみた。タイでは宗教活動は行動規範にあり、地域住民の最少のコミュニティーを創り上げているからである。しかし、調査結果をみ

第4章　漁村から国際的リゾート地域に変化した地域での災害 ―プーケット津波災害―

てみると、「ほとんどの被験者が宗教施設に出向くこと、宗教儀礼にかかわることはなく、宗教施設に出向き参拝することはなく、宗教をベースとした組織とは無関係の生活をしている」と回答した者が3％いた。さらに、「1年に1回程度は宗教施設を訪問して参拝を行い、宗教施設では時々地域コミュニティーの一員として祭りや清掃などの活動を行う」が3％、「1週間のうち、かならず1日は宗教施設を訪問して参拝し、地域コミュニティーのなかで活動では宗教関係の活動を中心としている」としたのが15％であり、「2～3日に1回は参拝し、宗教施設の清掃を含めて地域内で行われる行事には必ず参加している」が61％であった。

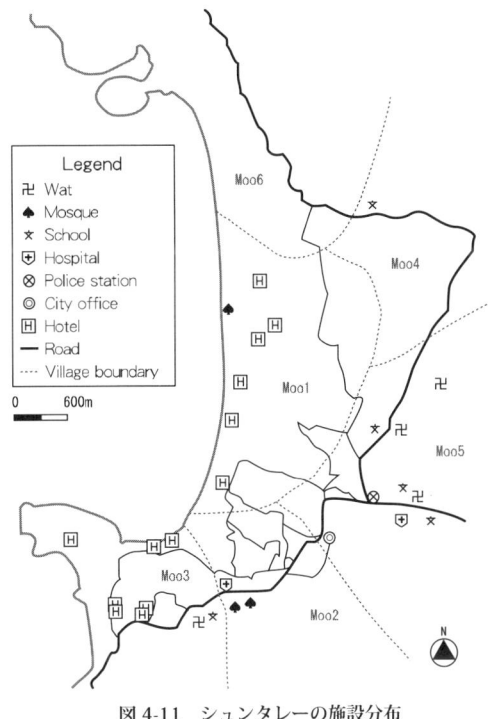

図4-11　シュンタレーの施設分布

一方、「ほとんど毎日、寺院に出向いて僧侶から宗教哲学を学び、僧侶の日常的な活動を支援し、寺院の活動を支援することが日課である、また、地区内の地域社会が活動する際にはリーダーシップをとっている」とした住民比率は18％であった。被検者の8割が仏教、イスラム教を問わず、宗教への帰依心をあらわにしているが、2割の住民は地域社会と関わっていない。

この地区では、特に、仏教寺院に付属してワット委員会と呼ばれる地域の宗教施設の活動を支援する会がある。このワット委員会は寺の僧侶が安居期間とする場合に、村内の住民が交代で、寺に出向き僧侶に飲食物を献身する習慣が残っている。

被験者の地区内での交友関係をきいてみると、「仕事上での付き合いのみ」としたのが5％、「仏教並びにイスラム教の宗教活動を通した交友関係がある」としたのが61％、「仕事上の付き合いと宗教活動の両方に交友関係がある」と回答しているのが23％、「地縁と隣人付き合いに交友関係がある」としたのが11％であった。これら

の結果を見ると、宗教をとおした日常的な活動の中に交友関係を見出し、地区内での活動の基礎を宗教組織に置いている居住者が多い。

災害時・災害後の活動と地域コミュニティーについて

　2004年に発生した津波災害では、シュンタレー行政区の中では行政村3番が最大の被災地となった。沿岸地域に設置されていた簡易バンガロー、コテージなどの簡易宿泊施設に合わせて、やはり沿岸域に集中していた漁業集落は全壊した。被災時、災害規模が大きく、地区住民の全体像が見えなかったこともあり、各行政村の集落組織の住民は相互に支援活動を行うこともなく、避難支援の活動はできなかった。しかし、被災後には仏教寺院とモスクが被災者に対して一時的な避難所を提供しており、義捐金などを手渡す事務仕事も担っていた。

　二つの異なる宗教の施設は、災害難民の生活拠点となり、寺院・村落内の公共的な施設、学校などの災害復旧を行おうとした。被災3か月後、ようやく落ち着きを取り戻すと、プーケット県では、各自治行政村の行政を経由して、災害支援金を地域住民の一人につき3万バーツ（当時、日本円で換算すると9万円弱）を支給することに決定した、この費用を受取るに当たり、寺院は地域住民の氏名を管理していたため、この施設で支給された者も多い。

　宗教施設には地区内の被災者が集まって協議のうえ、日常的に布施として寺院に届けられた食料・飲料・その他の日常生活物品を被災者に対して、生活物資として手渡していた。家屋が全壊した住民に対しては一時的な生活の場所を提供していた。また、イギリス、ノルウェー、アメリカその他の海外から送られてきた災害義捐金、国内各地から送られた日常生活のための物資などを分配し、積極的な生活支援を行った。寺院は行方不明の住民の問い合わせ場所も提供しており、地方自治体で行う災害者支援の中心となった。

　このような地域社会の行動とは異なり、きわめて対照的なのは、行政村1番のホテル地区である。津波が発生すると、ホテルでは従業員が声をかけて、ロビー、レストラン、プールなどの1階部分にいた宿泊客を上部の階へと誘導している。大規模なリゾートコンプレックスに立つホテル滞在者からは津波災害の犠牲者は出ていない。また、被災3ヶ月後には、どこからも支援を受けることなく、施設復旧を行い、通常の営業状態に戻った。しかし、観光業者は被災時ならびに災害復興時のどの時を取っても、宿泊施設内を利用すると観光客のみに目を向けているのであり、被災している地元村民との関係は一切とることはなかった。観光業者は地区住民への支援活動は行っていない。

5-2 カマラ地区
地区概要
　カマラ行政区には6行政村（図4-12）があり、行政村3番は仏教寺院を中心として作られた集落である。それ以外の行政村はイスラム寺院を中心として結成されている集落である。沿岸部には漁業を行っているが水田を保有している半農半漁の村があり、これらは非自治区であってタンボン評議会が管理している。行政村3番にはモスクがあるが、この寺院に隣接している小学校とともに、宗教施設は日常的に、地域住民の活動の中心となる集会所としての役割を果たしている。また、行政村3番には2003年時点に、ホテルやゲストハウスなどの宿泊施設が35軒営業していた。

　カマラ行政区の行政村2、3、5、6番において聞き取り調査を行った。聞き取り調査を行った被験者のうち63％までが同地区の出身者であり、全体の37％は域外からの流入者であった。域外出身者のうち被験者の8人がイスラム教徒の女性であり、結婚を契機として入村したものである。

地域コミュニティーと宗教
　仏教徒の居住する集落はカマラビーチのなかでも南部にのみ限られている。1950年に建立された仏教寺院を中心として地域コミュニティーは日常的に活動をしている。この仏教徒の集落では、全世帯が寺に付随しているワット委員会に所属しており、寺院の清掃のみならず、僧侶の宗教活動の支援を行っている。さらに、日常生活においても寺院で開催される各種のイベント活動を支える支援活動をしている。

　行政区において聞き取り調査を行った時、被験者の宗教属性は仏教徒40％、イスラム教徒が60％であった。地域住民がどのように宗教活動を進め、地域内における日常的な地域社会活動と関わりについての質問結果、「当該地域で最も重要な祭事のみ参加してきたが、1年に4回程度は寺院・僧侶の活動を支援する」が8％、「定期的に1月に1回は寺院の支援活動を行う」が14％、「1週間に1回は必ず寺院を訪問して清掃活動その他の寺院で必要とする活動ならびに地区住民のためのボランティア活動を行っている」が26％であった。これらに対して、「ほとんど毎日、寺院において奉仕活動を行い、地区内で行う活動に参加している」が52％と半数を超えていた。

　居住者の交友関係も「宗教を通したつながりが中心であり日常的な交友関係がある」が72％、「仕事を通したつながりのみで地域社会とは関係していいない」が14％、「子供と子供が通う小学校の交友を通したつながりが地域社会の中心である」としたのが8％、「地縁社会や隣近所の幼馴染が交友の基礎である」としたのが8％であった。この交友関係をみてみると、イスラム教徒と仏教徒は宗教の違いを超えて地域社会を支えあっていることが分かる。宗教的なつながりは、地域コミュニティーの活動の基礎

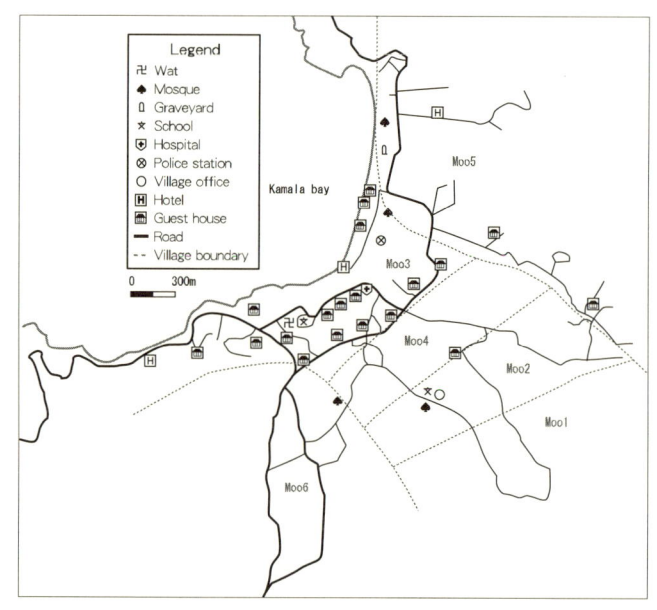

図 4-12　カマラの施設分布

であり、これらに地縁的な付き合いが重ねあわされている。

災害時・災害復興

　日常生活でも一般に、この行政区では仏教徒でも居住地区に近いモスクに出入りして、活動を共にすることがあり、その反対にイスラム教徒も仏教寺院を訪問している。二つの異なる宗派の活動理念があっても、離反することなく、地域社会の構成員として認めあっている。2004年に発生した津波災害時において、このような二つの異なる宗教母体は被災時に共同で避難活動を行っており、農業集落の復旧、漁業集落の復旧などの事業を進める際にも相互に支援が行われていた。

　津波の被災地は主に行政村3、4、5、6番であった。このうち、行政村3番は仏教徒が多い集落であり、沿岸部に立地していた寺院では説教の最中に引き波に続き、二度目の津波が入り、僧侶3名が亡くなり、寺院が破壊された。

　津波発生時、この寺院では地区住民が集会を開催していた。1回目の津波が襲来したのちに引き波で安堵したために、集会が継続された。避難行動に移るのが遅れたために、2回目の津波で多くの集会参集者が被災してしまった。この寺院の僧侶のうち一名は、参集者に津波の流れ方向に逆らわずに波の中を転がって、内陸部にむかうようにと指示している。また、丘陵に向かって逃げるようと指示していた。しかし、参

集者にとっては全くもって予期せぬ事態が発生したのであり、上記の指示を出した1名の僧侶のみが難を逃れた。参集者の多くは避難活動へ移ることができなかった。このため、流された僧侶と同様に波の中に消えていった。

行政村3番には小学校が建設されていたが、この公共施設も被災したために、災害後に避難民を受け入れることはできなかった。この地区では、海岸部の浜堤に家族経営的な小さなコテージ、小ホテル、ゲストハウスなどが点在している。これらの宿泊施設に続いて、宿泊客向けの商業地域があり、被災した。被災時には想定できない規模の巨大災害であったために、地域住民は相互に避難支援を行なえなかった。さらに、心のよりどころであるべき寺院も崩壊したために、仏教徒は内陸部に位置するモスクに一時的に避難した。スウェーデンをはじめとした海外NPOの支援で、この仏教寺院が再興すると、被災してモスクに避難していた仏教徒は生活拠点を寺院に移すことにした。

災害復興にむけて、仏教寺院では、ワット委員会を中心にして被災者支援活動を行い、災害の御霊供養を行った。さらに、寺院は海外・タイ国内各地から届けられる義捐金・見舞物資の配給拠点としての役割を担った。被災者は、仏教思想のもとで相互に生活の支援活動を行なった。カマラビーチの仏教寺院は国際的な災害復興の支援団体が災害復興の拠点とするとともに、その後に、行政区内の住民の集会所としての機能も担うことになった。

この寺院には2005年8月現在でも、スウェーデン・スイス・イギリスなどの国際支援団体による被災者にむけた奉仕活動が行われていた。

5-3　パトン行政区
地区概要

2003年時点をみてみると、パトン行政区には7行政村があった。しかし、行政区内の人口数と行政会計の中でも歳入額が高いことから、この行政区は市町村自治体、すなわち、商業区域や工業区域を有する自治体であると認識され、自治管理組織へと変更されることになった。パトン行政区の市町村自治体の事務所はパトンビーチのほぼ中央部に位置している。この行政区には、外資系・タイ資本のホテル・レストランから、家族経営の宿泊施設までの様々な種類の施設をそなえており、2003年現在では、ホテル数は146軒に上っていた。

2004年の津波災害で被災した観光客数が最も多く、2005年時点でも災害後に建てられた架設住宅に収容されていた住民数が多い行政村2、3、4番で聞き取り調査を行ってみた。ここでの聞き取り調査の被験者の内訳は、プーケット県出身の就労

者数13％で他県からの出身者が87％であった。他地域からの流入者の居住年数をみると、最短で3ヶ月、長い居住者で24年であり、平均的には域外者の居住年数は6年程度に過ぎないことが分かった。また、この地域への移民の目的は観光業への就労であった。

地域コミュニティーと宗教

パトン行政区には中華系仏教寺院とタイ系仏教寺院の二つの異なる仏教系寺院がある。また、修行僧が宿泊する施設と3つのモスクがある。モスクがあってもイスラム教徒が主体となる地区集落はない。アンケート調査の被験者の宗教属性をみてみる

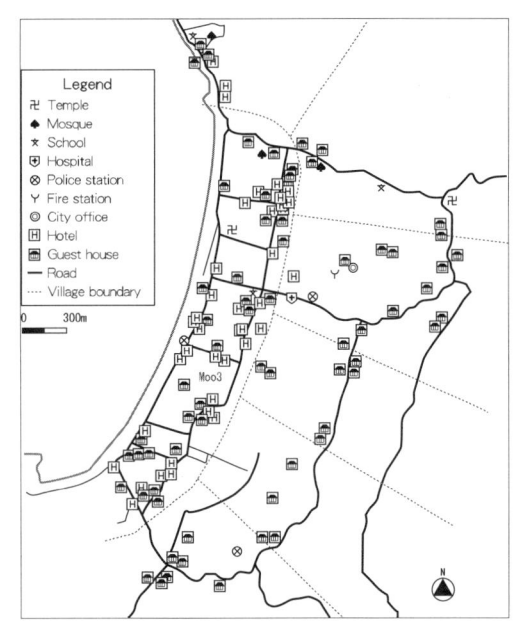

図4-13　パトンの施設分布

と、仏教徒が98％、イスラム教徒は2％であった。地域コミュニティーの活動と宗教の関係性についてみてみると、「勤務先の仕事量が多く、毎日が多忙であるために、宗教には興味がないわけではないが、寺院に詣でて参拝する時間はない。自宅においても宗教儀礼にかかわる活動は行っていない。地域コミュニティーとの付き合いもない」が12％、「寺院にかかわる重要な祭事のみには参加するが、宗教活動は1年に4回程度であり、宗教活動ならびに地域コミュニティーとのつきあいはほとんどない」が8％であった。「1月に1回程度は寺院を訪問するが、参拝のみ行っている。地域コミュニティーの活動には参加していない」が78％と多数であった。「1週に1回は必ず寺院にでかけて、宗教施設内の清掃活動や奉仕活動に参加している」としたのは2％に過ぎない。

パトン行政区での聞き取り調査での被検者は交友関係が主に勤務先であって、観光業に勤務する者は仕事を優先するために近隣の居住者との付き合いはないとしている。さらに、「ブン」を積むとする宗教活動や寺院への寄付も行なっていない。「宗教を通した交友関係がある」と回答したのは8％に過ぎず、「勤務先の仕事を通した交友関係のみで居住地区の付き合いはない」が92％に上っていた。他の3つの行政区

と比較すると、居住者は居住地域に地域コミュニティーの活動基盤を置いていない。地域外からの流入者の平均的な居住年月も1年程度であって、滞在期間が1年に未たない居住者も多いことが特色である。

リゾート地域では居住者同士の連携がなく、職場にしか付き合える人がいない、しかし、職場での交友関係は職場を離れると関係が成立しないなど、居住地域に交友関係を持たない住民の特殊な社会が見え隠れする。

災害時・災害復興

2004年の津波災害が発生した時、沿岸部ではボート、サーフィン、水泳などのマリンスポーツを楽しむ観光客がいた。宿泊客待つタクシードライバーおよびバイクドライバーが海岸近くにいて、道路に車を停めていた。また、フードコートなどの飲食店は多くの観光客を抱え、店員が忙しく動いていた。一回目の津波が入り、引き潮となると、引き波で露出した浅海底には魚が踊り、遠くまで海が退いた。そこで、観光客は潮汐低地に駆け出して行き、魚を捕まえようとした。波を求めて、引き潮を追いかける観光客もいた。突然、二回目の津波が押し寄せた。一回目の津波より高く、遠くまで内陸に海が入り込んだ。このような状況の中で観光客の多くが被災していった。

海岸近くに連続している浜堤には、土産物を商う移動型の店舗が開設されていた。浜堤を拠点としてバイクタクシーやタクシーの運転手は仮設の店舗で客を待ち、財産であるバイクと車を守ろうとして津波発生時にこれらの財産を内陸部に動かそうとした。さらに、仮設店舗をたたんで商品を抱えて、避難活動に移ろうとしたものの、2回目の大きな津波が襲来したため避難行動には移ることができなくなった者もいた。

海岸近くに立つそそり立つホテルのロビーに避難し、津波が流入すると、さらに、高層階へと自力で駆け上がった者もいる。避難者は相互に声を掛け合ったわけではなく、個人の意思と判断で避難活動に転じたにすぎないのである。

災害発生時から復旧、そして、復興期にかけて、観光業者ならびに飲食店の店主は経営規模によって復興までの期間には差異があるものの、ほぼ自力で復旧作業を行った。誰からも支援や援助を受けてはいない。飲食店・宿泊施設では、経営者と就労者が修復費用を折半して施設復旧・復興を手掛けた場合もあったが、経営者が単独で復旧活動を行い復興したとしている回答が多い。復興のための資金が得られない場合には施設を撤収してプーケット市へと移動したものもいた。

この地域では「出稼ぎ」労働者としての新規住民が増加しており、生活や宗教に対する価値観が伝統的なタイ農村民とは異なっている。聞き取り調査の結果を見ると、運転手・バイクタクシードライバーは正規の労働組合を持ってはいないが、労働者ネットワーク（労縁）をベースとした新規コミュニティーを作り出しており、災害後の復

興で協力していたようである。

　パトン行政区は、プーケット県の西海岸の他の3つの行政区のなかでは最も予算規模が大きい。2005年当時、パトン行政区の自治体が独自に災害復興事業を計画していた。日本の防災技術を受け入れて、被災者の仮設住宅を設置し、また、将来に想定される津波の発生に備えて、早期の予報・警報を行うための監視塔を建設することになった。パトン行政区のような高度リゾート地域の場合、行政体それ自体に財力があるために、非常事での自治体の対応は比較的早かった。高度リゾート地域であるパトンビーチは被災後2年目にして、沿岸地域の行政村を6分割して、各エリアに防災リーダーを立てて復興事業の指導、避難活動の教育に力を入れるようになった。さらに、災害予知を適切に行えるようにワーニングタワーの設置も行っている。

　また、行政主導ではあるが、パトンポケットビーチを6ゾーンに分けて、防災活動の単位として地域コミュニティーの仕事内容を規定することにした。2005年以降には、将来に想定される津波を考えて沿岸地域では防災訓練を開始させた。

5-4　カロン地区
地区概要
　カロン行政区は、タンボン自治体（準都市域）で自治体の管理が行われている。ここでの居住者は1週間1回開催される自治体の集会で自治体の活動に直接参加している。カロン行政区では仏教寺院とタンボン自治組織の二つの異なる組織が共同で地域管理を行っている。

　しかし、2003年に沿岸部の浜堤に84軒のホテルが建設され、地域産業が観光業に特化し始めると、伝統的な地域社会は変容を始めている。

　この地区での聞き取り調査を行った時、被験者のうち50％は現地出身者であり、50％が域外出身者であった。県外からの流入者がこの地区に滞在した年数は最短で2年、最大で19年間であり、平均すると居住期間は10年間にすぎない。この行政区にはイスラム教徒の人口数は少なく、仏教徒の居住者の多い集落のみである。仏教寺院には地区コミュニティーの活動の中心ともなる小学校が併設されており、宗教的な祭事と地域住民の地域活動は寺院と小学校で行われている。リゾートへの過渡期にある地区と伝統的な集落が混合している。

地域コミュニティーと宗教
　聞き取り調査時の被験者の宗教属性を見てみると仏教徒のみであった。被検者は寺院の祭事には必ず参加して地区で集会があれば、これにも参加している。日常的に仏教寺院などの宗教施設を利用しており、他の行政区と比べると、寺院を中心とした宗

教活動は活発である。「寺院の重要な祭事には必ず参加しており、1年に4回以上は寺院で奉仕活動を行う」とした者は14％であり、「1月に1回は寺院での奉仕活動を行う」が28％、「1週に最低1回は寺院の行事に参加するとともに、毎日、寺院およびその周辺地域の清掃活動を行っている」と回答した者は58％に及んでいた。

この地区での被験者の多くは地区の祭礼には参加しており、寺院で開催している年間行事を支援するとともに、日常的には僧侶に対しての飲食物の供物を提供すること、金銭を寄付するなどの行為は86％までの被験者が積極的に行っていた。

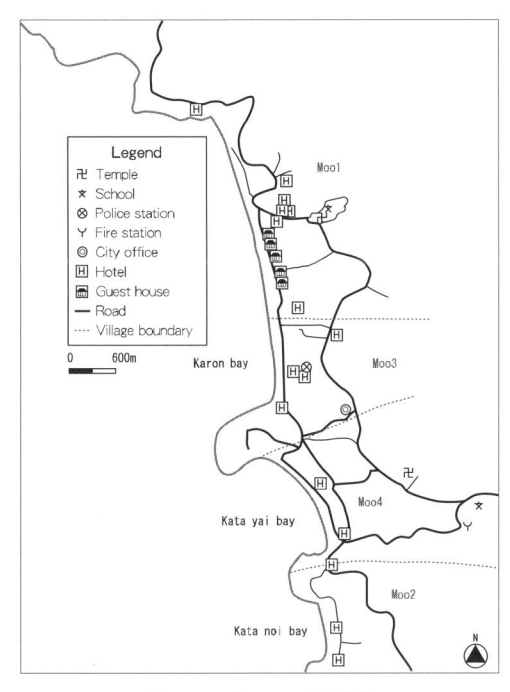

図4-14　カロンの施設分布

この行政区には、まだ、伝統的なタイ南部の農村的な人文景観が残っており、寺院は地域住民の交流ならびに地域コミュニティー活動の行うための中心地としての性格を担っている。被験者の交友関係についてみてみると、「宗教活動を通したつながりが中心である」とした者が25％、「仕事を通したつながりが重要である」とした者が24％、「仕事と宗教の両方を通したつながりがある」としたのが34％であり、「隣人同士の交友関係」としているのは17％に過ぎない。他の3行政区と異なって、地域コミュニティーが地域社会の重要な共同体であり、ここに居住者の生活基盤があって、さらに、共同体活動の中心部が寺院であること、地域社会はこれらの強固な交友関係が基盤である。

災害時・災害復興

沿岸地域に形成されている浜堤および砂丘の存在は、2004年津波災害時には津波侵入の障害となったために、被害は少なかった。しかし、海岸線に面して建設されていた木造平屋型の簡易レストランは半壊ならびに全壊した店舗もあった。幸いにして、死者を出すことはなかった。津波発生時に、上記の沿岸部の店舗では居住者は屋根に

這い上って、待機するとともに津波が引くのを待ったようである。一部に、沿岸地域での危機を感じて、急いで内陸側に駆け上がり、寺院に避難した者もあったようである。寺院が災害後の被災者の受け皿となっていた。

　津波災害からの復旧・復興の過程をみてみると、家族同士で助け合ったものが多いが、26人のうち5人は一人で店舗の復興作業を行ったと答えた。一人で作業を行ったと答えた者に共通することは、この地区の居住ではなく、店舗のみをこの地区に設置していた被災者である。即ち、他地区に住居家屋を持ち、この地区では店舗のみを出店して経営する者であった。彼らの所属している地域コミュニティーは別の地区にあり、就労地区には帰属する地域コミュニティーを持っていないということである。

　この行政区では、タンボン自治体が津波被害の程度に応じて、一人あたり最大3万バーツを支給しているが、この対応に対して不満の声を上げた住民はいなかった。

　カロン地区は、2004年の津波災害での被災状況も軽く、被災者数も少なかった。村落は比較的、地盤高の高い内陸部に位置していたことも手伝っている。しかし、津波が襲来した時に隣人どおしで声を掛け合って高いほうに逃げていたことはこの地域の特色であろう。

5-5　リゾート度と地域コミュニティーの活動に関係はあるのだろうか？

　2004年の津波災害による被害、ならびに、自然災害が発生した時4行政区における地域コミュニティーの避難行動と復興活動は異なっていた。

　日本では、防災活動と減災に向けた活動には、国・地方行政自治体、さらに地域での防災活動、災害軽減にむけた活動、個人の活動などが共存している。この場合、防災に向けた最小単位の地域活動は町内会や自治会といった地域コミュニティーであり、これらの地域社会に存在している組織活動に活動の基礎が置かれている。一方、タイの農村部では、村民が共同で寺院を建立しこれを維持し管理するという作業を共同で行ってきている。この中で、宗教を基盤として地域コミュニティーが構築されており、避難活動や災害復旧事業と復興事業でともに活動を行っていた。しかしながら、リゾート地域では地域コミュニティーが避難活動や復旧作業を共同で行っている地区は少なく、これらの活動は必ずしも顕著ではなかった。

　2003年の統計資料（Changwat Phuket 2003）によると、タイの信仰宗教別の人口比率は南方上座部仏教徒の比率が95.4％、イスラム教徒の人口比率が4％、キリスト教とその他の宗教の帰依率が0.6％であった。矢野（1967、1974）はタイ農村をくまなく調べた結果、南部タイでは定着農業社会が形成されていたこと、ワット（wat= 寺）を中心とした "klum（集まり）" が地域社会を支えていること、人口流動

性は比較的低いと指摘していた。しかし、この論考は1960年代までの状況であって、その後の社会は大きく変化している。

タイでは村が仏教寺院を管理することが多く（John E. de Young 1958）、寺院と小学校は農村の生活圏の中心部に置かれているとされており、家族構成員はワット（寺）と小学校を村落の生活共同帯の要であると考えて、寺院を支援するためにデック・ワット（タイ語では寺の子供という意味）集団を組織していたとされている。寺院や僧侶の活動を支えるための活動母体を組織して、ワット委員会と小学校委員会の二つの組織が寺院財政・寺院の宗教活動を担ってきているとも指摘されてきた（綾部1973）。南部タイでのイスラム教徒の宗教活動をみてみると、タイ仏教と土着的アニミズムを合わせたタイ的イスラム教であって、南部タイのイスラムの宗教的活動様式は仏教にも近似するものであり、中心的イスラム圏のアラブのイスラム教徒の行動とは異なっているとされている（矢野1967）。

プーケット県の信仰宗教別人口（Changwat Phuket 2003）を見ると、仏教徒70％、イスラム教徒25％、キリスト教とその他宗教が5％であった。この県では、その他のタイの行政県の中ではイスラム教徒比率が高いことが分かる。イスラム農村では、モスクが宗教活動の中心地であり、礼拝所である。イスラム教の宗教活動は仏教とは区別されるが、集落内では仏教徒とイスラム教徒は寺院で日常的な交流活動も行っている。また、定期的に開催される村市場での商業活動、ならびに、村落の祭りなどの行事を通して、宗教を超えた村民の交流も認められる。

カマラ行政区の場合、人口の9割までがイスラム教徒であり、行政区を作る6行政村にはイスラム集落がある。Changawat Phuket（2003）によれば、宗教別の施設数としてプーケット島内の集落に建設されているモスク数と仏教寺院数（一時的な僧侶の滞在場所を除く）は寺院54塔、モスク42軒、教会6棟であった。

富永（1986、1990）によると、近代化プロセスは「人口規模と人口密度が小さく、大部分の社会関係が地域内部に閉鎖されていて、大部分の住民が一次産業に従事する社会」から、「人口規模と人口密度が増加して、社会関係が地域内に閉鎖されず住民が非一次産業に従事する社会」への移行である。プーケット島では、1974年以降にリゾート開発が進んでいった結果、ポケットビーチの海岸平野の土地利用が大きく変化していった。さらに、域外からの人口流動が進み、ミャンマーなどの海外からの労働者も流入することで、非一次産業人口が一気に増加していったことを指摘できる。これらは上記の理論を援用すると典型的なプーケットの近代化プロセスを取っていることを指摘できよう。

1974年以降に観光開発が進んだプーケット西海岸の4行政区での土地利用変化と

リゾート化度の差異を見てみることで、各行政区のリゾート度の差によって災害軽減にむけた地域防災力が宗教コミュニティーの中にあり、これが中心にあった地区と近代化プロセスの中で宗教力が失われ、地域防災力を喪失した地域がある。このような近代化の波の中で、観光開発、土地利用が変化することで域外からの流入人口の増加は地域者社会の共同体の活動母体数を増加させることには関与したが、一方では、宗教活動と地域コミュニティー活動に無関心な新規住民を増加させることにも貢献したといえる。

高リゾート度の地域をみてみると、地域コミュニティーが共助的な活動を行うことはない。被災者は宗教施設を避難所とすることはあっても相互支援行動には結び付かなかった。観光業者、タクシー・バイクタクシーなどの運転手は労縁コミュニティーで互いの復興支援を行うことはあっても居住地域の地域コミュニティーでの支援活動は行わないこともわかった。

観光収入で歳入の大きい自治体は行政主体で被災者に仮設住宅を提供して、防災システムを整備している。低リゾート地域、すなわち、伝統的なタイ南部の農村的要素が強い地域では、多くの住民が宗教・地域コミュニティーに属しているために、経済性はないものの災害時・災害復興時に相互に支援活動を行う助け合いの作業をみることができた。このような地域は非自治区で自治組織としてタンボン評議会はあるものの財政・管理が弱い地域である。

リゾート度が高い地域では観光業への就労を目的として流入してきた新規住民が多く、生活や宗教の価値観は出身地によって異なっている。地域外からの就労者は生活・行動基盤を宗教組織と活動、地域コミュニティーにおいていない。しかし、高リゾート地域では観光業にかかわる特殊な労縁ベースのコミュニティーが結成されており、生活の相互支援を行っている。聞き取り調査からすると、津波襲来時に支援活動を行わなかったが、復興期に特殊な組織としての労働者組織が生活支援を行っている。地域コミュニティー、宗教を介在とした組織とは異なる新しいコミュニティーが創始されたのである。

パトン行政区は行政主導型のトップダウン方式で災害復興事業ならびに防災事業を担い、被災後2年でパトンビーチ内に防災システムを設置して防災訓練を行うようになった。観光客の適切な誘導のための防災システムは再構築された。低リゾート地区では、タイ政府が用意した被災者用の3万バーツを除くと経済的補助には恵まれていない。

被災時、災害復興時ともに寺院を中心とした宗教的な地域コミュニティーが生活支援を行っていた。中リゾート地区では地域コミュニティーの活動が活発ではなく、宗

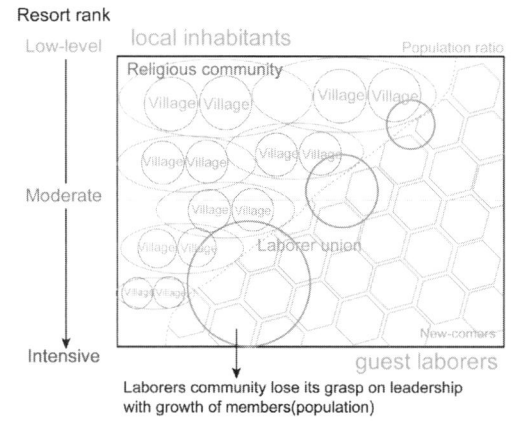

第4章　漁村から国際的リゾート地域に変化した地域での災害 —プーケット津波災害—　　111

図 4-15　社会変化による地域コミュニティーの変化

教を介在とした地域活動も緩やかに行われるのみであり、高リゾート化地区への移行がみられる（図 4-15）。

次に、自然災害が発生した際に対応する行政をみてみたい。タイの地方行政機構は地方行政制度と地方自治行政制度が並存している（図 4-2）。タイ中央官庁の監督下にある地方の行政制度は県自治体・市町自治体（テッサバーン）・タンボン自治体が支えている。プーケット島における地方行政の単位は大きな行政単位として県（Changwat; チャンワット）、次の単位が郡（Ampoe; アンパー）、小さい単位としては行政区（Tambon; タンボン）、最小単位である行政村（Muban; ムーバン）が並存している。行政村は住民生活における最小の自治行政の単位であり、自然災害が発生した場合には、この単位が災害復興時の活動を支えている。

プーケット県には、タラン（Thalang）郡、カトゥー（Kathu）郡、ムアンプーケット（Muang Phuket）郡の3郡があるが、これらが、さらに小さな行政区と行政村に細分されており（図 4-3）、最少の「公」の単位である行政区が2004年の津波災害時には災害復興に対応していた。

6　土地利用変化が地域の防災活動へ与えた影響

4行政区での土地利用変化は異なっており、リゾート化度の高い地域で土地利用変化は大きい。沿岸部の浜堤、後背湿地は人工的に掘削ならびに盛り土で改変されていき、大型のリゾート地域が進出していった。リゾート地域が拡大するとともに、域外からの流入人口が一気に増加していったために伝統的な地域コミュニティーが持っていた活動力は低下した。低リゾート度の行政区では、村落立地が自然災害の襲来を避けた地域を選定し、相互支援で避難行動を行っていた。高リゾート度の地域ではリゾート施設管理者・就労者は地域コミュニティーとは関係を持たずに、災害時ならびに災害復興期ともに相互支援を行うことはなかった。しかし、個別に労働者の活動をみて

みると同業者のコミュニティーが作られており、これを中心とした支援活動があった。地域コミュニティーとその活動、宗教組織との関係はリゾート度の差異との関係があることもわかった。

　プーケット島では、1980年代後半から急激な観光業に特化し、域外からの人口流入でリゾート開発が進んだ。特に、土地条件を考えない土地利用変化が進んだために、自然災害に対して脆弱である後背湿地にも大型リゾート地域が進出した。急速な土地利用変化とリゾート開発は地域コミュニティーを変容させていき、農村集落の性格を残している低リゾート度地域では宗教・地域コミュニティーが介在して防災活動を行っている。高リゾート地では地域コミュニティーの活動はなく、労縁ベースのコミュニティー活動へと変化していった。

　プーケット県西海岸は現在、県外や他地区からの転入は増加しているが転出はほとんどない。リゾート化でもたらされたのは宗教を中心とした地域コミュニテイ-に属さない新規住民の増加である。タイ農村の集団形態から地域防災力を考えるとリゾート度が高い程、地域活動に機能しない人口数を抱えて共助能力を欠き、すなわち防災力が減少してしまう。津波被災直後の避難行動を見ると、被災民はまず内陸部の宗教施設に避難しており、宗教施設は地域にたいしての影響力が大きい。地域コミュニティーを自主防災組織の拠点とすることは有効であるが、将来的にみれば地域コミュニティーには属さない新規住民を地域防災に組み込む手法が問われている。

　低度リゾート地域は、南部タイ農村の代表的なコミュニティーである宗教コミュニティーに村民の大部分が属すために、地域防災の担い手として機能しうるのであろう。リゾート度合いが中程度、高程度になるに従って、「出稼ぎ」や労働などの新規住民の割合が増加し、伝統的なタイ農村民の持つ行動規範とは異なった、自己主張型の行動へと移行する。リゾート度の上昇によって、農耕社会が保有していた地域コミュニティーの地域内での活動に変化が生じていることを示す。

　プーケット島のみならず、リゾート地域では日常的にその地域で居住している人口は少なく、労働者も当該地域の環境をよく理解しているわけではない。リゾート地は、いわば「都市」と同じであり、地域の防災システムをあらかじめ作成しておく必要がある。また、自然災害軽減にむけて、土地条件を考えた土地利用の計画手法が必要であるともに、地域社会構造の変化を考えた地域防災力が必要である。このような視点から、減災にむけた地理学者からの提案がもとめられている。

参考文献

綾部恒雄（1973）：タイ農村における集団の形態―ワット委員会，学校委員会の機能分析を中心とし

て一，東南アジア研究，10（4），583-594.
岩田隆一（2002）：タイ観光論，くんぷる，84-86.
河田恵昭・鈴木進吾・越村俊一（2005）：大阪湾臨海都市域の津波脆弱性と防災対策の効果の評価，海岸工学論文集，Vol. 52，1276-1280.
後藤和久・今村文彦・P. Kunthasap・松井孝典・箕浦幸治・菅原大助（2006）：2004年インド洋大津波によって形成された津波堆積物の特徴―タイバンサックビーチの研究例―，津波工学研究報告，23，51-56.
タイ地質局（2004）：プーケット地質図（25万分の1縮尺）
富永健一（1986）：社会学の原理，岩波書店.
富永健一（1990）：日本の近代化と社会変動，講談社学術文庫.
春山成子（2006）：プーケットの津波災害と寺院，地理，51（4），102-112.
春山成子・水野智（2007）：2004年福井水害にみる災害特性と地域防災力に関する考察,自然災害科学,26（3），307-322.
春山成子・辻村晶子（2009）：最少単位としての「地区」の防災活動―2004年豊岡水害の事例から―，E-journal GEO，4（1），1-20.
林 香織・春山成子・三浦正史（2007）：タイPhuket島のポケットビーチにおける海岸微地形と津波災害脆弱性，自然災害科学，26（1），21-41.
松冨英夫（2005）：タイのKhao LakとPhuket島における2004年スマトラ島沖津波とその被害，海岸工学論文集，52，1356-1360.
水野浩一（1981）：タイ農村の社会組織，創文社.
中矢哲朗・丹治肇・桐博英（2005）：インド洋津波によるタイ南部農業被害の現地調査，海岸工学論文集，52，1361-1365.
山崎丈夫（1999）：地縁組織論―地域の時代の町内会・自治会，コミュニティー，自治体研究社，129-135.
矢野 暢（1967）：南タイの土地所有―タイ・イスラムの村落におけるケース・スタディ―，東南アジア研究，5（5），804-833.
矢野 暢（1974）：南タイ農村の発展史的把握（1）―派生村形成の社会過程―,東南アジア研究,12（1），49-65.
Changawat Phuket（2003）：Statistical year book.
John E. de Young（1958）：Village Life in modern Thailand, Berkeley and Los Angeles Publishers.
Thai government public administration（2001）：Local government administration in Thailand.

第5章
田園空間と伊勢神宮を取り巻く地域の変化

春山成子・酒井香織・松本真弓

1 河川流域の土地利用変容をどうとらえるのか

　河川流域は水源地域から下流平野と河口部まで、林業地域としての開発、鉱山都市経営、水田および畑の耕地開発、都市化による都市面積の拡大、工業地帯の開発など、異なる社会状況のなかにある。近世および近代の、営々とした人間活動の歴史的な経過は、それ自体変化しているものであるが、流域内の土地利用も、また、刻々と変化し続けるものである。さらに、土地利用変化は社会構造の変化にも関与することが知られている。

　中山間地域に多い棚田は土地利用変化の中で、少子高齢化をむかえるとともに担い手を失った農業地域で過疎化が進行している。過疎化地域は限界集落へと変化させ、耕作放棄地の面積も増加しつつある。このような中で、棚田が放棄されて林野に戻った地域も多い。棚田は畑や果樹園などに変更して、農業が営まれる姿が見られる。昭和40年代では、道路の沿線の植樹で花木栽培への転換がはかられた地域も多い。一方、下流地域は政治文化的活動の中心であり続けている地域では農業地域が都市に変化し、工業地域として開発を受けて、平野部での変化の度合いも顕著である。

　1960年以降の急激な土地利用変化は三重県のどの河川流域でも認められる。さらに、防災堤防、道路、灌漑排水などの施設整備が進められている。河川流域の変貌は流出変化をもたらし、強度降雨で思わぬ水害を併発することもある。洪水の駆動力として降水、それを受け止める水害地形、さらに、伝統的な社会では土地条件を基礎とした土地利用が変化することによって洪水時の流水の遅れを促し、流量調整を可能としていたバッファーゾーンの面積などの減少も、災害の増大の要因として挙げることができよう。自然災害の被害規模には地域的変差が付きまとうのである。

第5章　田園空間と伊勢神宮を取り巻く地域の変化

伊勢神宮の門前として成長を遂げた町を抱える伊勢平野で、近年の土地利用変化と災害について知ることが将来に向けた当該地域の土地利用計画への礎となろう。低平なデルタ地域で安全・安心を考慮した地域計画のあり方が問われている。

2　宮川流域はどのようなところか？

宮川は三重県南部を流れる一級河川である。国土交通省が行っている全国の一級河川における水質調査を見ると、BODの平均値が0.5mg/l（75％値0.5mg/l）を記録しており、平成3、12、14、15、18、19、20年ともに、宮川の平均水質は全国の河川ランキングで1位であった。「森の番人」と呼ばれる水もこの河川の売り物であり、全国有数の清流として知られている。この水は大台ケ原山系を源流としており、その後、大杉谷峡谷を穿ち、宮川ダムで一時貯留をするが、中山間部を先入蛇行して流れている。大内山川などの支流をあわせて伊勢平野に出る。河口付近では、さらに大湊川を分派して伊勢湾に注ぐ。宮川上流は深い谷を刻んでいるが、中流地域は河岸段丘が形成されている。土砂流量の大きな宮川は下流域まで礫床河川であって、平野の出口から扇状地と扇状地的三角州を形成している。

宮川下流平野の地形分類図には、旧宮川が形成した中州性微高地と自然堤防がパッチ状に示されている。その微高地を縫うように網目状の旧河道が分布している。宮川の河口部はラッパ状の形態であり小河川に分派し伊勢湾に注ぎ、感潮区間に特異な地形を発達させた。デルタは扇状地的であり、外城田川に見るように湧泉でうるおされる支川を合流させている。土地利用の高度化も手伝い、旧河川はかつての姿を残してはいない（図5-1）。

宮川の幹線流路延長は91km、流域面積は920km²、計画高水流量（岩

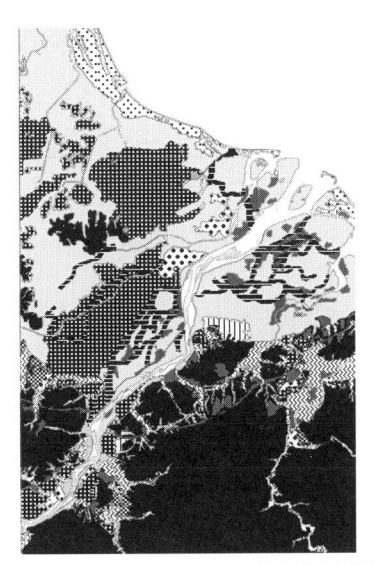

図5-1　宮川下流地形分類図

出地点）は7,600m³/s（昭和13年より）である。流域面積に占める山地は91.1％、平野は7％に過ぎない。平成16年9月29日に、三重県内では台風21号の雨風で洪水被害を受けているが、宮川流域でも上流で土砂災害が発生し、河床には多くの土砂が堆積、下流では越水氾濫で河川流量は7,800m³/sと既往最大を超えたために、浸水面積は174haに及んだ。この時の全半壊数は33戸、床上浸水家屋数は184戸、床下浸水家屋数は86戸の被災を受けた。伊勢市では自主的防災組織の活動に支えられ被害者数は抑えられた。宮川流域の被害総額は家屋被害、家庭用品被害で5億9千4百万円、平成18年には総事業費114億円で床上浸水対策特別緊急事業も実施された。宮川の堤防復旧、築堤強化、河道掘削なども進められた。

3 宮川の洪水の歴史

平成16年洪水は宮川下流平野に大きなダメージを与えた。実は、宮川流域の歴史

表5-1 宮川の洪水の歴史

元号	西暦	詳細
養老元年	717年	大風洪水あり、外宮瑞並御門一部流失した。{神延紀年}
延暦4年	785年	9月16日暴風雨洪水があった。内宮正遷宮の式日に当たったが、18日に変えられたのはこのためである。{大神宮諸雑記}
同4年	785年	8月26日、風雨のために洪水があり、宮川堤が潰れた。{伊斎舊蹟聞書}
仁壽2年	851年	8月28日、大兩洪水により月讀宮・伊佐奈岐宮が漂流した。
貞觀15年	873年	8月13日、大風雨によって宮川が洪水し、市中の牛馬、人家の流失あり、外宮御垣は漂流したが、正殿の許一丈の所で水は井の如くに地中に流入した。
承平5年	935年	9月14日夜、風雨の為、五十鈴川氾濫し、神御衣祭に奉仕した宮司以下退散するを得ずして宮中に宿番した。
天歴7年	953年	9月14日、風雨洪水の為、神官等五十鈴川を渡るを得ず、二晝夜宇治山に逗留して16日に乗船して宮中に参向した。
長歴4年	1040年	7月26日夜、暴風雨洪水を起こし、27日宮川氾濫して市中海となる。外宮の正殿・東西賓殿・御垣・御門等殆ど倒潰した。
永承5年	1050年	9月25日、大風雨洪水にて諸川氾濫し、五十鈴川は一時不通となり、勢田川の小田橋が流失した。
承歴3年	1076年	5月27日、風雨洪水にて五十鈴川氾濫し、内宮外院舎屋五字を漂流せしめた。
保安2年	1121年	8月25日、風雨によりて宮川洪水市中に溢流し、外宮正殿下の水深2尺に及んで天平賀を流損せしめた。
同4年	1121年	8月22日にもこの事があった。
延慶3年	1310年	8月28日、風雨洪水の為、外宮心御柱絹布が流失した。
宝徳元年	1449年	6月15日、五十鈴川洪水によって風宮橋が流失し、忌火屋殿が壊れた。宮川もまた溢れて八社奉幣使も渡るを得なかった。
寛正6年	1465年	6月朔、風雨の為五十鈴川が氾濫し、風日新宮が漂流して、宇治橋に懸ったので、同橋も中断した。
文明元年	1469年	8月11日、風雨洪水して宇治今在家・岡田等の民屋敷数十戸及び宇治假橋も流失。
明應4年	1495年	8月8日、風雨大洪水あり、五十鈴川が溢れて風宮・宇治両橋墜落し、岡田郷の民屋50余戸流失し、溺死者50余人あった。五禰宜守晨・七禰宜守武も流されたが、楠部村に留まって命を助かった。
明應7年	1498年	6月28日大風雨、宮川氾濫の為に山田人民は宮山井に高宮地に避難した。
弘治3年	1557年	8月26日、大雨洪水のため宮川堤が壊れ、久留・二俣・浦口邊の民家流失し溺死者もあった。
永緑9年	1566年	閏8月4日大雨洪水で宮川堤が切れた。
天正14年	1586年	8月朔、大雨五十鈴川洪水にて風宮・宇治の両橋堕ち、流家溺死者もあった。
正保元年	1644年	8月25日及び29日に大風雨あり、宮川堤は三百間計切れ、山田中川原・新町・高柳・走下邊の民家多く流れ、溺死者もあり、外宮の殿舎・樹木の被害も多くあった。

第5章　田園空間と伊勢神宮を取り巻く地域の変化　　117

をみると、河川の度重なる洪水が伊勢神宮の歴史経過に大きく関わっている。県史、市町村史から、宮川流域の洪水の歴史を探ってみた（表5-1）。養老年間以降、伊勢神宮とこれを支える御塩田、その他の低平地に確保されている施設、外宮、内宮では洪水との闘いの歴史であり、五十鈴川氾濫、勢田川落橋、宮川氾濫が続いていた。

4　宮川の土地利用の変化

　旧版地図の明野、伊勢図幅（国土交通省国土地理院、縮尺　2万5千分の1）を用いて、おおよそ20年ごと、土地利用データを図化してみることにした。当該地域では、神社を支える町として展開したことを踏まえると、宅地・市街地の展開過程、水田、畑地、果樹園、茶畑、桑畑などの土地利用の変遷を見出すことができる。
　名古屋から賢島に向かう近鉄線には伊勢神宮を参詣するための駅として、徒歩圏内に伊勢市駅と宇治山田駅の二つの駅がある。
　1889年に宇治8カ村と山田22カ村が合併して宇治山田町となった。宇治は内宮の門前町であり、山田は外宮の門前町として性格を持っている。昭和16年には、市町村合併が再度行われ、度会郡神社町と合併している。さらに、昭和18年には、大

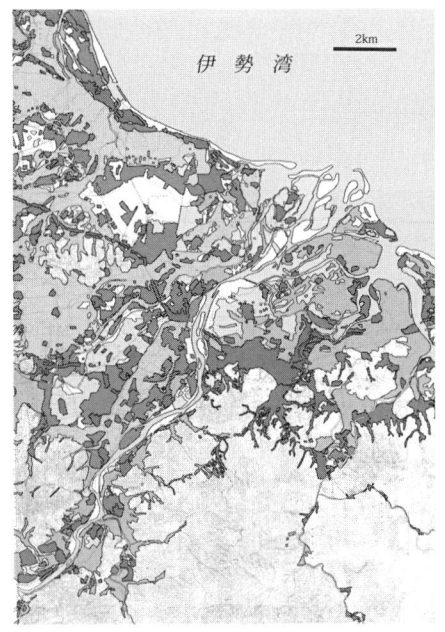

図5-2　大正9年頃の土地利用 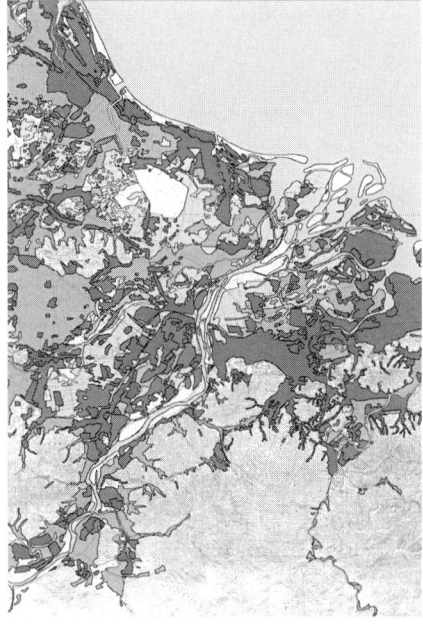　　　　　図5-3　昭和12年頃の土地利用

図 5-4　昭和 34 年頃の土地利用　　　　　図 5-5　昭和 57 年頃の土地利用

　湊、宮本、浜郷が合併し、昭和 30 年には豊浜、北浜、四郷、城田、沼木、玉城をさらに合併して、宇治山田は拡大していった。合併されていった町村も神領地であって、伊勢神宮を中心として町が展開してきた宇治山田と深い結びつきのあった町村であった。伊勢平野においては「海の参宮」というルートもあるように、海上交通も極めて重要な公共交通網であったため、大湊は宇治山田の外港としての役割を持たされていた。東海諸国の御厨、御園から、伊勢神宮への献品のための生産品を受けいれた窓口であった。また、宮川の河口部には大塩屋御園があり、塩焼きも行っており、これらは現在も伝統的な技術が伝承されている。
　市町村合併を繰り返した伊勢平野は社会構造の変化とともに、土地利用も大きく変化している。次に、この平野の土地利用変遷を見てみたい。大正 9 年から昭和 14 年において、顕著に認められるのは養蚕需要が減少した社会的な背景のもとで桑畑が一斉に蔬菜などの畑地地帯に変遷したことである。扇状地並びに扇状地的三角州を背景として成立した水田地帯では、農地整備が行われ灌漑水路が碁盤目状に設置されていった。

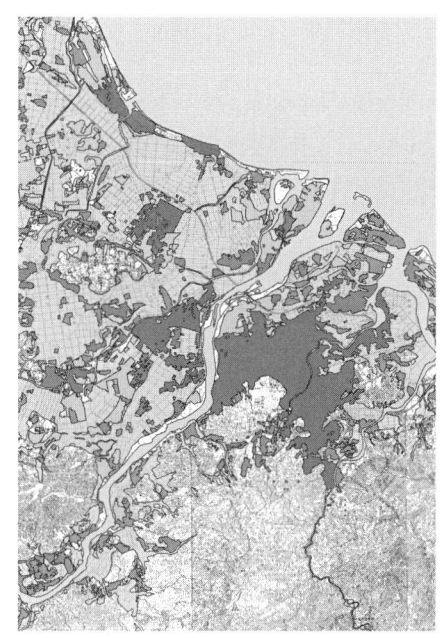

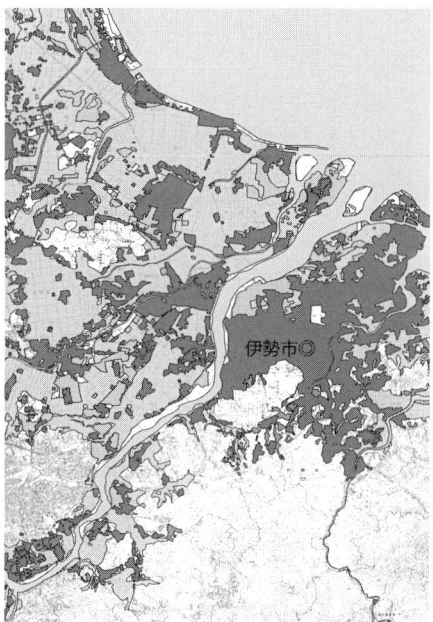

第 5 章　田園空間と伊勢神宮を取り巻く地域の変化　　　　119

図5-6　平成10年頃の土地利用　　　　図5-7　平成19年頃の土地利用

　昭和14年から、戦後の昭和34年にかけて、引き続いて桑畑面積は減少していき、蔬菜などの都市近郊によくみられる畑へと変容している。その一方で、近鉄名古屋線、参宮線などの公共交通網が整備されていくと、伊勢市駅を中心にして市街地が北東方向にむかって拡大している。この時期に扇状地での果樹園の面積が拡大しており、湿田は排水路の建設が進むと、乾田に変化していった。

　第二次世界大戦の後、昭和30年代〜昭和50年代の後半では、さらに道路整備が進み、近鉄の各駅には商店街ができ、宅地面積が拡大している。また、圃場整備も進み、短冊状の水田に形が変わっていった。河川沿いに展開していた桑畑はほぼ消滅している。丘陵地は河岸段丘面に集合住宅が進出すると、切り土、盛土地などの人工改変地が増加していき、さらに、市街地面積は急激に増加している。また、宮川の形成した氾濫原低地にも宅地が進出している。洪水の多発していた宮川および勢田川の河川整備が進むと、河道景観も変化していった。宮川三角州では中州微高地が姿を消している。現在、輪中で囲まれた集落が一部にのこされているものの堤防で堤内地と堤外地に分離されると河道内の集落は撤退していった。ついで、三角州平野で宮川から分派していた馬瀬川も河川整備の後に川幅は狭められた。かつての河道の一部は水田

として利用されることになった。その一方で、伊勢茶を生産する茶畑やミカンなどの果樹園が増加している。

　昭和57年から平成10年を見てみると、市街地面積は拡大しているが、市街地の広がりは、外宮周辺から内宮周辺にむけて広がりを見せるものの、市街地内部ではシャッター通りと化している地区もあり、車社会の定着によって生活場には変化もある。この時期、集合住宅の設置で、丘陵地にはひな壇成型した人工改変地がさらに増えていった。平成10年から平成19年を見てみると、市街地面積は広がりを見せているが、わけても氾濫平野での宅地変化が大きい。

　宮川の下流平野の土地利用景観は、全体的にみると、昭和34年頃までの土地利用景観には平野の微地形特性が活かされているが、昭和57年以降は無秩序に、宅地化や市街地の拡大がみられる。氾濫平野・後背湿地・旧河道上でも宅地化が進み、超過洪水が起こったときの浸水被害が懸念される。

　宮川下流域の土地利用は昭和30年代〜50年代にかけて道路整備や鉄道の開通、農地整備・農業の形態変化などで著しい変化が見られる。昭和57年以降は、整備事業・建設等が完工し、加えて過疎化の進行も伴い土地利用の変化は減少していく。昭和30年代以前は、地形の特性が活かされた土地利用が行われてきといえる。しかし、昭和50年以降は、宅地化、市街地がスプロールしている。図には宅地化が増加した地域を年代別に示しているが、土地利用景観は氾濫原と旧河道上の宅地化が顕著であり、水害地形の立場からすると、水害リスクの高い地域への宅地の進出で、将来の災害の発生率が高められるように感じられる。過去数回にわたって浸水被害を受けている地域では災害軽減を含む土地利用計画論があってしかるべきであるが、必ずしも土地利用政策にまで踏み込んでいない。防災施設の設置のみならず、住まい方を見直す工夫も必要であろう。

5　地域計画について

　地域計画には自然環境・人文環境の両面から、相互理解ができる方策が好ましい。また、住民が居住環境をよく理解し、従来、地域が持っている「風土性」などの地域特性が活用できるようなものが望ましい。当該地域の自然条件や公共的条件、環境・安全・快適条件が必要である。伊勢市の都市マスタープランをみてみると、地域ごとの課題に応じた都市づくりの整備方針を市民の参加・参画によって定め、都市づくり・まちづくりの総合的指針を目的に三重県都市マスタープランを上位計画として策定されている。

都市づくりの理念は素朴で美しい伝統的な姿を守り育てる「生成り」の精神、先進的な文化を生み出す「はじまり」の精神、将来都市構造として新しい出会いを作る交流都市、住む者を魅きつけ安心を約束する共生都市像が伊勢市にはある。都市づくりの目標として交流・交歓を育む都市、個性ある歴史文化を継承する都市、自然風土と共存する都市、活力と成長を生む都市、多様性を支える都市、安全と快適を維持する都市が挙げられている。これらを育む土地利用ゾーンについて自然環境保全を柱として誘導し、無秩序な市街地拡大を抑えて既成市街地や規制集落の再整備したコンパクト都市づくりが目指されている。

保全と開発の在り方をバランスさせた都市形成にむけ、現状の自然特性、土地利用特性、基盤整備を尊重しつつ土地利用ゾーニング導入を考えている。伊勢志摩の中心都市であり、周辺との連携を強化する。歴史文化を尊重した交流拠点の形成ももりこまれている。

また、伊勢市では「都市が形成されると、河川は人びとに潤いをもたらすと同時に、時には増水して災害をもたらすようになりました。自然風土と共存・共生していくためには、河川が育む生態系へ配慮し、親水空間を維持すると同時に、都市の安全性を確保しなければなりません。上流域の森林を保全し涵養機能を高めるとともに、自然環境に配慮しながら、河川改修による安全性の向上、排水施設の整備、流出抑制対策の推進に努めます。」としており、洪水氾濫防止にむけた総合的治水対策が考えられている。その上で、多自然川づくり、親水空間の生成、水辺空間の再生も重要な視点として検討課題である。防災にむけ、宮川、勢田川を筆頭にして、桧尻川、五十鈴川の改修、大堀川、江川、外城田川ほかの河川改修と環境整備がと盛り込まれている（伊勢市都市マスタープラン全体構造　2009年策定より）。

この地域をつくる構想には洪水防御に対し河川改修と排水機場が最も有効な対応手段としているが、平野の地形特性を考慮した土地利用提案への具体的な内容は明確ではない。宅地や施設などは、生活の利便上、営業活動の立地条件上、先祖伝来の土地など、さまざまな利害や要因があり転居・移住には困難が付きまとう。減災を考慮した土地利用は100年〜200年に一度の確率がターゲットであるため、低頻度であるために住民感情、行政の理解は複雑である。転居・移住を行わずに浸水対策をする方法には、伝統的な　①氾濫水を建物から遮断する（塀や土手で囲む）、②盛り土を行い、基礎を高くする、③二階建てにする（屋根・天井に避難用・家財持ち上げ用の開口部を設置する）などの手法、氾濫常襲地の遊水地化への階梯など、予測不能な自然災害に備えるための伝統的な防災のための手法もあろう。水害地形的な視点からの長期展望に向けた土地利用を考える時期に来ている。

自然堤防や微高地・段丘上に宅地を、氾濫原や後背湿地に水田や畑をといった土地利用は、ハードインフラストラクチャーの整備のみではカバーし切れない自然災害に対するソフト面での防災機能を果たすことができる。無秩序に進行していく宅地拡大について抑制することは可能であるが、すでに人々が生活を営む地域において居住地の再移動には、さまざまな利害が生じ、困難である。超過洪水時に浸水被害が予想されている地域や、地震時に液状化の恐れが懸念されている地域でありながら、それでも家屋の移転は不可能である。そういった地域については、建築物の耐水化や建設設備、建設基準を設定して現状の土地利用を災害から守る手立てを地域計画の中に組み込み、長期的な住み分けにむけた指針も必要であろう。

6　景観形成に向けた伊勢平野の動きとその背景

地域が保有している有形無形の景観を保全・保護することの重要性が取り上げられるような素地が整い、文化景観や歴史的景観を配慮した都市計画・農村計画のあり方が問われるようになった。また、文化庁の新しい枠組みの中で「重要文化景観」の設置とこれにかかわり、各々の地区で景観保護をうたう景観条例の制定と景観保全団体の設置なども積極的に行われるようになった。

行政、事業者のみならず、そこに居住する住民がイニシアチブをとり、住民参加型で文化的景観を生かしたまちづくりへの議論が各地で盛んに行われるようになった。景観に配慮した街づくりを行うには、1）住民の暮らしにおける利便性が損なわれていくのをどのように解消するのか？　2）景観保全にかかわる考え方は地元住民と観光業者等の間では大きく意見が食い違うことが多いがどのようにこの差異を解消できるのであろうか？　3）重要文化景観に指定されている地域でも時間経過のなかで景観的に統一された町並みになっていない等の問題点も出ている。地域住民の総意で流域管理中にも、農村計画の中でも、都市計画の中でも計画枠組みで、どのように景観保全を生かしていくかが課題である。

ここで取り上げる景観は、「地域における人々の生活又は生業及び当該地域の風土により形成された景観地で我が国民の生活又は生業の理解のため欠くことのできないもの・文化財保護法第二条第一項第五号」と考えている。ここで取り扱う宮川・勢田川の河川流域が創り出してきた「水辺空間」と調和したかつての問屋街の文化的景観を重要なキーファクターとして位置づけてみたい。平成17年4月以降、都道府県の申し出で文化庁が「重要文化的景観」を選定することになった。重要文化景観の選定地域は以下に示す。水辺をうたう景観地域、少数民族の居住地域、民話に描かれた地

表5-2 重要文化的景観として選定された場所（平成22年度1月現在）

名称	所在地	選定年月日
近江八幡の水郷	滋賀県近江八幡市	平成18年1月
一関本寺の農村景観	岩手県一関市	平成18年7月
アイヌの伝統と近代開拓による沙流川流域の文化的景観	北海道沙流郡平取町	平成19年7月
遊子水荷浦の段畑	愛媛県宇和島市	平成19年7月
遠野荒川高原牧場	岩手県遠野市	平成20年3月
高島市・海津・西浜・知内の水辺景観	滋賀県高島市	平成20年3月
小鹿田焼の里	大分県日田市	平成20年3月
蕨野の棚田	佐賀県唐津市	平成20年7月
通潤用水と白糸台地の棚田景観	熊本県上益城郡山都町	平成20年7月
宇治の文化的景観	京都府宇治市	平成21年3月
四万十川流域の文化的景観	高知県高岡郡	平成21年3月

「文化庁月報 平成21年度3月版」より作成

域、絵図に区割り残る農村が取り上げられている。

　大河直躬（1997）は文化財保護、景観地域の地元商業の活性化、景観保全にむけ地域コミュニティーの活性化、景観保全を通して居住空間のアメニティが向上、都市・農村が持つアイデンティティの確立、環境保全・管理にむけた適切な管理計画、歴史的遺産を保存・活用により建物の寿命を延ばし、地元材利用を促進させる効果を指摘している。重要文化的景観の指定は林野・耕作地・水路・河川・宅地・商業スペースなどの総合的かつ統合的な地域管理を促進し構造物の保存・改修も含め地域コミュニティーの施設、体験型施設、文化・教養施設、公共・教育施設、観光・商業施設、事務所施設などが創出されるばかりか、地域特性をローズアップさせランドマークとしての重要な役割を果たすものである。

7　景観整備で揺れる地域

　伊勢市には伊勢神宮ほか125社などの信仰対象がある。勢田川を通して陸の参宮路と海・川の参宮路の「道」を結節させた遺跡もある。「おかげ参り」で江戸庶民が伊勢神宮への街道に向かい近世を通じて賑わっていた街道もある。参宮路には江戸からの長旅を忘れさせるような物見遊山の雰囲気もあったろう。森閑とした社叢林のなかに立つ外宮の御祭神は豊受大御神で、この神様は衣食住をはじめすべての産業の守り神とされ、内宮の御祭神は天照大御神で皇室の御祖先の神で、日本人の総氏神とされている。現在も、正月に伊勢神宮を訪問する参詣客数は多い。二見が浦、志摩半島のリアス式海岸への観光、鳥羽水族館、継承される海女文化などに触れるために訪問する観光客も多い。宮川下流地域を担う伊勢市では、景観条例を計画するために、景

観行政団体の指定を平成19年には景観整備に向かって動き出している。まちなみ保全条例が制定されると、二見地区およびおはらい町地区での景観整備を手始めに広域にわたる景観保全にむけた取り組みを行っている。宮川下流平野の一部をなす「河崎地区」に残されている世古のある町、蔵のある町の文化的な街並みを将来にむけて保存することも手掛けている。住民と行政相互の活動によって、歴史的な景観づくりへの合意形成にむけた動き、人々の心に働きかける景観（＝心象風景）とその成立要件、景観保全を生かした地域づくりにむかっている。

7.1 河崎地域とは

近世を引き継ぐ生活・文化が根ざした景観を残しているのが河崎地区である。河崎地区は伊勢市の中央部に位置し、勢田川が形成した自然堤防状に立地している。主たる土地利用は住宅用途であるが、1丁目は商業・業務系、2丁目では店舗兼住宅、3丁目は専用住宅街であり、3つの地区は異なる景観がある。海の参宮路として、近世では水運が盛んであり、水運を生かした伊勢神宮への参拝客を迎えて、宇治・山田といった伊勢神宮の門前町に物資を供給する問屋街としても栄えていた。

河崎町の人口数は2036人（男性932名、女性1104名）であり、人口密度は0.078人/m^2、世帯数は847世帯である。しかし、伊勢市内でも少子、高齢化は進んでおり、この河崎町も高齢化率が35.22％と高い（平成19年）。三重県内の市町村の高齢化率の平均は23.1％（平成20年度）であり、これと比べても高齢化率は高いことがうかがわれる。昭和55年度現在での人口数が3,297人に対して、平成17年現在の人口数は2,036人であり、人口数の減少に拍車がかかっている。

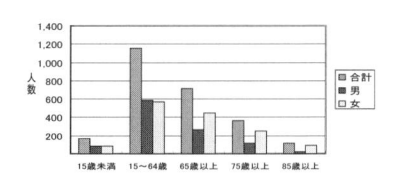

図5-8　河崎地区の人口構成
（平成17年度国勢調査結果より作成）

7.2 景観形成に関する政策的展開

2003年7月「美しい国づくり政策大綱」では、国土交通省は公共工事に際し、景観に配慮・調和を重視する基本的な姿勢を示しており、地域の個性重視、美しさの内部目的化、良好な景観を守るための先行的・明示的な措置、持続的な取り組み、市場機能の積極的な活用、良質なものを長く使う姿勢と環境整備の重要性を示した。政策的には、1）事業における景観形成の原則化、2）公共工事における景観アセスメントの確立、3）分野ごとの景観ガイドラインの策定等、4）景観に関する基本法制の策定、5）緑地保全・緑化推進策の充実、6）水辺・海辺空間の保全・再生・創出、

7）屋外広告物制度の充実等、8）電線類地中化の推進、9）地域住民や NPO による公共施設管理の制度的枠組みの検討、10）多様な担い手の育成と参画推進、11）市場機能の活用による良質な住宅等の整備促進等、12）地域景観の点検促進、13）保全すべき地域資源データベースの構築、14）各主体の取り組みに資する情報の収集・蓄積と提供・公開、15）技術開発が示された。

　2004 年 6 月に制定された景観法は日本の都市、農村漁村等における良好な景観の形成を促進するために制定された法令であり、景観法と同時に公布された景観法の施行に伴う関係法律の整備等に関する法律、都市緑地保全等の一部を改正する法律と合わせて「景観三法」と呼ばれる。この基本理念は良好な景観は地域の持つ固有の特性と密接に関連し、地域住民の意向を踏まえて地域の個性を伸ばすために地域形成を図るところにある。良好な景観は観光や地域間交流を促進するための役割をも担っている。地域の活性化にむけ、公共団体や事業者と住民などのステークホルダー相互が一体的な取り組みをすべきものと考えられている。

　景観形成は景観保全のみならず景観創出も含む。良好な景観形成にむけ知識普及・啓発で住民理解を深め、ステークホルダーの役割分担を踏まえ自然的社会的条件に応じた施策が必要である。事業者は土地利用等の事業活動で良好な景観の形成に努め、公共団体の実施する景観形成に関する施策に協力することが上記の景観法では示されている。住民には景観形成への理解と役割を果たすよう努めること、公共団体の施策に協力することも盛り込まれている。景観計画は景観行政団体が策定して届出・勧告を行い、景観形成に関する事項を定め、道路や河川も景観重要公共施設として、景観に配慮した整備を考え、建築物等の形態、色彩、意匠等に関する変更命令も可能としている。

　景観保全に関わる三重県の動きを見てみたい。2006 年 12 月に三重県景観シンポジウムが開催され、景観行政に関する啓発活動の一環として、三重県県土整備部景観まちづくり室が主催して、有識者、為政者、市民などが三重県内の景観まちづくり活動の事例について発表し、シンポジウムを開催するようになった。2007 年 12 月には三重県景観計画が策定され、2005 年景観法の施行によって景観行政を担う景観行政団体に三重県が指定されたことから、県内全域で景観行政を展開するため広域的行政主体から長期的、総合的な視野に立った景観づくりの目標や基本方針を示す「三重県景観計画」を平成 19 年 12 月 4 日に定めた。同年の、2007 年 4 月に三重県屋外広告物条例の改正で屋外広告物に関する取り締まりの条例が景観法の策定を受け改正している。

　2009 年 4 月では、三重県景観整備機構が設置されて、民間団体や県民による自発

的な景観の保全・整備の一層の推進を図ることを目的に、良好な景観形成を担う主体として、一定の景観の保全・整備能力を有する一般社団法人等を景観整備機構として指定できるとした。

伊勢市の景観政策・法令等を「伊勢市史 2003 年版」からみてみると、1988 年 4 月に伊勢市まちなみ保全条例の制定、伊勢市の町並みを保存する目的で、市民が市への署名を募り、制定された条例として発足した。内宮おはらい町をまちなみ保全地区とし、条例対象地区の風土に合う純和風の建築物を建てる場合、市の低利子融資が可能になった。2008 年 3 月には伊勢市は景観行政団体として指定され、伊賀市、四日市市、松阪市に続いて県内で四番目の景観行政団体としての指定を受けた。2009 年 10 月には伊勢市景観計画の策定が行われ、景観行政団体としての指定を受けて景観計画策定を行い、ここで内宮・おはらい町地区と二見茶屋地区を重点地区とし、建築物の高さを 10m 以内に留めるように制限を加えるような活動が始まった。

8　勢田川の景観形成

8.1　景観形成のあゆみ

勢田川は宮川水系にあり、河川勾配は小さく干満の影響を受ける河川である。しかし、海の参宮路として水運の利便性に富むため物流の経路として利用されてきた。伊勢神宮がその地位を確立すると、内宮の門前町である宇治、外宮の門前町である山田が生み出され、近世の伊勢神宮に庶民の参拝客が増加することで宇治山田は市場町から門前町へと移行した。この時期に市場町として河崎地区が注目されることになった。その後、七夕豪雨（昭和 49 年 7 月 6―7 日）ほかの災害で勢田川では大きな河川改修のエポックをむかえることになる。

写真 5-1　伊勢神宮の鳥居　　　写真 5-2　河崎地区内における勢田川護岸

第 5 章　田園空間と伊勢神宮を取り巻く地域の変化

写真 5-3　改修計画により建設された排水機場　　　写真 5-4　堤防改修による立ち退き跡

　宮川水系は昭和 50 年 4 月に一級河川に指定され、昭和 51 年 7 月には、勢田川で全国初の河川激甚災害対策特別事業が開始し、全直轄区間の河川の浚渫、川幅拡張、特殊堤防及び護岸、有堤区間の堤防を補強、河口部の防潮門及び排水機場を建設に向かった。

　勢田川の改修計画に伴って、流域内の立ち退き計画(246 戸)が発表された。この後、河川改修計画に反対する沿岸住民は伊勢市勢田川科学調査団を独自に結成することになる。洪水発生の原因には、感潮河川に対する満潮時対策の不備、内水、とくに市街地に降った雨の処理、排水対策の遅れ、下水道施設の不備、整備の立ち遅れ、勢田川上流部の乱開発による流出雨水の増大、鉄砲水、土砂流出、遊水池、水田などの遊水地の減少、旧河川の大量埋立、法水路面積の減少、河道へのヘドロ堆積放置、河道施設の不備、林業の不振などで保水林、治山林対策不備、災害に強い都市計画がなかっ

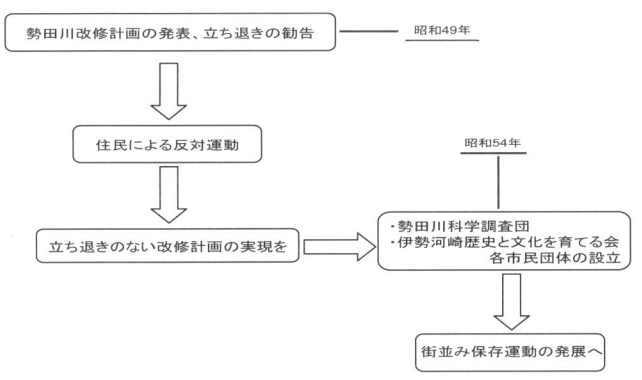

図 5-9　街並み保存運動の活性化の流れ

たことを指摘した。そこで、勢田川河川改修計画に対して疑問を投げかけ、立ち退きの整備計画の策定を行政に求めた。

このような河川改修と相前後して、1979年には「財団法人ナショナルトラスト協会」が街並み調査を開始し、住民の間では、自分たちの手による街づくりを行う機運が高まっていた。同年、「伊勢河崎の歴史と文化を育てる会」が発足し、講演会、見学会等の開催、機関紙である「河辺の里」を発行し、市民を対象とした啓蒙活動もはじめられた。

都市計画マスタープランの策定について

都市計画マスタープランは1994年に策定された「伊勢市の都市整備計画」の政策案である。勢田川改修事業においての立ち退きをめぐって、行政側と河崎地区の住民側は大きな対立構造ができていたが、都市マスタープラン策定のために開催した公募型市民ワークショップの場で、蔵や世古の残る河崎の町並みが高く評価される発言が続いた。これを大きな契機として、伊勢市は大きく河川改修の方向性を転換して、現

表5-3　河崎のまちづくり概略

年号	行政に関する事項	河崎に関する事項
昭和49年	勢田川改修計画の策定	
昭和50年	勢田川の直轄河川への編入	
昭和51年	激甚災害対策特別緊急整備事業の適用	伊勢市長に対する立ち退き反対の集団陳情 反対運動の激化
昭和52年		勢田川科学調査団の発足
昭和54年		伊勢河崎の歴史と文化を育てる会の結成
昭和56年	建設省により、勢田川沿いの風景を記録する映像が撮影された	
昭和57年		河崎まちなみ館が育てる会によって開設される
平成2年		伊勢市長と建設省に町並み保存の要望書を提出
平成7年		河崎の蔵を再利用した居酒屋が開店 伊勢・河崎蔵バンクの会の設立
平成9年	伊勢市都市マスタープランの公表 勢田川を「歴史観光交流軸」、河崎を「歴史文化交流拠点」に位置づけ	
平成10年		河崎町並み保存に関する陳情書を伊勢市長に提出
平成11年		NPO法の適用をうけNPO法人伊勢河崎まちづくり衆の結成
平成14年		伊勢河崎商人館の開設
平成15年	国土交通省より、「地方都市再生の推進に資する元気なまちづくり報告書」が出され、河崎が紹介される	河崎川の駅が開設
平成16年		都市計画変更の要望書が、まちづくり衆より提出される
平成17年		河崎住民により、「良好な景観形成のための住まい・まちづくり活動の取り組み調査」が行われた。

行マスタープランに河崎のまちづくりを作りなおすことになった。

　この計画によって、勢田川は「歴史観光交流軸」の中に据えられ、河崎の町は「歴史文化交流拠点」と位置づけられることとなった。また、地域別のワークショップで提案された地域別構想案より、拠点施設整備が実現することとなり、官民共同のまちづくりがスタートした。

伊勢河崎まちづくり衆について

　伊勢河崎まちづくり衆は、河崎の街づくりの活性化、街並みの保存・運営を目指し、設立された特定非営利活動法人（NPO法人）である。この組織の設立は、河崎地区の酒問屋を保存する目的で、「旧小川酒店」を伊勢市が買い上げたことによる。これらの施設の管理・運営を委託するにあたって、結成された団体である。伊勢河崎商人館を街づくり活動の拠点とし、観光客を対象とした見学施設を併設している。

　伊勢河崎まちづくり衆の歴史は次のような流れの中にある。

写真 5-5　伊勢河崎商人館

1996年：「伊勢河崎蔵バンク」発足、河崎地区の歴史的財産である酒蔵を保存運動
1999年：伊勢市と協議、旧小川商家（伊勢河崎商人館）の買い上げ「NPO法人伊勢河崎まちづくり衆」の設立
2002年：伊勢河崎商人館の開館、まちづくり衆運営が開始、「河崎まちづくり協議会」の設立、海の駅・川の駅」構想を策定し、勢田川流域圏一体となったまちづくりの検討を行う。
2003年：伊勢市が空土蔵を買い上げ、改修整備し、「河崎川の駅」として開設
2005年：勢田川を航路とする定期船「みずき」就航
2006年：「河崎景観フォーラム」の開催
2008年：「河崎井戸端会議」の開催、河崎地区住民がまちづくり方法を議論

　河崎商人館の事業展開・システムは、1）施設の活用内容：河崎を中心とした歴史・文化等を紹介する展示室、会議室、茶屋、イベント蔵（講演会、コンサート室）の貸出、各種業者が一坪単位で店を呼べる商人蔵、2）管理運営の形態：伊勢河崎まちづくり衆に管理・運営を委託し公設民営施設として運営される。施設の維持管理経費、

商人館のPRや展示業務を市が担当するが、管理運営業務はまちづくり衆が行なう。

平成18年9月以降、指定管理者制度を導入し、「伊勢河崎商人館条例」、「同条例施行規則」、「伊勢河崎商人館の管理に関する基本協定」に基づき、施設の維持管理業務も含めて伊勢河崎まちづくり衆が管理・運営を行う、観覧料金と利用料金の取り扱い：規則に

写真5-6　仲介事業による出店の一例

表5-4　勢田川での景観にかかわる事業について

非特定営利活動に係る事業	収益事業
・伊勢湾と勢田川を活かしたまちづくり ・歴史的なまちづくりフォーラム ・新くらくら談義	・商人市 ・フリーマーケット
「建物と街並みの保全」調査業務	
・「建物と街並みの保全」調査業務 ・川の駅周辺整備計画案策定 ・河崎案内ホームページの策定 ・河崎紹介ビデオの作成	
・河崎街歩き、河崎写真大会 ・蔵くら寄席 ・LIVE ザ河崎	

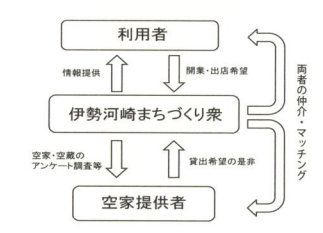

図5-10　河崎の町づくりの仕組み

より料金設定運営額を決定し、管理受託者が料金を設定し収入は管理受託者が収受する。市から管理受託者への委託料は支出されない、3）空き家・空蔵活用仲人事業：河崎の街づくり活動の一環として、平成8年に地域資源である土蔵に着目した「伊勢河崎蔵バンクの会」が創設された。地域の空蔵を調査、所有者に対して、賃貸利用の可能性に対する意思調査を実施している。

これを元に、喫茶店や美容院開業希望者等にたいする仲介等を伊勢河崎まちづくり衆では実施してきた。現在では、その対象を空き家にも広げて仲介を行っている。

川の駅について

写真5-7　川の駅（筆者撮影）

第 5 章　田園空間と伊勢神宮を取り巻く地域の変化

川の駅とは伊勢河崎まちづくり衆が主体となって、勢田川流域の活性化のために既存の蔵を改修・補修して開かれた施設である。週一回程は定期便が勢田川を航行している。「川の駅舎」は、路面電車をデザインしてあり、舎内にはかつてにぎわった海の参宮路としての姿を残す水運などの歴史を紹介している。宇治山田港湾を整備する事業の一環として、勢田川の下流地域に整備された二軒茶屋「川の駅」、神社「海の駅」、大湊「海の駅」と合わせて、広域連携の拠点の一つであり、河崎の問屋街イベント、船参宮用の運航を行っている。

8.3　景観写真から見える地域
（1）世古

世古は当該地域の通路俗称であるが、問屋街史を持っているため川から蔵への舟の荷物の運び出し時にも使われて、この地域では勢田川に沿った商家で発達していった。地域住民の生活通路としても利用されており、問屋、勢田川、住民を結ぶ機能を持っていた。

（2）商家

河崎地区には近世の問屋街の面影が残っている。商家を正面から見ると、家屋には平入り、妻入り方式の伊勢神宮の影響を受けていることが分かる。

写真 5-8　世古のある景観

しかし、勢田川の河川改修計画が本格的になると、川岸に設置されていた蔵の多くは取り壊されることになった。そこで、残存している蔵を改修・保存し、現在的な意

写真 5-9　代表的な商家（村田家）　　　写真 5-10　商家の軒並み

写真 5-11　勢田川と問屋街が立ち並ぶ風景

写真 5-12　水辺空間の創出

味を付加することで、勢田川に護岸施設のみではない、文化歴史的な親水空間を創り出して、河川を軸とした文化的風景を生み出そうとしている。

河崎地区では近世からの景観を受け継ぐ問屋街が立ち並んでいる。これらの伝統的な建物群は美しい景観をなしているが、その一方で、古い家屋の使い勝手が悪いことから、集合住宅、マンションなどの新しい建設なども設置されていき、現在では街並みの景観は変容している。

写真 5-13　マンションと商家が混在

しかし、勢田川の河川改修とともに、沿道沿いの住民の努力で、花壇を創造し、親水空間に彩りを添える努力もあり、伊勢河崎まちづくり衆と住民がおりなす自発的な活動で地域景観は重層性を見せるようになった。

写真 5-14　勢田川沿道沿いの花壇

8.4　宮川ルネッサンス事業における文化団体

宮川流域には、勢田川流域の住民の景観創造にかかわる活動のみならず、「宮川ルネッサンス事業」と呼ばれる宮川流域における総合行政、流域圏づくりのモデル事業

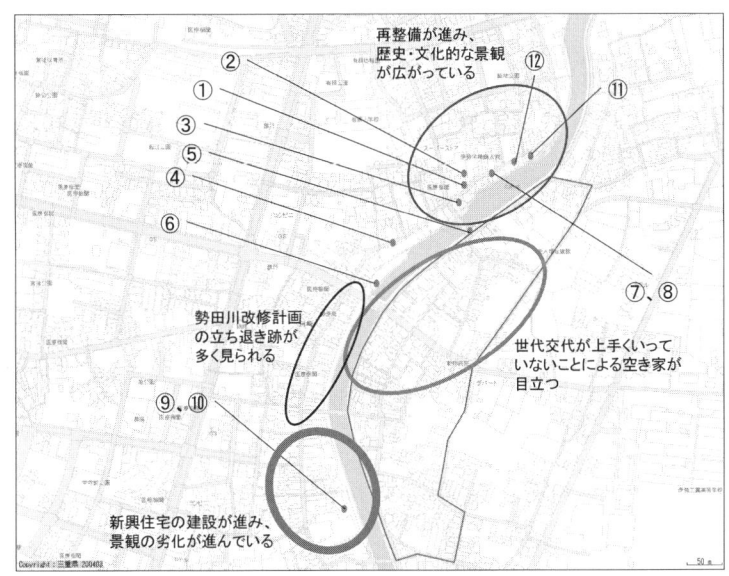

第 5 章　田園空間と伊勢神宮を取り巻く地域の変化

図 5-11　景観写真分類図

が平成 9 年に策定されている。その基本理念に沿ったかたちで、平成 19 年 3 月には宮川プロジェクトが開始されることになった。宮川の流域圏における、市民への啓発活動、歴史・文化継承のために、多くの市民団体が活動を行うようになった。

(1) 勢田川とおりゃん瀬を育てる会

「勢田川をかつてのきれいな川に戻す」ことを目標に、平成 15 年 8 月に発足された。そのプロジェクトの一つとして、水質浄化機能をもたせた落差工が平成 16 年度 5 月に完成し、以後その管理にあたる。

(2) よみがえらせよう勢田川

伊勢市内に居住している人を対象とし、生活排水を浄化し、勢田川に流す方法を実施してもらうことを目的として、平成 19 年 8 月に設立された。広告による啓発活動も同時に行っている。

(3) 伊勢与市翁顕彰実行委員会

銭湯文化を通じて、社会のルールを再認識、環境の浄化、心の浄化を図ることを目的として結成された文化団体である。他にも市民を対象として、お風呂検定、船のぼり、清川ウォーキングを行っている。

(4) 伊勢自転車愛好会

伊勢河崎商人館を拠点に、伊勢市民、観光客を対象として、伊勢市内を自転車で巡

景観分類地図

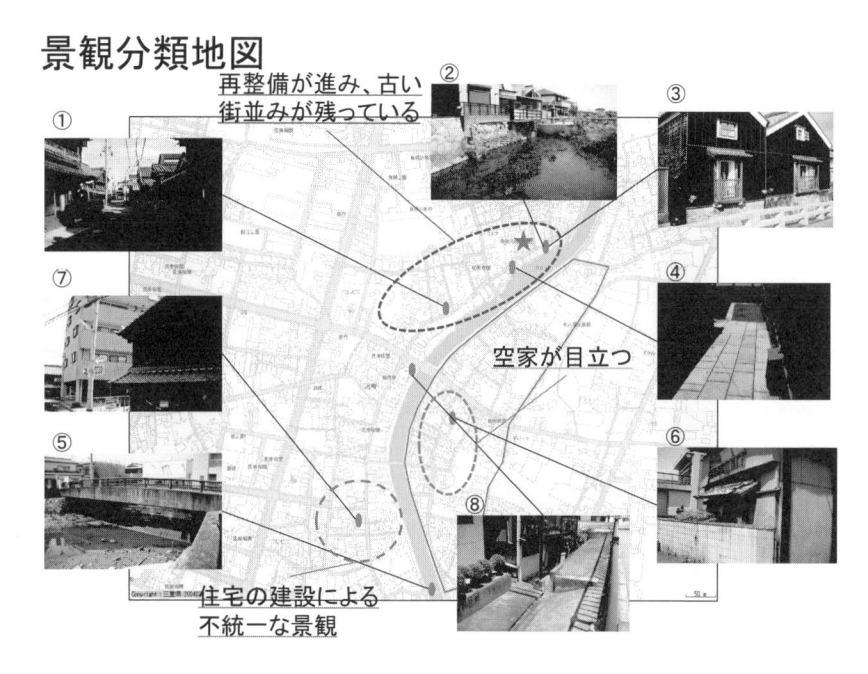

再整備が進み、古い街並みが残っている

空家が目立つ

住宅の建設による不統一な景観

写真 5-12　河崎の景観分類図

るサイクルイベントを企画している。生涯健康のツール、観光ツールの選択肢の一つとして、啓発活動を行っている。

　これらの地域住民の流域内の活動は観光客誘致ではなく、地域形成に向けた活動として息づいている。

9　河崎地区での景観にかかわる住民認識について

　景観を生かした街づくりに関し、河崎地区の住民がどのような意識、認識をもっているのかについて調べてみた。調査対象：河崎地区住民、聞き取り方式：戸別訪問、質問形式：次ページ以降参照、回収部数：61部であった。

9.1　アンケート調査結果からみえる住民の景観へのまなざし

　これらの調査結果を見ると、河崎地区の景観を魅力的と感じている人は、否定的に感じる人を大きく上回っている。肯定的な意見の内容をみてみると、河崎地区には蔵

表 5-5 住所

		回答数	割合(%)
河崎	1丁目	6	57.4
	2丁目	35	9.83
	3丁目	20	32.8
計		61	100

男女割合		
男性	43	70.5
女性	18	29.5
計	61	100

表 5-6 年齢

20歳未満	1	1.6
20歳以上30歳未満	3	4.9
30歳以上40歳未満	7	11.5
40歳以上50歳未満	7	11.5
50歳以上60歳未満	8	13.1
60歳以上70歳未満	20	32.8
70歳以上80歳未満	12	19.7
80歳以上	3	4.9
計	61	100

表 5-7 職業

会社員	10	16.4
自営業	38	62.2
公務員	0	0
家事専業	6	9.8
学生	6	9.8
無職	1	1.6
その他	0	0
計	61	100

表 5-8 居住年数

2年以内	3	4.9
3〜5年以内	7	11.5
6〜10年以内	15	24.6
11〜20年以内	12	19.7
21〜30年以内	14	30
31年以上	10	16.4
計	61	100

表 5-9 河崎の景観を美しいと感じるか

非常に美しい	33	54
少し美しい	4	6.6
普通	15	24.6
少し汚い	2	3.3
非常に汚い	7	11.5
計	61	100

表 5-10 河崎のどのような部分が美しいと感じるか（複数回答可）

歴史や風土を感じることができるから	34	43.7
景観に統一性があるから	8	11.3
勢田川と河崎の街並みとの一体感が美しいから	26	36.6
その他	3	4.2
計	71	100

作りの町が残されており、伊勢神宮との関係もあり、歴史・風土を感じるという回答が多かった。

また、河崎地区のどのような景観に魅力を感じるかという問いかけに対しては、問屋街・勢田川の町並みを挙げる住民が多い。景観に統一性があるというのは、問屋街が軒を連ねており、その連続性が美しいとする意見である。

しかし、一方で、河崎地区における景観上の問題点としては、近年の新規住宅の建設における問屋街の町並みの取り壊しを挙げる住民が最も多かった。また、勢田川改修計画により、勢田川護岸は整備されたという歴史的な経緯があるが、その整備された護岸が、河崎の問屋街との街並みの景観上のミスマッチを生んでいるという背景がある。さらに、近年では勢田川の水質の悪化が発生しており、それが河川景観の破壊にもつながっている。

河崎地区の現在の景観をみると、かつての（子供時代の思い出からして）の景観と比較すると、徐々に劣化していると認識している住民も多い。アンケートの6割までが景観の悪化を気にしている。勢田川改修計画を一つの契機として、それ以後徐々

表5-11　河崎のどのような部分が景観を損ねていると感じるか（複数回答可）

不統一な景観	20	55.6
勢田川の護岸	10	27.8
勢田川の水質	4	11.2
その他	2	5.6
計	36	100

表5-12　河崎の街並みは30年前と比較してどのように変化したか

良くなった	12	19.7
少し良くなった	4	6.6
変わらない	3	4.9
少し悪くなった	16	26.2
悪くなった	26	42.6
計	61	100

表5-13　30年前と比較してどの部分が景観を損ねているか

問屋街の取り壊し	19	44.2
勢田川のコンクリート護岸	17	39.5
新規住宅の建設	6	14
その他	1	※0
計	43	100

表5-14　景観を良くするために町として取り組むことにどう思うか

賛成	51	83.6
反対	10	16.4
計	61	100

表5-15　伊勢河崎まちづくり衆によるまちづくりの取り組み内容を知っているか

はい	37	60.7
いいえ	24	39.3
計	61	100

表5-16　まちづくりを進める上で行政と協働していくことは必要だと思うか

はい	48	78.7
いいえ	13	21.3
計	61	100

に景観が悪化しているとする意見が多かった。

河崎地区の景観のどのような部分が以前と比較して悪化していると考えるかということについては、住民の多くが近年の問屋街の取り壊しによるまちなみ景観劣化を挙げていた。ヒアリング調査においても、酒

表5-17　河崎地区の抱える課題は何であるか（複数回答可）

人口減少・少子高齢化	45	39.8
道路交通事情	13	11.5
まちづくりの方向性	24	21.2
建築物の老朽化	26	23
商業施設の撤退	4	3.5
その他	1	※0
計	113	100

蔵が取り壊されていることが気になるといった住民の意見を多く聞き取ることができた。また、勢田川改修計画によるコンクリート護岸が景観を劣化させているとしている住民数も相当数に上った。さらに、近年においては、新規住宅の建設による景観の統一性の破壊も挙げる住民も多かった。

河崎の景観を改善することには基本的には賛成の意見を示す住民が多い。賛成派の割合の高さは地区住民の景観への認識の高さとおきかえることができよう。しかし、一方では景観を重視するよりは生活の利便性が重要であり、自然災害に襲来されることのない安心な町を作ることが重要であるとする、一方で、景観論に反対する住民は社会インフラ整備を進めて欲しいとしている。

NPO法人の伊勢河崎まちづくり衆が河崎の景観保全に対して行っている取り組みの認知度は必ずしも高いとはいえない。住民のうち、約6割までが活動を認知して

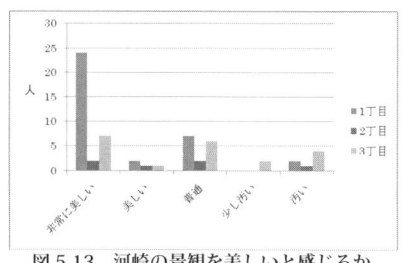

図 5-13　河崎の景観を美しいと感じるか

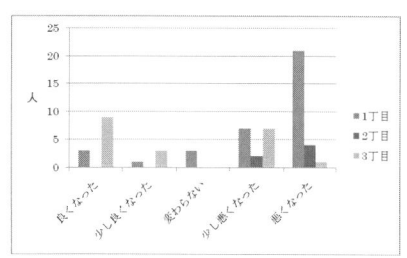

図 5-14　河崎の街並みは 30 年前と比較してどのように変化したか

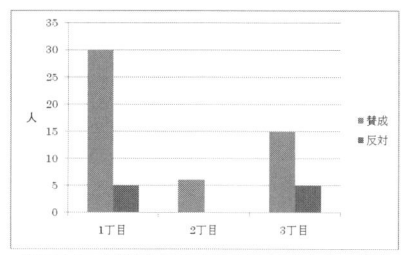

図 5-15　景観を良くするために町として取り組むことにどう思うか

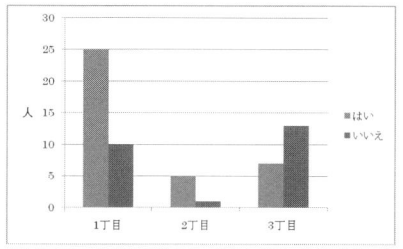

図 5-16　伊勢河崎まちづくり衆によるまちづくりの取り組み内容を知っているか

いるが、具体的に活動内容を認知している住民の割合は低い。

　まちづくりを進める上での行政との協働の必要性に対しては、必要であると考える意見が多かった。否定的に捉えている住民は、行政に対しての依存を危惧すると述べる住民が多い。協働を期待するかに対しては、財政的な援助、都市計画の枠組みからのまちづくりの支援を望む声が大きかった。

　住民に街の抱える課題としてどのようなものがあるかを聞き取った結果である。最も多かった意見としては、河崎地区の人口減少・少子高齢化であった。これには、伊勢市市街地における中心市街地の空洞化も大きく関係していると考えられる。また、文化的構造物を保存している故の道路交通整備の遅れ、建築物の老朽化等の意見も多く聞くことができた。さらに、商業施設の撤退による生活不便を課題として捉えている住民も多かった。

9.2　地区別にみると景観への認識は異なる

　景観にかかわる認識を年齢別、居住地区別、居住年数ごとに分析してみた。
（1）居住地区別

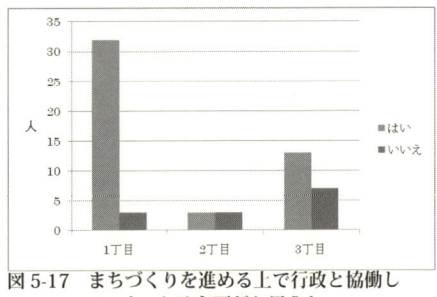

河崎地区の景観を魅力的と考えるのは1丁目の住民が最も多く、3丁目の住民は景観については否定的である。勢田川改修が計画された時、立ち退きを即されたのは右岸の住民であって、このような歴史的な河川計画の経緯からして、愛着を感じる人が少ない可能性もあろう。

図5-17 まちづくりを進める上で行政と協働していくことは必要だと思うか

また、過去の蔵と世古の河崎地区の街並み景観がマンションへと変化していることに対して、肯定的にとらえるのは3丁目の住民に多い。1丁目の住民は変化を否定的にとらえている。一方、3丁目の住民は河川改修計画で整備されていった河川護岸を美しいと考えているが、1丁目の住民は問屋街の街並みが破壊されて従来の町の景観がもつ魅力が薄れたと考えている。

1丁目の住民の多くは河崎の町の景観を良好にすることには賛成派が多いこと、3丁目の住民は比較的、否定的である。否定的な意見の理由には、景観を重視するより、生活の利便性をたかめるために街に社会インフラを充実させていくことが、少子高齢化の進展刷る河崎の町の活性化になると考えている。

「伊勢河崎まちづくり衆」の地域活性化への取り組みは、1丁目の住民にはよく認識されているが、その他の地域での認知度は低い。これは、伊勢河崎まちづくり衆の活動拠点である伊勢河崎商人館が、1丁目に存在していることが影響しているのであろうか。

まちづくりを行う上での行政が深くかかわるべきかについては、1丁目の住民においては比率で行政を必要としているほうが多い。財政的な援助を求めているが、否定的回答は行政に対する依存を危惧する住民が多い。

(2) 居住期間別

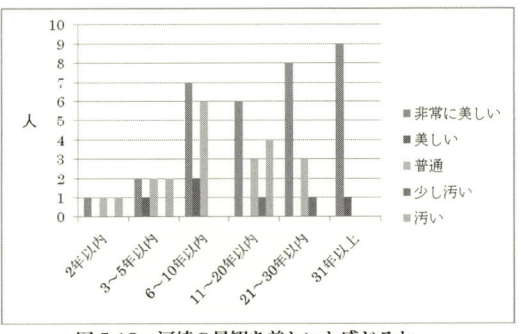

居住期間が長いほど、河崎地区の景観に愛着を感じている傾向が強い。居住年数が、景観の心象風景に与える影響が大きいことを示唆する。

30年以上河崎地区に居住している人は、全員が町の景観を悪くなったと回答している。この質問では、七夕豪雨後の河崎地区の景観がど

図5-18 河崎の景観を美しいと感じるか

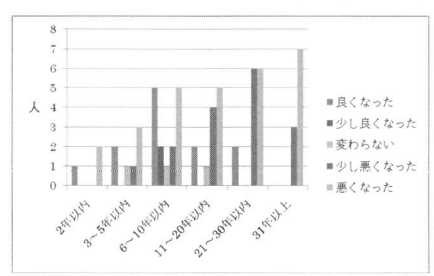

第 5 章　田園空間と伊勢神宮を取り巻く地域の変化

図 5-19　河崎の街並みは 30 年前と比較してどのように変化したか

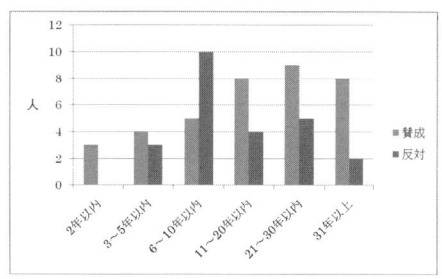

図 5-20　景観を良くするために町として取り組むことにどう思うか

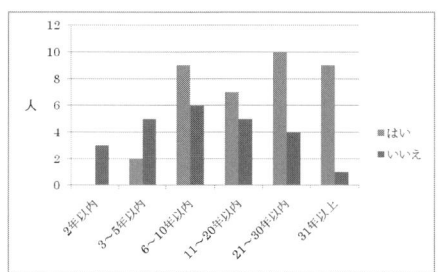

図 5-21　伊勢河崎まちづくり衆によるまちづくりの取り組み内容を知っているか

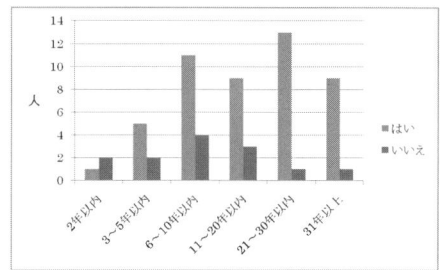

図 5-22　まちづくりを進める上で行政と協働していくことは必要だと思うか

のように変化したかの認識をどのようにかんがえるのであろうか？　それ以後にこの地区に転居してきた住民は、近年の新規住宅地の建設が景観破壊にあたること割合が多く、河崎地区における景観上の問題点と考えている。

　居住期間が長い住民の間では、まちづくり衆による取り組みが広く認知されている。反対に短い住民の間では、認知度が低く出る。しかし、景観認識は世代ごとのギャップが激しく、近年の都市問題の一つである、全体的な地域コミュニティー意識の低下が「まちづくり」を考える、活動することを妨げる要因となっている。

　景観保全に対して行政との協働を必要と考える人は、高年代の住民に多い。河崎地区の街づくりの歴史的な変遷を考えると、行政の存在は必要不可欠なものであったと考えることができるが、その意味において居住期間の長い住民は、必要であると考える住民が多いとも考えることができる。行政側に期待する施策としては、やはり財政的な援助、都市計画の中でのルールづくり（景観条例を新たに作る等）を求める住民の声が多かった。

10　景観の魅力

10-1　景観に対しての魅力が成立する要件

　アンケート調査結果より、河崎地区における景観を好意的に捉えている住民は、居住期間が長い住民であるほど多いことが読み取れる。文献調査より明らかになるように、河崎地区の景観形成の流れとして、伊勢神宮、勢田川という地理的条件に加えて、その後の七夕豪雨を契機とし、勢田川改修計画による住民と行政との対立、そして都市計画マスタープランの策定による住民と行政との協働という一連の流れが関係していることを捉えることができる。この景観形成の流れを捉えてきた住民（居住年数30年以上の人）にとっては、街に対する愛着も高く、その結果として居住年数に比例して、河崎地区の景観を魅力的と捉える人が多くなった。

　居住地区別にみると、1丁目の住民に景観に関しての魅力・関心を持っている人が多く、3丁目の住民においては、その意識は低く、居住年数との比例もあまり認めることはできなかった。この原因については、先のアンケート結果で述べた通り、改修計画での立ち退きの主たる対象になったのが3丁目住民であることに起因していると考えられる。加えて、伊勢河崎まちづくり衆の活動範囲は、1丁目を中心に行われており、近年では3丁目との合同の街づくり協議が行われている模様ではあるが、そのような活動がまだまだ浸透しておらず、勢田川を隔てた住民の間で、多少の温度差があるということは否めない部分がある。

　高齢の人ほど景観に魅力を感じる人が多いという仮説を立て、結果を整理したが、年齢と正比例して、景観に対しての魅力度が上がるという傾向は認められず、居住年数との相関性が大きい。このことから、この地区では心象風景とは、年齢ごとの傾向よりも、その地域にどれだけ居住しているかに密接な関わりがある。

　住民全体としての景観上の問題点としては、最も多い割合だったのが、新規住宅地の建設による景観破壊という意見だった。居住地区別に見たところ、1丁目にそのような意見を挙げる住民が多いことが分かった。1丁目では、現在新規住宅のマンションなどが建設され、景観破壊が最も進行しており、1丁目の住民もそれを理由として挙げる割合が最も多い。また、次に多い割合であった問題点としては、勢田川護岸壁の建設に伴う問屋街の取り壊しとなっている。これを居住地区別に分けると、3丁目の住民にそれを挙げる割合が最も高くなっている。これは、先述の通りに、改修計画に伴う立ち退きが影響している。また、30年前と比較して、景観は悪化したと考えている住民が全体の7割を占めていた。さらに、この項目において、変わらないと

感じている住民が約5％に止まっていることから、景観に関心を持っている人間の潜在意識自体は高い。

河崎地区の住民に、街の課題として感じていることは何かを質問した。その結果としては、人口減少・少子高齢化が最も多かった。統計結果から見てとれるように、河崎地区では、深刻な人口減少と少子高齢化が問題となっている。それに伴う老人部落としての活気のなさを多くの住民が指摘していた。この問題点に対しての理解については偏りなく、課題としてほぼ全員が挙げていた。次に多かったのが、建築物の老朽化による住みやすさの欠如であった。これについては、古い構造物に住んでいる住民が挙げる割合が高かった。また、街づくりの方向性と挙げた人は、観光客の呼び込みを行い、地域資源を生かしていく方針をとるか、または、街全体として保全に取り組まず、ハード面での快適性を向上していくべきか、同意形成が成されていないことが今後の「まちづくり」にむけた課題である。

10.2 景観保全への課題について

景観保全にむけた将来的に見た課題点、街全体としての課題点それぞれに対しての考えられる改善方法は以下のようである。

(1) 新規住宅の建設による景観破壊

最も有効な手立てとして考えられるのは、地区全体で景観に関する「ルールづくり」をつくりあげることであろう。伊勢市では「伊勢市まちなみ保全条例」が施行されているが、行政的な枠組みづくりを含めて都市計画のなかで新規住宅の建築に規制を加えていくことが必要であると考えられる。住民サイドから可能な事は限られてくるので、行政サイドからの必要不可欠な性質の問題であろう。

(2) 問屋街の街並みの取り壊し

この問題点の原因としては、やはり酒蔵・商家の担い手である事業主・居住者の不足である。これを解消するためには、積極的な関係者の誘致活動が重要となってくるが、そのためには、伊勢河崎まちづくり衆が現在展開している、「空家・空蔵活用仲人事業」をはじめとした、保存と活用を両立する枠組みづくりが非常に重要になってくる。また、外観を保持するだけでなく、内部の住みやすさも重視した改修も、居住者満足のためには、今後必要となってくる。

(3) 勢田川護岸（問屋街の街並みとのミスマッチ）

改修後の現在の護岸と、問屋街との街並みが融和していないとする意見がある。堤防そのものを改修することは困難であるが、現在も残っている問屋街の街並みを最大限に生かした整備方針を策定することで改善することができる。そのためには、伊勢

河崎まちづくり衆が推進している「伊勢川湊の再生」をはじめとした親水空間の再整備を行う必要性がある。改修後の護岸にそぐう空間の形成を行うことで景観の質の向上を望むことが可能であろう。

(4) コミュニティー意識の低下

街づくりの機運を向上させるためには、コミュニティー意識を向上させる必要性がある。この点において現在の河崎地区では住民が問題意識として多く挙げているように、コミュニティー意識が低下しているという現状がある。この問題点に対しては、勢田川流域圏を含めた他の地域との関係を強化することが有効な手段として考えられる。住民同士の活動を通して、地域のきずなを強化することが可能である。街づくりの活動とコミュニティー意識とは表裏一体であり、両者が同時に高まっていく活動方針が望ましい

(5) 建築物の老朽化

住民にとっての最も大きい問題として、古い歴史を持つ酒蔵・商家では、老朽化が進み、利便性の面から非常に住みにくい住居になってしまっていることである。河崎地区の家屋の建築物構造上、非常に専門的な知識が保存・改修には必要であることが自明である。そのためには、建築専門家や有識者の知恵を借りることが必要条件になる。今後の活動の中に、住民の住居満足度調査等が活発に行われていけば尚、望ましいと感じる。

(6) 街づくりの方向性

住民による合意形成をとる場所が必要である。そのためには、まちづくり衆の認知度をさらに向上し、街づくりに興味・関心をもってもらう活動を行っていく必要性がある。対岸地域（勢田川右岸）を含めて、今後は、広い視野をもって地区ごとに認知度の偏りがないように活動していくべきであろう。

表 5-18　課題と対策 (景観)

景観上の問題点	対策
新規住宅地の建設による景観破壊	景観ルールづくり
問屋街の街並みの取り壊し	事業主・居住者の呼び込み
勢田川護岸 (無機質な景観)	親水空間の再整備

表 5-19　課題と対策 (街全体)

街全体の問題点	対策
コミュニティー意識の低下	他の事例地との交流促進
建築物の老朽化	専門家・有識者との関係強化
街づくりの方向性	街づくり衆の認知度向上

景観形成については住民の合意形成が最も必要な条件である。この部分を疎かにす

ると、街づくりを行う際に、徐々にひずみとなって表面化する可能性がある。河崎地区では、七夕豪雨という大きな契機をもとに街づくりがスタートしたが、他の事例地においても、その契機を提供することのできる行動力・積極性をもった人間の存在が必要不可欠であろう。

参考文献

有我利香（2001）：「地区計画制度を利用した歴史的環境整備に関する研究：伊勢市河崎地区を事例地として」6-10.
大河直躬（1997）：「歴史的遺産の保存・活用とまちづくり」 文京の歴史・文化研究会 68-74.
辻新六　有馬昌宏（2006）：「アンケート調査の方法～実践ノウハウとパソコン支援」朝倉書店 14-67.
日本ナショナルトラスト（1980）：「伊勢河崎の町並み」12-36.
岡田憲久・小林一郎・佐々木葉・鈴木圭（1998）：「景観と意匠の歴史的展開～土木構造物・都市・ランドスケープ」信山社サイテック 24-31.
三重県（2008）：「想いをかたちに　宮川プロジェクト活動集 2008」 宮川流域ルネッサンス協議会（p53. 69. 70）

伊勢河崎まちづくり衆 http://www.e-net.or.jp/user/machisyu/（2010. 1）
伊勢市ウェブサイト
　http://www.city.ise.mie.jp/www/toppage/0000000000000/APM03000.html（2010. 1）
・国土交通省中部地方整備局ウェブサイト
http://www.city.ise.mie.jp/www/toppage/0000000000000/APM03000.html（2009. 12）
・文化庁ウェブサイト http://www.bunka.go.jp/（2010. 1）
・三重県ウェブサイト http://www.pref.mie.jp/（2010. 1）

第6章

熊野古道と中山間地域の景観形成と河川管理を土地利用から考える

春山成子・千葉菜穂子・垂沢悠司

1 中山間地域から何がみえるのか？

　過疎化・少子化による中山間地域の地域社会の崩壊が顕著である。河川最上流地域をなしている中山間地域への地域文化保全には、新たな河川管理の枠組みを考えることが求められているのではなかろうか。新宮川流域には熊野古道を含め世界遺産の寺社・仏閣が多く、文化的景観の保全とボランティアガイドの育成を合わせ、自然環境保護・景観保全も地域形成に大きな役割を果たすと考えられる。このような特異な環境をもつ新宮川流域での、新たな「公」に着目して、河川景観・文化景観を考慮した「地域の創造についての枠組みをつくること」への議論は流域計画に提案しうる評価軸も評価できると考えられる。

　「中山間地域」には明確な定義はないものの、一般的には「山間地域は林野率が80％以上で耕地率が10％未満の市町村、中間地域は平地地域と山間地域の中間的な地域で、林野率が50〜80％で耕地は傾斜地が多い市町村」とされている。このような中山間地域は全国の約3,250の市町村の過半に及ぶ約1,750市町村とされ、国土面積ではおよそ70％を占めている。

　ところで、これら中山間地域は農林業を基幹としてきたが、傾斜地が多く、基盤整備も遅れているなどから、新たな発展のための契機を見いだせないまま、長期低迷傾向を深めている。さらに、それらを背景に、際立った高齢化、過疎化が進行している。これまでも山村振興、農村工業導入などの模索が重ねられてきたが、困難の連鎖を断ち切ることができないままにいるのである。また、一口に中山間地域といっても抱えている問題はそれぞれであり、一元的な処方箋を寄せ付けない。中山間地域問題は日本の地域開発上、極めて興味深く、そして、難しいもののひとつであるといってよい。

しかし、人間活動は自然環境と調和した文化景観を育みながら、生活・生業の仕方を表す景観地を形成している。すなわち、当該地域の風土が形成してきたすぐれた景観地において、住民のみならず広く、風土と生活または生業を理解するために欠くことのできないものをみせている。中山間地域における文化的な景観は、自然環境・人文環境の相互関係の中でバランスを取りながら成立しているといえよう。

プロトタイプの「日本の原風景」という表現のなかで、中山間地域特有の「棚田景観」の将来に向けた認識、世界遺産としての熊野古道を取りまく景観保全のあり方、河川流域景観と熊野古道を取り巻く景観地の保全、社寺地を含む宗教施設と自然環境との複合景観などは、将来に継続させるべき文化的景観として考えるべきものも多い。

世界遺産として登録されている中世以降の信仰地域としての景観を残していることは、上流地域には林業地域としての景観、神社森を含めた歴史的信仰景観、水運景観が複雑に入り組んでおり、自然災害としての斜面崩壊地、土砂災害などの自然災害と防災に取り組む景観も含まれている。新宮川の美しい自然景観の中に人類の多様な営みの景観が独特に共存しているのである。

2　景観について

オーギュスタン・ベルク（1990）は風景を文化的アイデンティティと考え、風景の認識には文化的・歴史的背景が不可分とした。馬場（1998）は多様な価値観から人間を取り巻く環境の視覚的・心象的な認識を景観と規定し、『認識のされ方』で評価基準が変化しうる相対的なものとした。文化遺産、自然遺産を保護することを目的に、1972 年に成立した世界遺産は、1992 年に転機を迎えた。日本では「文化的景観」の概念の中で文化遺産が人間の構築した記念碑的建造物、自然が創造した自然遺産との中間にあり普遍的な価値（高木 2010）が注目されることになった。

ユネスコでは文化的景観を『自然と人間の共同作品』を表す景観を意味すると定義し、コルディレラの棚田に新たな価値を認めた。「紀伊山地の霊場と参詣道」は和歌山県、奈良県、三重県の 3 霊場（吉野・大峯、高野山、熊野三山）と参詣道（大峯奥駈道、高野山町石道、熊野参詣道）を対象に 2004 年に世界遺産登録された。神仏習合という日本独自の宗教文化と文化交流、山岳霊場と修験道成立、自然と人間の相互作用が生み出した普遍的価値が評価された。世界遺産の中で熊野川は熊野三山の熊野本宮大社と熊野速玉大社を結ぶ参詣道と位置付けられている。

高橋ら（2005）は世界遺産を自然的地形に「文化財としての道」が認知されたとした。1993 年登録の「サンディアゴ・デ・コンポステーラの巡礼道」は世界遺産の「文化

財としての道」の初例、「紀伊山地の霊場と参詣道」は2例目で、熊野川と七里御浜が熊野参詣道に登録され、自然的地形を「道」とみなしている。宇江 (2007) は熊野川での生業に着目し、時代変化が生業終焉を持って結ばれるとした。法律上、熊野川は「自然公園法」に基づく第2・3種特別地域、「河川法」、「本宮町景観保全条例」、「新宮市歴史文化的景観保全条例」などの景観保全地区として伐採、土地の形質変更、建物の高さ、意匠、色彩等が規制される。

　ところで、河川景観を人文的景観と自然景観の両面から保全するために何が必要であろうか？この問いに答えるために、河川形態が異なる熊野川を上下流に2分類し、1) 中山間地域に点在する宗教的空間と祈りの道、2) 基幹産業としての農林業地域の棚田・だんだん畑と地域固有の産業、3) 河川・水利用体系が織りなす複合的な文化景観、4) 下流地域の氾濫原に立地する宗教的空間・歴史文化史などを検討対象として、フォトボイス解析、アンケート調査から地域住民の認識を検討してみたい。優れた河川景観を後世に残すために地域住民・観光客の景観認識を確認してみたい。この上で、流域を装飾する土地利用、土地被覆について少子高齢化が進む中での構造変化も見極める必要がある。

　そこで、

(1) 3つの歴史空間時間軸を考え、近世から引き継がれた土地利用景観を明治時代、昭和時代、平成時代の変容過程を明らかにする。中山間地域の自然特性と土地利用変化シグナルを見出すため、①中山間地域の過去の行政区画の変遷、②過去100年の土地利用図と地形特性との関係性の分析、③農業センサスより耕地面積データを把握して空間情報と照合し、

(2) 文化的景観は局地的な微気候・表層地質と地形・植生などの自然環境要素を基層に成立つ人間社会と活動を反映させ、歴史・民俗・文化的要素の関係を均衡させて成り立っている。景観評価には地域住民の心象風景を理解することも必要であり、地方行政の姿勢が与える影響も重要である。景観保全はステークホルダーの意見が集約され、継承される活動がキーポイントになろう。この観点での流域連携を考えたい。

3　地理空間からみる熊野川流域

　紀伊半島の中央部の大台ケ原周辺は多雨地帯である。地質的にみると流域は熊野酸性火成岩帯・熊野層群・音無川層群・日高川層群で構成されており、これらは新第三紀中新世（約2400万〜1400万年前）の堆積岩に属し、尾鷲市から那智勝浦、紀伊

半島南東部に広く分布している。十津川流域は日高川層群の大辻層群（泥賀岩にチャート・緑色片岩類を挟む）、上野地層群（砂岩・頁岩にチャート・緑色岩類を挟む）、北山川流域には伯母峯層群（砂岩・頁岩に緑色岩類・チャート・石灰岩・酸性凝灰岩を含む）、白川層群（砂岩・頁岩、砂岩・頁岩の互層に緑色岩類を挟む）が混在し、この地質条件が流域の特異な地形景観を作り出している。

熊野川の流域面積2,360km^2、河川延長距離183kmの一級河川で、相賀地点の流量は平均流量123m^3/s、最大流量4,310m^3/s、最小流量は12m^3/s、河況係数は359である。1970年、「新宮川」と記載されたが、1998年に法廷名称を熊野川と戻したが、水系名は新宮川水系を用いている。紀伊半島の最大河川流域であるが流域内人口は最小規模である。

熊野川流域は三重県、奈良県、和歌山県の3県5市3町6村で上流は奈良県十津川村、下流地域には和歌山県新宮市、三重県紀宝町などを抱える。水源地は大峰山系山上ヶ岳・稲村ヶ岳・大普賢岳にあり、上流の河道は西流して天ノ川、十津川渓谷を南流し、北山川合流地点は景観美に優れた峡谷である。河口部は砂礫洲で閉塞され、増水時に河口閉塞が発生する。

明治22年、挙家離村で北海道に新十津川村が生まれることになった水害が十津川大災害であり、当時の熊野本宮大社は氾濫原の砂礫洲に旧社寺地を持っていたため、流されている。大洪水後に本社は高台に移動したが大斎原には中四社、下四社が鎮座している。昭和34年の伊勢湾台風で斜面崩壊と土砂災害、洪水・高潮が流域全体に発生すると河川計画高水流量は19,000m^3/sに改訂され、水門・堤防整備、防潮堤が建設された。

流域には丸山千枚田に代表される急傾斜地の耕作地や棚田も多く存在し伝統的農業が継続されている。紀宝町を除くと、自立促進特別措置法では過疎地であり、限界集落も多い。棚田百選、棚田学会賞を受賞した紀和町では農業者と地元行政の努力で棚田保全活動が行われているさらに、三重大学生物資源学部では災害時の「棚田お助け隊」などの活動を行っている。流域には中世以降に「蟻の熊野詣」の背景となる熊野古道、河川参詣路があり、河川そのものに宗教的意味があるため流域管理に文化財保護の視点が求められている。一方、過疎化の進行で無管理地が拡大し、棚田オーナー制などと同様の都市・巨大都市との交流がなければ流域創造の永続性が保たれず、相互交流を見据えた流域管理と土地利用計画の方策が模索されている。

4 熊野川流域の人間活動は土地利用をどのように変化させたのか？

4.1 熊野古道と宗教地域は変容した

　日本書紀で示された熊野は山岳地域を背景とした自然崇拝地である。宇多法皇を始め、白河上皇は9回、後白河上皇は33回の熊野御幸を行い、京都から熊野詣が頻繁に行われている。庶民の熊野詣にも拍車がかかったが明治期の神仏分離で熊野古道は生活道路となった。紀伊山地は「神々が鎮められる聖地」と考えられ、仏教思想では森林に覆われ鬱蒼とした林野を抱く紀伊山地が阿弥陀仏や観音菩薩などの浄土で特殊な能力を拾得するため山岳修行の舞台となり、日本の宗教文化にも影響を及ぼした。

　中世の熊野御師や熊野比丘尼の活動は熊野三山と祈りの道を世の中に広めたことが知られる。「紀伊山地の霊場と参詣道」は紀伊山地の自然環境がなければ成立していない。熊野川流域は熊野三山の速玉大社・本宮大社が当座し、社寺地と高野山・吉野山・伊勢神宮などが相互に結ばれている。本宮大社と高野山金剛峯寺を小辺路、本宮大社と吉野山を大峰奥駆道、熊野と吉野を結ぶ北山街道、新宮と本宮を結ぶ川端街道がある。

　97％が山地、平野は3％に過ぎない流域は日本有数の林業地帯でスギの人工造林地が拡大した。豊臣秀吉は大阪城築城に熊野材を使用し、徳川も江戸城でも熊野材が有用であった。しかし、1619年に徳川は山林保護で植林を促し、1636年に熊野六木伐採を禁止している。しかし、熊野材切り出しは続

写真 6-1　熊野速玉大社

写真 6-2　丸山千枚田

写真 6-3　紀州製紙工場熊野速玉大社

き、明治時代の留木制度解除で乱伐時代に入った。人工林植生が復活したのは戦後である。

森林資源を背景に製材・製紙関係工場も設置され、新宮市、紀宝町には巴川製紙新宮工場（和歌山県新宮市佐野）、王子製紙（和歌山県新宮市王子）、紀州製紙（三重県南牟婁郡紀宝町鵜殿）が設置された。製紙工場は新宮市の歴史であり、前2者は廃止されたが紀州製紙は北越製紙と経営統合され北越紀州製紙に変更され継続している（写真6-1～6-4）。

写真6-4　紀和鉱山資料館

熊野川流域には鉱山もあり、楊枝川で銀採掘、紀和町で銅採掘が行われ、東大寺大仏鋳造に献上されている。昭和9年、石原産業の鉱山経営で規模拡大し、紀州鉱山での銅採掘で昭和30-40年代の板谷地区は発展したが、昭和53年に鉱山は閉山した。

丸山千枚田は鉱山開発を支えた農業地域で棚田景観美では類を見ないが、農耕困難と高齢化、農家戸数減少などの問題が顕在化している。

4.2　熊野川流域の市町村も大きく変化している

2011年1月、熊野川流域の市町村は三重県熊野市・南牟婁郡紀宝町・奈良県五條市・吉野郡天川村・野迫川村・十津川村・上北山村・下北山村・和歌山県新宮市・田辺市・東牟婁郡北山村などである。明治時代の市町村郡大合併、昭和時代の市町村大合併で市町村の領域と名称は変容した（表6-1、図6-1～6-3）。

表6-1　熊野川流域の市町村の変遷

	昭和9年	昭和44年	平成23年
三重県	飛鳥村	熊野市（一部）	熊野市（一部）
	五郷村		
	神川村		
	西山村	紀和町	
	入鹿村		
	上川村		
	相野谷村	紀宝町（一部）	紀宝町（一部）
	御船村		
	鵜殿村	鵜殿村	
和歌山県	新宮市	新宮市	新宮市
	高田村		
	三津ノ村	熊野川町	
	小口村		
	九重村		
	玉置口村		
	敷屋村		
	本宮村	本宮町	田辺市（一部）
	三里村		
	四村		
	請川村		
奈良県	天川村	天川村	天川村
	大塔村	大塔村	五條市（一部）
	野迫川村	野迫川村	野迫川村
	十津川村	十津川村	十津川村
	下北山村	下北山村	下北山村
	上北山村	上北山村	上北山村

平凡社「三重県の地名」「奈良県の地名」「和歌山県の地名」より作成

図 6-1　昭和 9 年の熊野川流域の市町村分布図

図 6-2　昭和 44 年の熊野川流域の市町村分布図

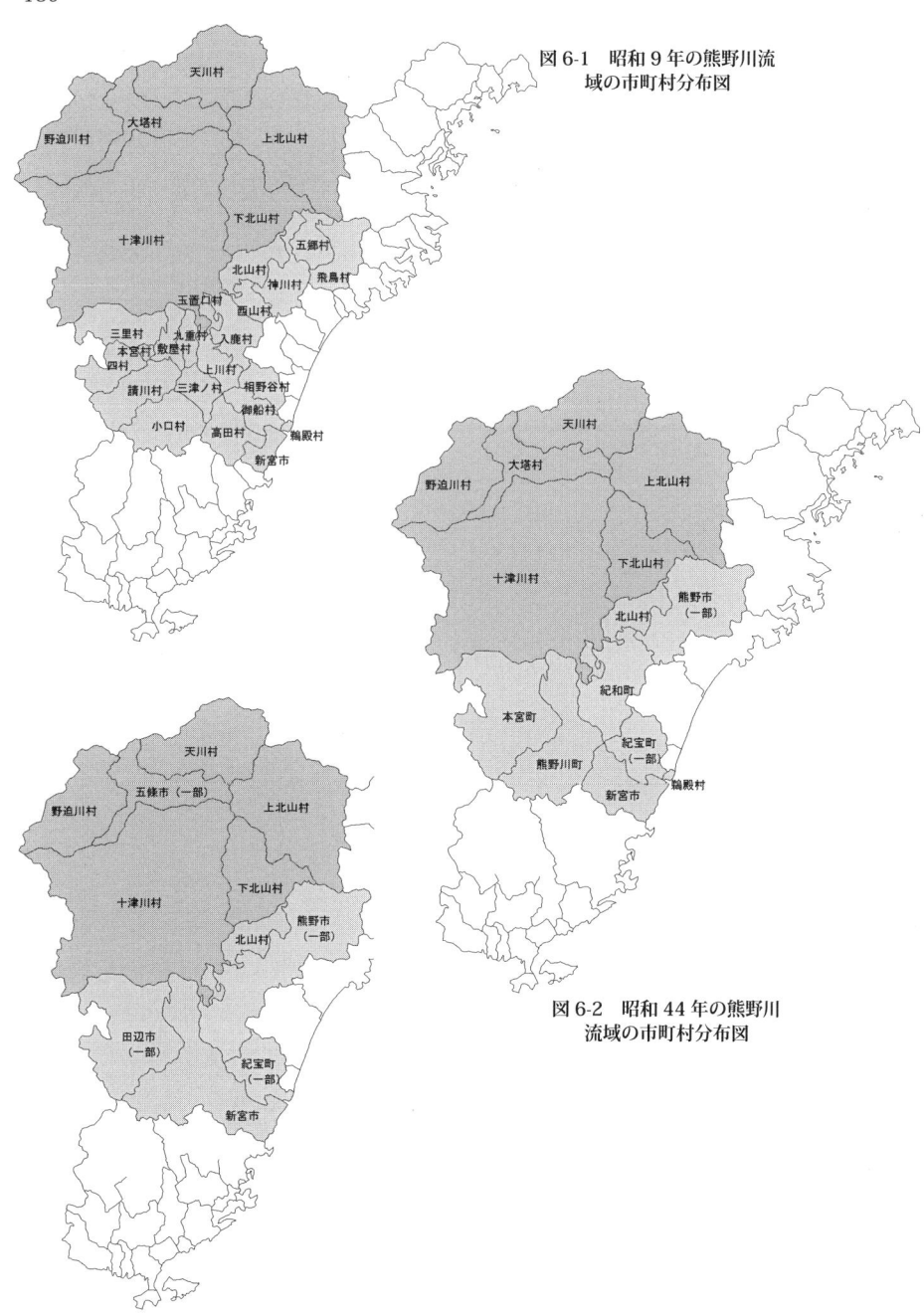

図 6-3　平成 23 年の熊野川流域の市町村分布図

4.3 熊野川流域の地域区分と土地利用景観

　熊野川流域の土地利用は林野と耕作地で代表されるが、社会的な構造変化の波で耕作面積が大きく変動しており、繰り返された市町村大合併との連動も伺われる。支流ごとにみると土地利用空間分布、土地利用景観の地域偏差は大きい。そこで、熊野川本川、支流北山川流域を上・下流、A・B地区に区分して農業センサスから市町村大合併前後の動きを示してみたい。熊野川AとBは白見山（925m）や子ノ泊村（906m）の分水嶺が境界線であり、北山川A・Bは県境界線である（図6-4）。

　また、この流域が農林業地域であることを踏まえ、流域全体の農業集落を都市的地域、平地農業地域、中間農業地域、山間農業地域の4つに分類してみた（図6-5）。昭和20年、天ノ川流域は野迫川村・大塔村・天川村、十津川流域は十津川村、熊野川流域Bは上川村・三津ノ村・小口村・敷屋村・本宮村ほか、熊野川流域Aは新宮市・鵜殿村・御船村・高田村、北山川流域Bは上北山村・下北山村、北山川流域Aは入鹿村・西山村・玉置口村・北山村・神川村・五郷村・飛鳥村を含む。都市的農業地域は新宮市と鵜殿村、本宮と敷屋村は中間農業地帯、その他市町村は山間農業地帯であり、平地農村はない。山間農業地帯は自給自足的耕作と林業で耕作面積は限られている。このような農業地域の特性は地形勾配、平野面積、礫床河川などといった中山間地域特有の自然環境とも関係している。

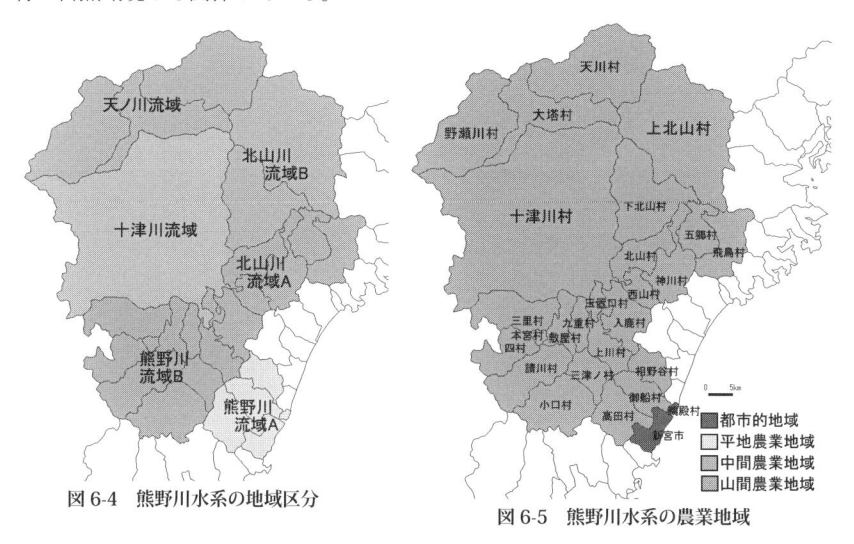

図6-4　熊野川水系の地域区分

図6-5　熊野川水系の農業地域

　流域社会の構造指標のひとつとして人口を取り上げ、流域内の大字毎に0人―5000人を9ランクに分けて空間分析をおこなった（図6-6）。この基礎的な人口デー

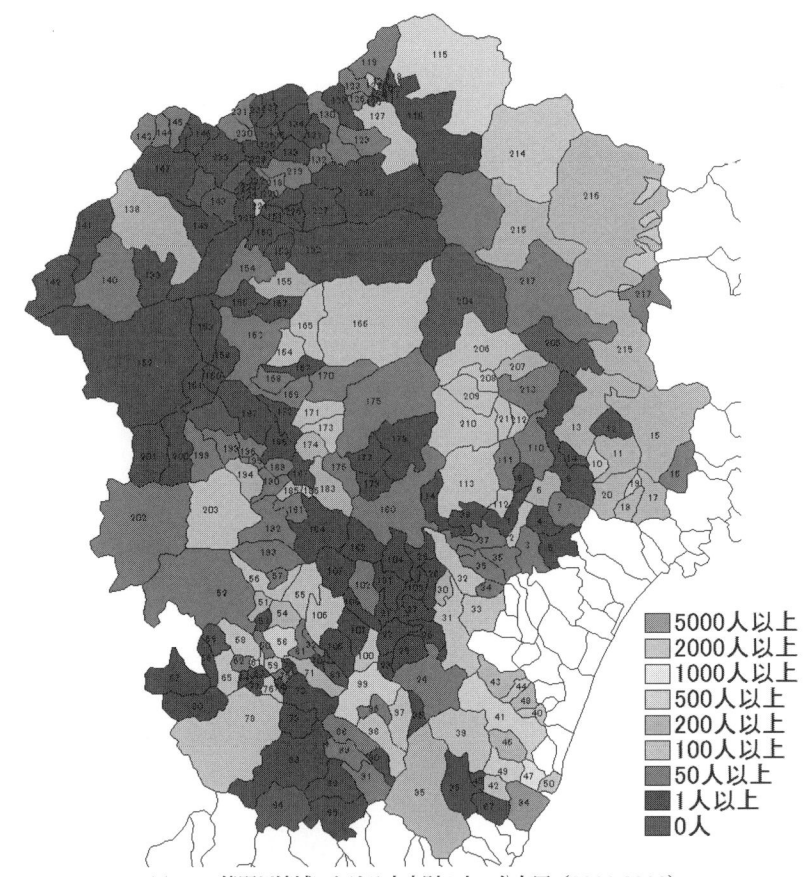

図 6-6 熊野川流域における大字別の人口分布図（2006-2008）

タは 2010 年 8 月の地方行政での聞き取りによるものであるが、奈良県 6 村（天川・大塔・野迫川・十津川・下北山・上北山）については 2005 年国勢調査データを使用している。

新宮市と相野谷川流域で人口数が多く、熊野市と大又川流域で 200 人規模の集落が分布している。熊野川町と本宮町のなかでは日足・本宮地区に 500 人規模の人口分布が認められる。天川村洞川地区では一部に 500 人規模の集落はあるが流域全体では 100—50 人程度の小集落が多い。人口分布は「道」の有無、鉱山、社寺地・観光地化などの歴史文化的プロセスに依存していることが表象されている。

流域人口密度（図 6-7）をみると新宮市と鵜殿村で人口密度が 1600 人/km^2 を越

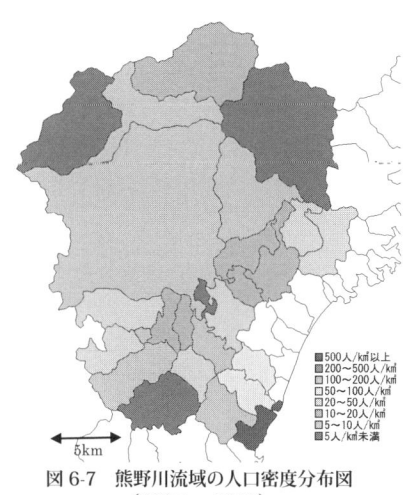

えているが、山間地域での数値は低く3番目に人口密度の高い本宮村が129.40人/km²である。人口密度を流域別にみると熊野川A地区で284.17人/km²、北山川流域Aと熊野川Bが18.08人/km²と15.88人/km²、十津川流域、天ノ川流域、北山川Bは少子高齢化と過疎化で小さな値である。このため、限界集落と消滅集落、耕作地放棄はこの流域では大きな問題であり、村落の公共施設、小学校などの教育施設が撤退している。少子化は施設撤退と公共交通市システムであるバス路線撤退につながり、さらに加速度的に高齢化に向かっている。耕作地放棄と荒廃化は林野の管理が不十分となるため、斜面崩壊・洪水などの災害リスクを増幅させている。

図6-7 熊野川流域の人口密度分布図（2005〜2008）

4.4 土地利用変化の表象

最近100年をターゲットにして、流域の土地利用変化を5万分の1縮尺の地形図からみてみたい。明治44〜46年、昭和44年、平成4〜14年の経済発展段階の異なる年代から土地利用図を作成してみた。使用図幅は表6-2に示しているとおりである。

土地利用分類図の凡例は以下のようなものを用いている。

表6-2 使用した地形図

高野山	明治46年	昭和44年	平成8年
山上ヶ岳	明治44年	昭和45年	平成14年
大台ヶ原山	明治45年	昭和46年	平成7年
伯母子岳	明治46年	昭和47年	平成13年
釈迦ヶ岳	明治47年	昭和48年	平成14年
尾鷲	明治48年	昭和49年	平成7年
龍神	明治49年	昭和50年	平成14年
十津川	明治50年	昭和51年	平成6年
木本	明治51年	昭和52年	平成14年
栗栖川	明治52年	昭和53年	平成13年
新宮	明治53年	昭和54年	平成4年
阿田和	明治54年	昭和55年	平成13年

図6-8 土地利用図の凡例（宅地／田／畑／果樹園／桑畑／茶畑／（無色）山林）

4.4.1 新宮と阿田和の土地利用変化

　明治44年、新宮市は流域の中核都市であり、林業で潤う経済の中心であった。この新宮は市街地がすでに発達しているが、南部は水田、海岸段丘を刻む谷底平野も水田、斜面地は畑として利用されていた。明治期の相野谷川流域は最大の水田地帯であり、河岸段丘は農業集落、垂直帯状に果樹園が分布するほかは日足地区に桑畑があるのみである。

　昭和後半になると、新宮の市街地面積は拡大し、氾濫原平野では畑も水田も減少し

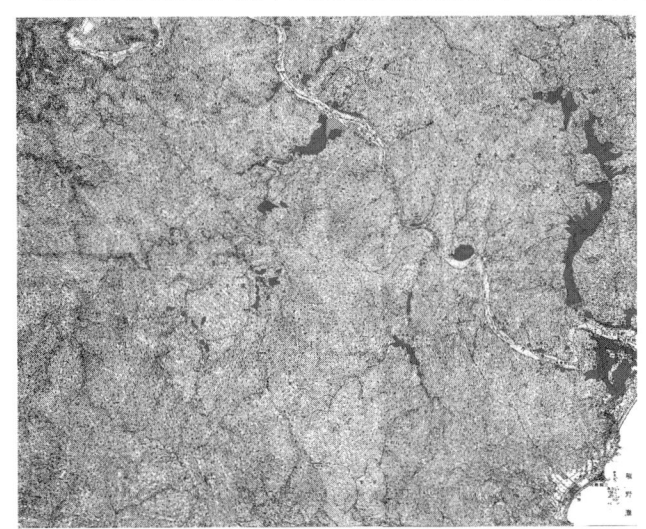

図 6-9　大正時代の新宮・阿田和の土地利用図

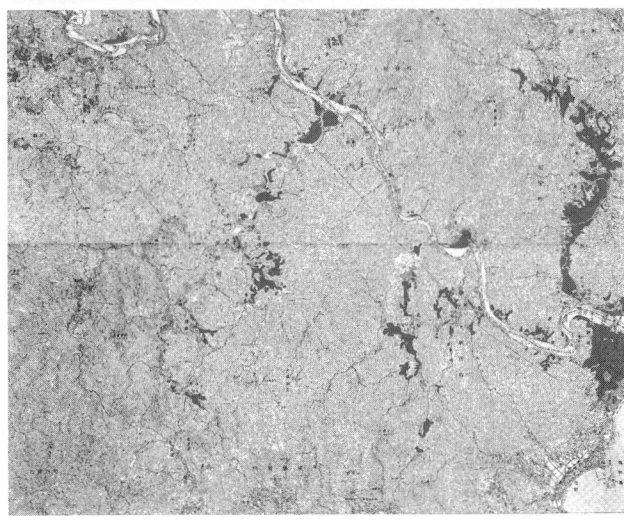

図 6-10　土地利用図　新宮・阿田和・大正時代

ている。相野谷川流域の谷底平野は温州みかんなどの果樹栽培も盛んに行われた。日足では桑畑が減少し果樹園に転換している。平成では新宮市街地の宅地が沿岸部に拡大している一方、山間部の谷底平野立地の水田、斜面地立地の棚田が減少した。日足でも水田が減少しパルプ工場ほかの工場が進出している。日足地区では耕作放棄地、草地への変化もみられる（図6-9〜6-11）。

4.4.2　上流地域の土地利用変遷

　この地域では経営耕地面積が10分の1に減少し耕地面積減少が顕著である。近世

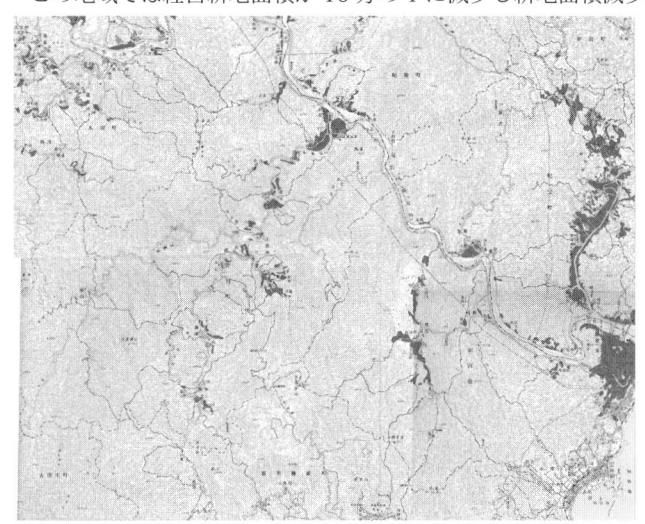

図6-11　土地利用図
新宮・阿田和
昭和44年

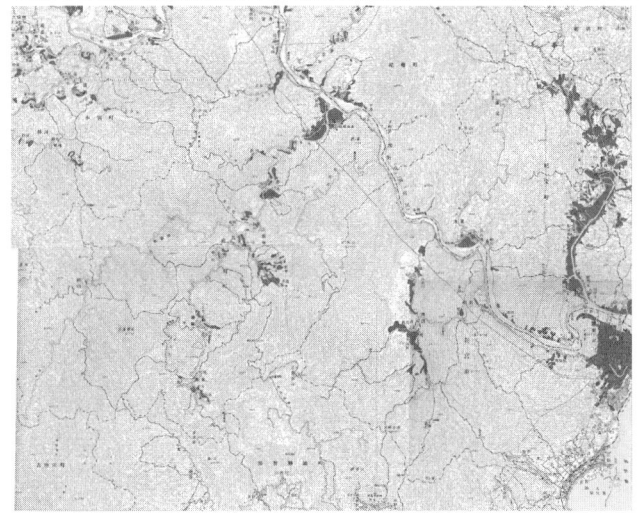

図6-12　土地利用図
新宮・阿田和
平成13年

から明治で、谷底平野が水田として開発されたが昭和初期までに畑に変容し茶畑に変化した地区もある。わずかな軒数の農家、林業家の自給自足的な土地利用景観であり、景観変化が少ない。集落の位置も変化はないが過疎化に向かい、土地利用景観として水田は残存するものの耕作放棄地が拡大している。本宮大社を中心に観光地化で旅館建設に変化がみられる。

　十津川村では、明治期には斜面地が林野、杉の人工林が広がっていた。急傾斜では農耕に不適で免租を受けた集落も多いため、比較的独立心に富む村落共同体があったとされる。明治で免租特権は廃止された。急傾斜地での耕作は困難であり、1889年洪水で集落は壊滅し北海道に移住し新十津川町を作ったこと。図幅南部に水田があるが、昭和では水田・畑ともに拡大している。紀州鉱山を抱えた板屋地区は鉱山開発で集落が拡大している。集落拡大で耕作地確保にむけ斜面地で耕作地を開墾したと読みとれる。丸山千枚田が鉱山町に隣接する棚田であり、鉱山町との関係を読み取ることができるが、昭和53年の紀州鉱山閉山で板谷から集落が撤退し、平成6年には集落規模が狭小化している。傾斜地では果樹園へと構造変化が表れている。

　尾鷲地域については、近世文書に林業地域保全活動があったことが知られる。1622年の飛鳥村の南覚兵衛兄弟が賀田村に高瀬山を売る文書が残っており、奥熊野山林御定書が1636年に発行された。奥熊野では六木（杉、桧、松、槻、楠、樫）は御制木と定め禁材としていたこと、1754年には植出権の禁止を示す尾鷲九ヶ村宝暦の極書が発行されるなど、林業地域としての存在が文書に残されている。傾斜地で耕作が困難なこと、江戸時代の紀州藩の政策なども手伝い、この地域では林業が重要な産業となっていた。図18-20は「尾鷲」の明治、昭和、平成を代表する土地利用図である。3時代とも斜面地は針葉樹林で河合集落は屋敷杜を含む集落がある。昭和時代では坂本貯水池が建設され谷底平野が水田として利用されていき灌漑用水路など農業施設が農業景観の一つをなしている。

4.4.3　熊野川流域の土地利用景観の変化

　「天の川」は聖域を示す修行者の行場、大峰開山後の山岳修験道の歴史がある。宇多天皇、菅原道真、藤原道長、白川法皇、西行法師も大峯山への御岳詣を行っていた。阪本は十津川と天ノ川の分水嶺にあたり、近世の天川23ヶ村は天領であった。明治22年、旧天川郷・三名郷が合併し天川村となり大峰山へ向かう宿場町で、熊野詣参詣者の宿泊地として発展した。野迫川村は谷底平野に集落が建設され水田開発が進んだ。斜面地を背後地に谷底平野は水田、平野に人口が集中して小規模な集落が点在し、河川交通の便は耕地を広げた。山地の急斜面は丸山千枚田に見る棚田と鉱山町、商品

作物として桑畑も確認できる。浅里集落は山麓に集落、河岸段丘を伏流水利用で水田が開発された。北山川上流、十津川流域は樹林帯で一部に白見国有林があるが村落林、個人所有の森林も広い。新宮は河口を生かした製材、加工、漁業の中心部として明治44年に市街地が発達していた。昭和時代に入ると畑地、山間部急傾斜地には棚田とだんだん畑が拡大し、十津川流域でも傾斜地農業地域においても集落の面積が拡大した。国内の養蚕と絹織物工業の縮小期となると、この流域での桑畑の面積の減少が認められる。流域の中核都市である新宮は市街地が拡大し、銅鉱山の板屋の集落拡大は第一次大戦後まで継続していた。農業技術の高度化と多目的ダム建設は耕作地面積を拡大している。昭和と平成の両時代の代表的な土地利用図を見比べると土地利用の変化は少なく、地方都市からも工業地域からも隔絶した河川流域は土地利用高度化にはむかわなかった。新河川法の制定、世界遺産指定をうけることで熊野古道と熊野本宮、速玉神社などの社寺地に目が向けられ観光施設が増設されると異なる土地利用景観を生み出している。

4.5 耕地割合の変化（1965年と2000年の比較）

1965年と2000年の行政区域総面積あたりの経営耕地面積、総面積に占める耕地の割合を計算してみた（表6-3）。全体的に大幅な減少がある。1965年、2000年とともに耕地割合が小さいのは上北山村で、下北山村の43分の1である。十津川流域は1965年、2000年ともに畑地面積比率が高く、天川流域では2000年の畑地比率が大きい。北山川Bの水田と畑面積は同比率であるが、他地域では水田面積が耕作地面積で優位である。河川上流での畑地、下流での水田割合が大きい。最近100年

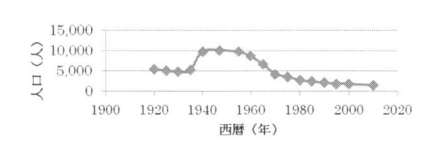

図6-13 紀和町の人口変化

表6-3 流域各市町村の耕地割合（％）

	1965年	2000年
神川村	1.99	0.91
五郷村	2.21	0.91
飛鳥村	2.46	0.85
御船村	5.79	3.36
相野谷村	9.16	4.26
上川村	1.27	0.32
入鹿村	1.86	0.38
西山村	3.59	0.51
鵜殿村	13.89	3.82
天川村	0.64	0.12
野迫川村	0.34	0.04
大塔村	0.59	0.06
十津川村	0.47	0.08
下北山村	0.43	0.08
上北山村	0.01	0.00
新宮市	12.74	3.35
高田村	1.58	0.32
三津ノ村	2.80	1.16
敷屋村	2.80	0.81
九重村	1.14	0.07
玉置口村	0.64	0.00
小口村	1.12	0.33
三里村	2.49	0.80
本宮村	5.40	0.80
四村	2.13	0.21
請川村	0.78	0.11
北山村	0.64	0.21

で耕地面積は減少したが熊野川Aのみ耕地面積減少が緩慢である。

千枚田をもつ旧紀和町を対象に1965年から2000年の耕地面積の変化と、人口推移を見てみた（1947年以前は上川村・入鹿村・西山村を合計した）。

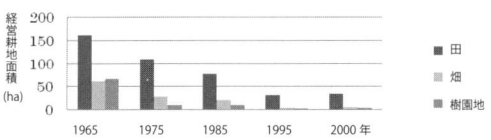

図6-14　紀和町の耕地面積の変化

人口変化に伴い産業構造も変化し、1965年と2000年の15歳以上の産業別人口をみると、農業は572人から100人、鉱業人口は531人から9人、林業人口は117

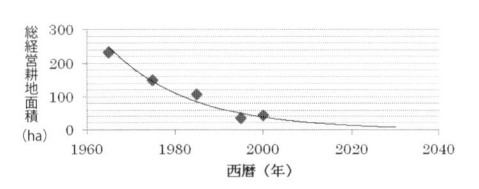

図6-15　紀和町の総経営耕地面積の推移

人から19人と鉱業人口割合は大幅な減少である。紀州鉱山閉山前、昭和44年土地利用をみると紀和町の集落は拡大しているが、平成12年に集落規模は縮小している。紀和町の田畑、樹園地の耕地面積を1965年、1975年、1985年、1995年、2000年の変化を調べたところ水田面積が最大で田・畑・樹園地合計の総経営耕地面積を調べたところ次のような近似曲線式で示すことができた。$y = 3 \times 10^{48} e^{-0.054x}$
(x：年号　y：耕地面積)。丸山の耕地面積を予測すると2010年では20ha、2020年に15haであるが、実際の耕地面積は1995年35ha、2000年44haに増加している。耕作放棄地面積はあるが、熊野市、千枚田を抱える農家の努力で復旧した棚田も増加している。

中山間地域の耕作経営の時代背景は地域多様性がある。最上流域の野迫川村、五條市大塔町、天川村のように、単に流域内の上流と下流の影響よりもむしろ、流域を超えた他の流域の影響（ここでは紀ノ川流域）を強く受けた地域も存在している。紀和町と十津川村は明治期において同じ山間農業地域でも農業形態に差異をみせている。その要因には地形、傾斜度の違いが反映されている。紀和町の丸山地区の傾斜度は7.12°であるのに対し、平成に十津川村で比較的大きな農地が見られる小原地区の傾斜度は14.9°と約2倍であった。

昭和時代と平成時代に土地利用に変化が少ないが耕地面積の変遷を見ると全体的に耕地の大幅減少しており、耕地面積が1965年から2000年に4分の1程に縮小した。最下流部での減少率は低い。耕地面積の減少には耕作放棄も手伝い、外国から輸入食品の増大で水田・畑作面積の減少に歯止めがかからない。しかし、1994年に紀和町

(現・熊野市）が制定した「紀和町（熊野市）丸山千枚田条例」などが地域の文化財としての棚田での農業を保護することを考えており、今後の土地利用には影響を与えるものと考えられよう。しかし、この流域の中山間農業地域としての地域特性をみると、急峻な地形や、産業の衰退のため人口の減少が大きい、人口の大幅な減少とともに耕地面積は大幅に減少している。このような中で地元住民の積極的な取り組みが耕地面積の永続性に貢献している。

5　熊野川流域に残る信仰景観

　新宮川流域は世界遺産として熊野古道を含む、神社地及び社叢林、河川の中に残されている聖なる土地など宗教儀礼、祭りを滞りなく行うための多くの信仰施設があり、これらが信仰景観を作り出している。前述したように、この河川流域では斜面地の林野、谷底平野に展開している集落と耕作地は最近100年間の時間を考えてみると、大きく変容している。熊野古道の文化的意義が認められるまで、熊野川流域では少子・高齢化と過疎化に困惑していた。河口部に市街地があるものの銅鉱山が閉山すると人口減少で集落規模が小さくなった村もある。本宮地域でさえ、小学校が合併し、廃校が相次ぎ観光客むけの施設が完成するなかで伝統的な集落景観は失われようとしている。

　熊野川下流には速玉神社と社叢林、本宮大社にも厳かな佇まいの神社と社叢林がある。社寺地跡地は重要な信仰空間であり河川が結び付けている。いずれの社寺地も河川に隣接している。日本有数の豪雨地帯を背後に抱えているため、本宮は熊野川の洪水で河道変遷繰り返された。十津川災害で壊滅した本社地は山沿いに再建され、社寺地は立地空間的に大きく変化を受けた。旧社寺地は新しい鳥居とともに社叢林を熊野川の河道近くに管理保存されており、信仰景観は河川流域のダイナミックな変動を記憶に残している。

　一方、熊野川の本河道は中世から近現代にかけて熊野の神々を詣でる参詣路として、木材運搬をふくめた水運路の史的な痕跡が残されている。洪水災害、土砂災害、地すべり災害が頻発したため、昭和後半には防災施設としてダムほかの大型構造物ができたために河川景観も変容している。流域全体を俯瞰すると、御船祭りにみる信仰景観も河川をバックにして行われた空

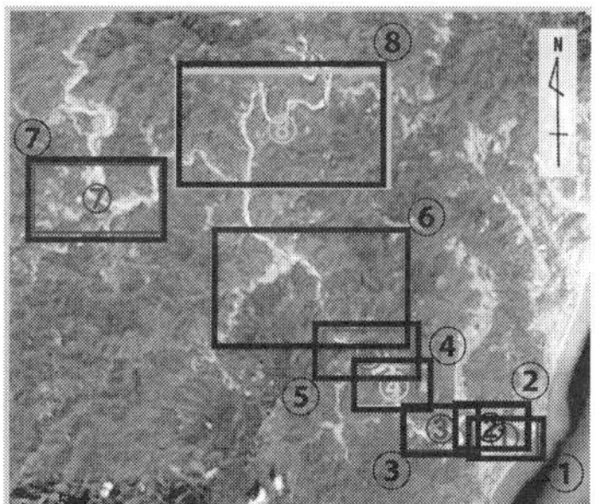

図6-16　景観調査地点
（グーグルマップ上に地点を示した）

間であるため、歴史文化が刻まれた景観を見せている。

　河川景観を新宮市内、王子ヶ浜、北山川において1kmピッチで河川を取り巻く景観写真と住民の河川認識の双方から考えてみたい。文化的景観分類にあたり流域景観を文化景観と自然景観に大別して、防災整備がされており周辺の自然環境と調和している景観、地形特徴をとらえた土地利用景観、自然の作用で創り出された景観、防災整備がされているが周辺の自然環境と調和していない景観、防災整備の不十分な河川景観の5つに大別できる。

　熊野川流域の景観は文化景観、自然景観のうち「防災整備がされており周辺の自然環境と調和している景観」、同「地形特徴をとらえた土地利用景観」、「自然の作用で創り出された景観」、「防災整備がされているが周辺の自然環境と調和していない景観」、「防災整備の不十分な河川景観」にわけることができる。文化的景観の可視化にむけ地域住民と観光客の景観認識について分析してみた。

　新宮市、紀宝町、田辺市の居住者、和歌山県内の他地域、県外からの観光客が持つ熊野川の景観認識をアンケートによって評価し点数法で示した。評価点の高い景観は瀞峡、熊野本宮大社、熊野本宮大社旧境内、熊野速玉大社であり、評価点の低い景観は支流北山川の工事現場、新宮市街地、河口部から見た鵜殿村、本宮市街地であった。

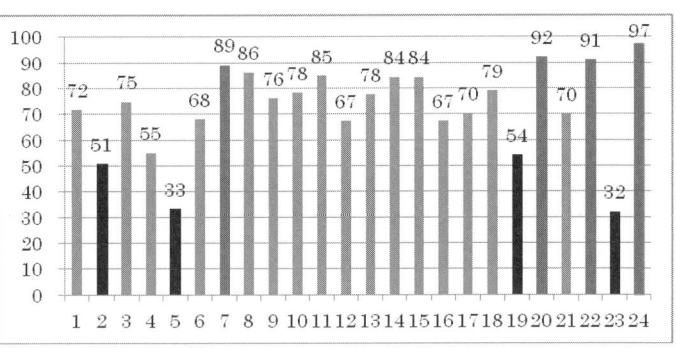

図6-17　景観別の評価点の分布について

　平均的な評価点である七里御浜は自然景観として評価が高く、地域住民にとっての心象風景が読みとれる。

　一方、河口部から見える河川護岸と工場については、海岸に近い地点であっ

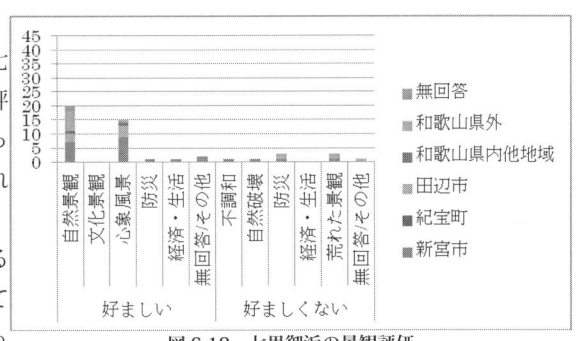

図6-18　七里御浜の景観評価

第 6 章　熊野古道と中山間地域の景観形成と河川管理を土地利用から考える　　　　　161

ゾーン1：新宮市内における景観—浮島の森、速玉神社、新宮川河口—

1-1　浮島
古くは修験者の行場で、その稀有な植生から天然記念物にも指定されている浮島が、付近の宅地化によりすっかり孤立してしまった。

1-2　速玉神社
熊野三山の一つである速玉大社は山を背に建ち荘厳な雰囲気をまとっている。文化景観と自然景観とが調和した景観といえる。

1-3　新宮川河口
南北方向に流れる沿岸流の影響により、河口部には大きな砂州が形成されている。対岸には工場がある。

1-4　海岸
新宮川の強力な流れに運搬され、波によって押し戻された大きな砂礫の堆積が特徴的な海岸には松の防風林を見ることができる。

ゾーン2：熊野川沿いにおける景観―河口0km～3.5km区間―

2-1 河口より上流を望む。ケルンバットとケルンコルの存在により断層線が確認できる。コンクリートによる堤防、護岸整備が進んでいる。

2-2 右岸側では、穏やかな勾配の堤防が見える。のり面はコンクリート護岸工事がされている。

2-3 中洲の上流側先端では、相野谷川による侵食を防ぐため護岸されている。材料は周辺の岩石を利用し、景観に配慮されている。

2-4 熊野速玉大社境内の一部である御船島が見える。ここでは、年に一度行われる例大祭御船祭で祭礼の場となる。

第 6 章　熊野古道と中山間地域の景観形成と河川管理を土地利用から考える　　163

ゾーン 3：熊野川沿いにおける景観—河口から 4.5km 〜 9km 区間—

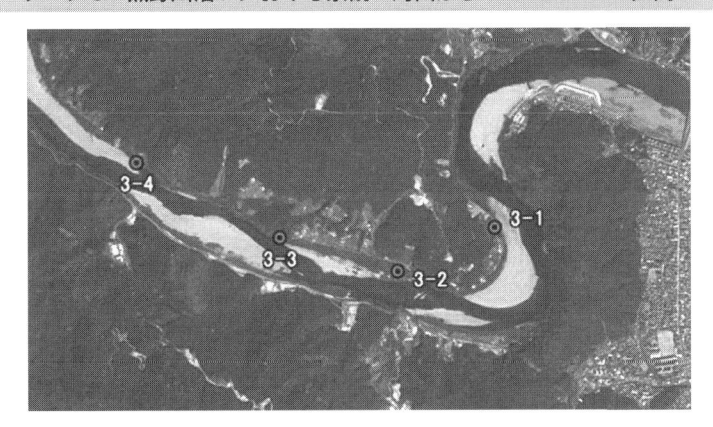

3-1　右岸に柱状節理が見られる。最大粒径は長径 45cm、短径 18cm の礫洲である。食生はツルヨシ、河原ナデシコ等である。

3-2　土砂崩落の跡とその護岸が見え、地盤の緩さが伺える。また、手前緑色のネットは周辺の自然景観を考慮していない。

3-3　国道 168 号線のコンクリート基礎が直線状に見られる。これは景観への配慮が欠けている。

3-4　約 1m 四方の岩盤が多く見られる。新宮川の運搬能力が大きいことがわかる。

ゾーン4：熊野川沿いにおける景観―河口から9.5km～12km区間―

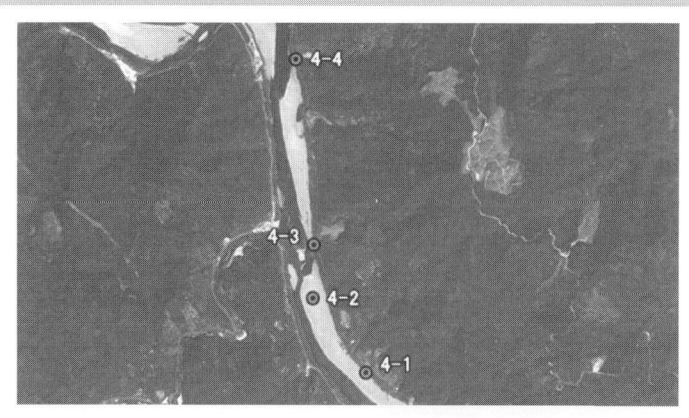

4-1 流路は直線的で、水深は河口より比較的浅くなっている。左岸側には寄洲、右岸側には岩盤の堆積が見られる。

4-2 両岸の河川敷には、豊かな植生が見られる。

4-3 支流との合流地点である。支流で崩落し、本流へ流入した岩石が堆積している。また、一度湧き出した伏流水がさらに伏流している。

4-4 左岸に柱状節理が見られる。採石場であったと推定される。

第 6 章　熊野古道と中山間地域の景観形成と河川管理を土地利用から考える　　165

ゾーン 5：熊野川沿いにおける景観―河口から 12.5km ～ 15.5km 区間―

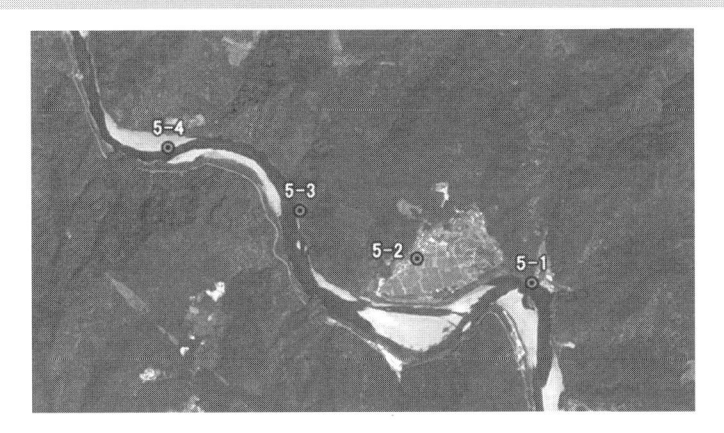

5-1　河川の蛇行と、紀伊山地の緑豊かな稜線が確認できる。新宮川の原風景が感じられる。

5-2　峡谷の傾斜が急になり、川幅は狭く、水深は深くなっている。流れは穏やかである。また、右岸では岩盤がむき出しになっている。

5-3　河川の蛇行部である。寄洲上に、低木などの高次な植生が見られる。

5-4　最大粒径、長径 13cm、短径 7cm の砂礫洲である。最高部は、水面より約 2m となる。上流より流れてきた木片が堆積している。

ゾーン6：熊野川沿いにおける景観―河口から 16km ～ 23.5km 区間―

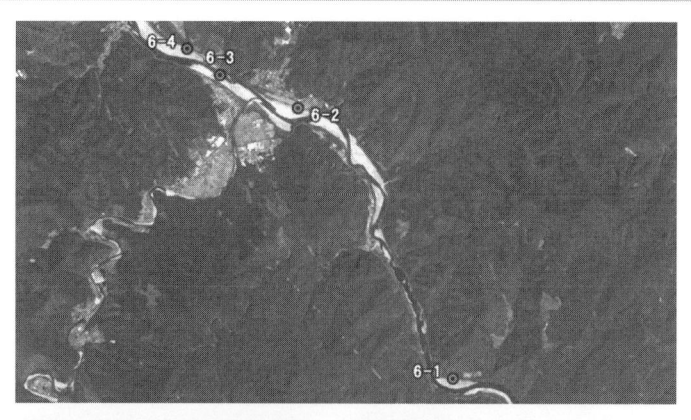

6-1　両側は切り立った峡谷で川幅が狭く、流速が速くなっている。右岸には、岩盤の崩落が見られ、地盤の緩さがうかがえる。

6-2　河川の穿入蛇行が見られ、この地点の川幅が最も広い。左岸には、段丘面の高低差を利用したゴルフ場等の娯楽施設がある。

6-3　調査時の川幅に対して河川敷が広くなっている楊枝川との合流地点である。

6-4　アユ釣りの人がいる。右岸には、段丘面上に集落が見える。

第 6 章　熊野古道と中山間地域の景観形成と河川管理を土地利用から考える　　　167

ゾーン 7：熊野川沿いにおける景観—河口から 41km 地点：支流大塔川—

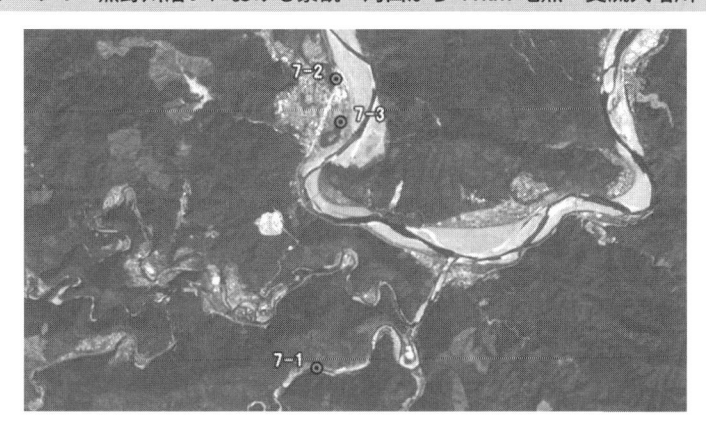

7-1　川湯温泉
天然の温泉が湧く川原は美しい景色が楽しめる温泉街となっている。自然環境の有効な利用といえるだろう。

7-2　熊野本宮大社
熊野三山の一つである本宮大社は新宮川のほとりの山中に建てられている。自然と不可分な日本的信仰を象徴する文化景観である。

7-3　本宮跡地
大社は 1889 年の大洪水により現在の場所に移されたが、現在もこの場所には鳥居がある。

7-4　本宮跡地
跡地の一部は広場になっており、コンサートや祭りの会場として利用されている。洪水の多い環境に適した有効な土地利用である。

ゾーン8：瀞峡における景観

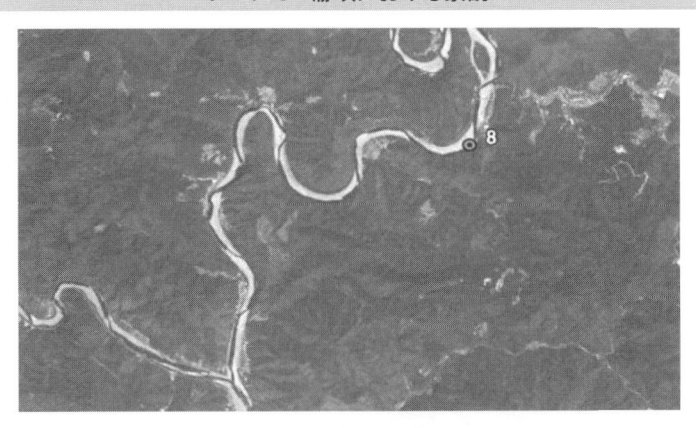

8-1 新たに建設中の堤防は周囲の景観になじんでいない。

8-2 山巨礫が積みあがったこの礫洲の規模からは流量の多さと流れの強さが象徴される。

8-3 5m四方はあろうかという岩石が崩落している。このあたりの地盤は崩れやすい。

8-4 川の侵食作用により露出した両岸の岩肌が迫り来る。

ても自然と人工物が不調和で自然破壊を想起させており、景観劣化ととらえられる。しかし、新宮市民には見慣れた風景と評価する人もある。河川流域の景観に人工的な構造物、開発の波を受けた地域としてゴルフ場建設現場などは同様に景観評価が低い。

同様に、河口近くの木場の景観への評価は低く、経済・生活を支えた景観と評価する住民がいる一方で、自然と不調和が顕著で、すでに林業が撤退しかかっている町の憂鬱を感じる住民もいる。さらに、新宮市街地の景観は最も低い評価であり、人口減少でシャッター通りとなった不景気な町の印象を示す声もあった。しかし、新宮市の保護地区である浮島の森は評価が平均的である。浮島の森が新宮藺沢浮島植物群落で天然記念物指定を受けていること、修験者の聖地・修行場として、文学作品の舞台となったこと、住宅地の中に残存する緑地が好感を与えている。

新宮市での景観評価が最も高いのが熊野速玉大社であり、信仰主体の建築物は自然環境と溶け合っているとしている。

河川景観は護岸工事の行われている地区を除き、豊かな植生と雄大な河川、連なる山々が熊野川流域の連続的な自然を示していると

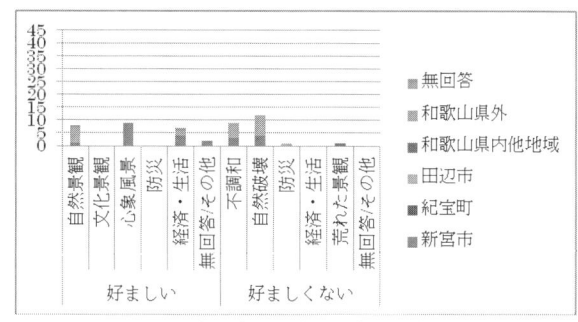

図6-19　河口部から見た三重県の景観評価

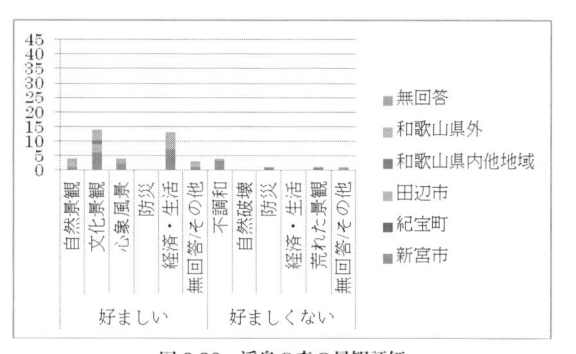

図6-20　浮島の森の景観評価

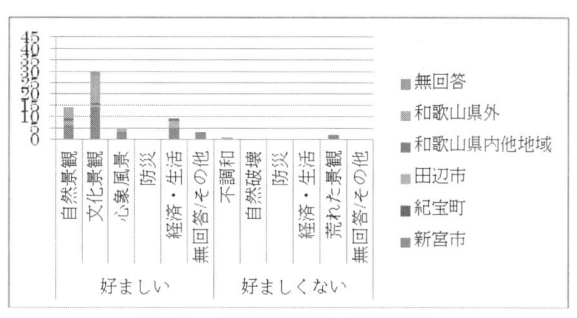

図6-21　熊野速玉大社の景観評価

して自然景観の高感度は高
い。一般に、河川の自然景
観、河川の流れ、岩床、岩
壁などの自然景観への評価
は高い。

　河口から約3km地点の
中州の景観、御船島の景観
は熊野速玉大社の神事であ
る御船祭都の関係、世界遺
産登録資産の一部であるこ
とから、単に優れた自然景
観でなく文化景観として評
価されている。自然景観と
しての河川景観の景観評価
に流れの強い熊野川のダイ
ナミックな景観が好ましい
と認識されている。

　河口から約5km地点の
山地の景観は評価点67点
と平均的な評価を得た。林
業の町として栄えたことか
ら、経済・生活の上で好ま
しい景観と評されるが、ゴ
ルフ場のような施設がある
ことから好ましくない自然
破壊の景観とみる人もい
た。また、居住地域と河川
景観認識には防災施設のあ

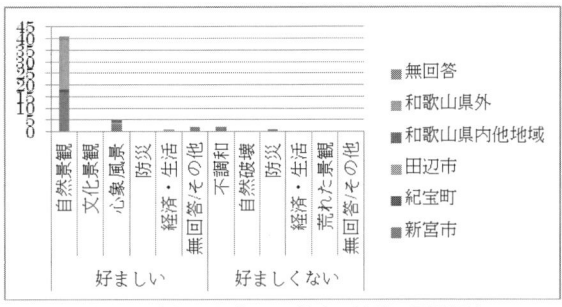

図6-22　河口から約2km地点の流域の景観評価

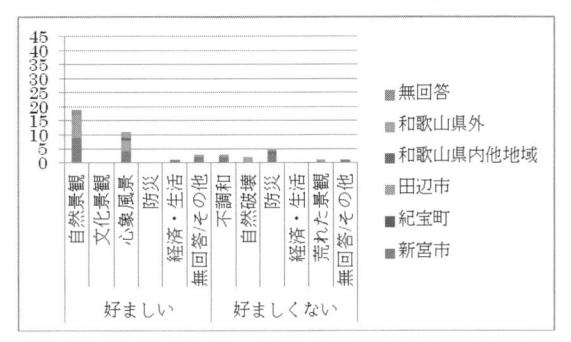

図6-23　河口から約17km地点から見た和歌山県側の景観評価

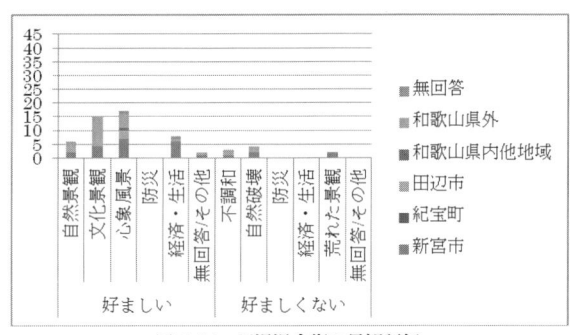

図6-24　川湯温泉街の景観評価

る景観に対して、安全と感じることで評価を与える被検者と目ざわりと感じる被検者
には大きな乖離がある。

　観光地にかかわる景観として川湯温泉を見てみると、平均的な評価点であるが、心
象風景としての評価がある。川湯景観は観光地が作りだした仙人風呂景観であるが、
地域住民、観光客ともに、川湯を示す代名詞のような景観として受け止められている。

第6章 熊野古道と中山間地域の景観形成と河川管理を土地利用から考える

観光地であっても、近年、整備された本宮のまちなみの景観評価は低い。自然に対して人工物が不調和であり世界遺産の町にふさわしくないと感じている住民が多い。本宮の市街地は世界遺産登録に伴って建物の色や高さが制限されるなど、景観整備がすすめられたにも関わらず、景観評価が低い。一方、熊野本宮大社の景観評価は、ここでの景観写真の中では最も高い。文化ならびに歴史を感じ、信仰対象として社叢林に囲まれた神社の立地が好ましいと感じられている。

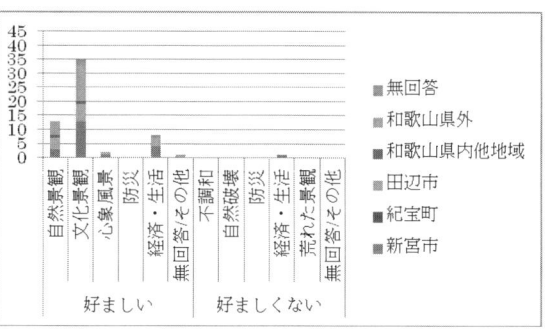

図6-26 熊野本宮大社の景観評価

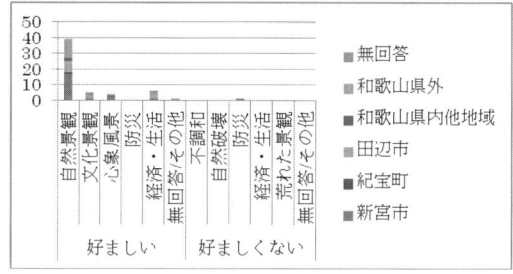

図6-27 瀞峡の景観評価

また、文化景観ではなく、自然景観として最も評価が高いのは瀞峡であった。

被検者の景観認識の中で、もっとも熊野川らしい景観と選定していただいたところ、景観評価の高い瀞峡であり、多くの高い評価を得た景観は人工構造物がない自然河川の景観で在り、「熊野」から連想される景観には速玉大社や本宮大社より、河川景観そのものであることが分かる。

しかし、心に訴えかける景観については瀞峡について、本宮大社旧境内と河口から約13km地点の河川景観であるとしており、「熊野」は自然景観と文化景観の複合景観が評価されていることも示されている。

これらを裏づけるように熊野川流域の景観は山の緑、水の青に代表される。これらの結果は、被検者の景観認識の中に「心を豊かにするもの」、「生活を守り豊かにするもの」が景観であるとする精神的豊かさの象徴をうることができよう。景観保全の必要の有無とその理由についても一人を除き、景観保全の必要性を感じ、「郷土を守るため」、「新宮市の景観保全と世界遺産登録」が理由として挙げられている。熊野川の景観保全への支払い意志額を統計処理したところ、新宮市の被検者3,154円、紀宝

町の被検者 2,000 円、田辺市の被験者 1,538 円、和歌山県内の被検者 1,000 円、和歌山県外の被験者 3,542 円となり、平均は 3,000 円であった。景観保全が環境保全としての意味を持つと考える住民が多い。

6 熊野川の環境について

6.1 熊野川流域の2大災害

　熊野川流域での最大洪水は明治 22 年 8 月に起きた十津川大災害である。流量・総降雨量は不明であるが、死者 175 人・流出全半壊が 1,017 戸、床上床下浸水被害が 504 戸に上った。この洪水により大規模な崩壊が起こり、十津川筋に天然ダムが 53 か所も発生したといわれており、十津川村の被害者は北海道富徳地区に移住している。

　十津川大災害から 70 年後の昭和 34 年 9 月には、相賀地点での流量 19,025 m^3/s、死者 5 人、全半壊家屋 466 戸、床上浸水 1,152 戸、床下浸水 731 戸に上る伊勢湾台風の被害を受けた。伊勢湾台風は紀伊半島・東海地方に大きな被害を及ぼし、室戸岬台風・枕崎台風とともに昭和の 3 大台風に挙げられている。死者数は十津川大災害に比べて減少したものの、床上浸水・流量ともに過去最大を記録している。伊勢湾台風は新宮川の流域全体に被害を及ぼしたため、伊勢湾台風を契機に、昭和 35 年和歌山県、昭和 36 年に三重県が計画高水量を 19,000 m^3/s として着手された。さらに昭和 45 年の一級河川指定にともない県計画高水流量 19,000/m^3s を踏襲した工事実施基本計画が作成された。この熊野川改修事業以降は、死者を出す災害は発生していない。

　昭和 34 年以降、死者を出す災害は発生しなくなったが内水氾濫は恒常的であり、一部の地盤標高の低い市街地、都市河川である市田川や相野谷川流域の内水被害は継続している。昭和 57 年 8 月台風 10 号の浸水面積は 274ha であり、床上浸水 584 戸、床下浸水 2,084 戸であった。この時の主な被害地域は相野谷川の流域、市田川の流域である。平成 2 年、平成 6 年、平成 9 年、平成 13 年、平成 15 年、平成 16 年にも新宮市では内水氾濫が発生している。

　熊野川改修事業は、昭和 22 年より和歌山県による右岸護岸改修が実施されたが、昭和 34 9 月伊勢湾台風により甚大な被害が発生し、これを契機に昭和 35 年和歌山県、昭和 36 年に三重県が計画高水流量を 19,000 m^3/s として小規模改修事業に着手された。さらに、昭和 45 年一級河川指定にともない県計画高水流量 19,000 m^3/s を踏襲した工事実施基本計画を策定された。その後、昭和 54 年、平成元年に河川改修計画を改定し、改修事業を実施している。また、昭和 46 年に支川相野谷川、昭

和47年に支川市田川を直轄区間に指定し、相野谷川では計画流量を580m³/sとして昭和54年より捷水路計画による河道掘削による河川改修を実施されたが、平

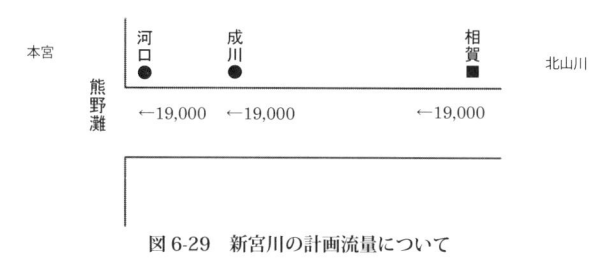

図6-29 新宮川の計画流量について

成9年7月台風18号による被害を受け「水防災対策特定河川事業」として、人家集中地区の輪中堤建設等に着手している。一方、市田川では県計画による計画高水流量140m³/sを踏襲し、昭和57年8月出水を契機として「激甚災害特定事業」の指定を受け、河口部水門、排水ポンプ事業を実施している。

　2010年9月15日、新宮市内で日雨量128.5mm、最大時間雨量67.5mmを記録している。この豪雨によって、床上浸水3軒、床下浸水200軒が洪水被害に見舞われた。新宮市内を流れる排水河川である市田川の流域において内水被害が発生した。主な浸水箇所は市田川周辺、浮島周辺、蓬莱周辺、別当屋敷町周辺である。市田川周辺の浸水箇所の標高は3〜4m、浮島周辺の標高は4.1〜4.6m、蓬莱周辺は標高3.2〜3.8m、別当屋敷町周辺は7.0〜7.3mであり、周辺の土地と比べて標高が1〜2m低い。下流平野は11の微地形に分類でき、自然堤防、砂礫州と旧ラグーンの繰り返す海岸平野である。平野を取り囲む山麓には谷底平野、河成段丘が形成されている。2010年9月25日の浸水被害と照らし合わせると、旧ラグーンと砂礫州地帯が交互に分布している地域で内水氾濫が発生していることがわかる。

　人間の活動の歴史を刻み続けている河川流域に展開している河川景観は、現在と将来ともに重要な文化の継承事例である。ここで示した河川流域の保全活動は河道のみならず、河川流域を基礎にして管理し、利用・活用するための提案として重要である。現在、進められている日本国内の重要的文化景観の一つとして、河川を上流地域と下流地域を宗教という基軸で結びつけることができ、また中山間地域の地域形成の一助となる。重要文化的景観は定着しつつあるが、源流から海までの景観をつなぐものとしての認識は薄い。

　魚付き林という河川河口部の概念の歴史は古く、9世紀までさかのぼることができるが、河川を基軸としてみた宗教儀礼に注目された研究は少ない。宗教儀礼にかかわる文化財、地域文化、歴史、地域社会、地域の生業を含めた歴史環境を持つ新宮川流域を考えるとき、将来的な保全計画の中に、熊野古道を取り上げることは必然であろう。

参考文献

大矢雅彦ほか（1998）:『地形分類図の読み方・作り方』p.3-5，p30-33，p48-49，p.63-67，p.70-91
山本殖生（1983）:「浮島の森の変遷」p.9-17　新宮市
編集委員会編（1987）:『日本の地質6　近畿地方』p.99-101，p.108，p.128-130，p.175-177，日本の地質「近畿地方」
地学団体研究会「自然を調べる地学シリーズ」編集委員会編（1985）:『自然を調べる地形学シリーズ2　水と地形』p.2-31
大矢雅彦編著（1983）:『地形分類図の手法と展開』p.2-15，p.37-55，p.200-216 古今書院
船橋三男監修（1984）:「岩石」地形団体研究会「新地学教室講座」編集委員会編（1984）p.8-36，p.47-61　東海大学出版会
宇江勝敏（2007）:『熊野川―伐り・筏師・船師・材木商―』新宿書房
髙木德郎（2010）『中世紀州の景観と地域社会』．株式会社ウイング．
高橋明子ら（2005）:「ユネスコ世界遺産リスト登録への日本の活動に関する考察 ―「紀伊山地の霊場と参詣道」と「海の正倉院・沖ノ島」―」．『日本建築学会大会学術講演便覧集』．
馬場 俊介（1995）:「はじめに ―景観とは？意匠とは？」．『景観と意匠の歴史的展開 ―土木構造物・都市・ランドスケープ―』．pp. 3-9.　株式会社信山社サイテック．
ベルク，オーギュスタン．篠田勝英 訳（1990）:『日本の風景・西欧の景観』．講談社現代新書．

文化庁ホームページ重要文化的景観の項．2011年3月24日
http://www.bunka.go.jp/bunkazai/shoukai/keikan.html
社団法人 日本ユネスコ協会連盟ホームページ．2011年3月24日
http://www.unesco.jp/contents/isan/
国土交通省ホームページ　水門水質データベース　熊野川の項．2011年3月24日
http://www.mlit.go.jp/river/basic_info/jigyo_keikaku/gaiyou/seibi/pdf/shingugawa66-5-1.pdf

第7章
ミャンマーの森林管理の問題点とバゴ川流域の土地利用変化

春山成子・ケイトエライン

1　リモートセンシングを使った土地利用変化研究について

　Foody（2002）の示した研究手法、土地利用に関する主題図作成に見るような土地利用分析はリモートセンシングの森林分析への応用として一般的な手法である。また、Ram and Kolakar（1993）は衛星写真と航空写真を比較することによって、インドの乾燥地帯を研究対象として、土地利用の空間的に変化を示している。Muchoney and Haack（1994）は様々な環境要素を取り上げて土地利用変化を詳細に調べており、LC 2000 と MORDES などのデイリーで取得できる衛星データを用いて、地球規模での土地利用の変化を示して、各地域の比較をしている。このような研究からは、各々の異なるデータ分析の結果を用いることで各々の分析の信頼度が評価できるようになった。

　このような土地利用研究は一般に衛星データを簡単に入手することが可能になったこと、さらにリモートセンシング技術が未習得な研究者であっても、衛星データを市販の解析ソフトを用いることで分析可能になったことが背景にある。そこで、空中写真を判読するのと同様な成果を上げることも可能になった。時系列を追った土地利用の変化を図示すること、それに合わせて様々なスケールで土地利用研究結果を図示することも可能になってきた。Kilpelainen and Tokola（1999）は衛星観測データを基にした森林インベントリーの作成を手掛けており、この研究を手本とした土地利用作成はよく用いられる。

　Kuemmerle *et al.*（2006）は、今までの研究者が用いた様々な分析手法を分析して、画像分析でのエラーが少なく、的確に分析できるツール混合することによって、新しい分析手法にむけ高度化に成功した。例えば、ランドサット TM 画像と新しい ETM+

画像を用いて、双方の分析を複合させることで、単一画像ではエラーの出る植生についても季節を異なるものを利用することで、より正確な土地利用図を作成する手法開発に成功している。また、Kuemmerle らは、植生がよくわかっている地域を取り上げ、すなわち、ヨーロッパのカルパチア山脈に隣接している3つ国を選定して、現地調査も行いながら、グランドトルースの地点数を増やし、土地利用パターンに明瞭な違いがあることについて研究結果を公表している。

Baudouin et al.(2006)は、世界的にみて質の高い生物多様性を温存しているフィリピンを取り上げて、森林伐採がフィリピンでの自然環境の質的変化をもたらしたかについて解析している。さらに、この地域での自然環境を劣化させたのかについての空間的な分析を行っている。この研究では、季節変化が明瞭であり、降雨強度の大きなモンスーンアジアを対象として、発展途上国での自然環境劣化のもとになっている森林伐採と環境破壊について検討をするとともに、地球環境の劣化を考える際の、南北問題を提議している。これは、国際的な経済体制に関係して発生しうる一連の構造的な社会問題が環境劣化を引き起こしていることにも言及している。環境劣化の問題の背後に潜む、発展途上国での社会的かつ経済的な特殊な状況が環境劣化への拍車をかけていることと、さらに、森林破壊によって派生する社会構造の変化についての関係にまで踏み込んだ論究がある。

森林伐採がすすむことで植生変化は引き起こされるが、この変化の中で、森林の中を生息場所としていた生物層も劣化している。このため、グローバルな視点で研究しうる衛星データを用いた森林環境の空間的な分布を明らかにして、迅速に環境保護に向かうことはローカルな意味でのフィリピン国内の環境問題のみならず、国際的にみて急務の課題であることを示すものである。

森林植生のモニタリング調査は、土地利用がどのように変化しているのかについて、各植生面積の比率を概算して、将来予測までおこなうことが目的である。近年、地球温暖化との関係から、森林生態系での炭素貯蔵量の推定も重要な研究課題となってきている。Wasseige and Defourny（2004）は、森林植生をモニタリングすることで、森林管理制度、森林空間分布図を時間軸で更新することで、ある時期の時間軸で見たときの森林管理や炭素量の算出も可能になっているとしている。長期滞在型の現地でのモニタリング調査を行うことで、森林科学のみならず、環境科学の多方面からの応用分野で研究調査の確認を行うことができることを指摘している。

衛星データを用いた土地利用分類においては、市街地、農地、森林、湿地などの土地利用項目を現地踏査、航空写真や地形図の解析を用いて精度確認を行う必要があり、調査者の個人的な経験も含めて、現地に即した土地利用空間を反映させているか

を吟味するための時間を要することになる。ランドサット TM を用いた衛星写真の土地利用分析を行うことで、森林地域における疎林ゾーン、あるいは、破壊された森林ゾーンについて、その実態は多くの地域で報告されている。しかし、ミャンマーではこのような土地利用変化の実例についての具体的な事例は報告されてこなかった。下部ミャンマーのバゴ川流域は 1975 年から 1989 年まで、チークの原生林が知られていた。しかし、1990 年以降、毎年、22,000ha のペースで森林面積が減少していると報告されている。具体的な実例は公表されてこなかった。

アグロフォレストリーのひとつとして有名な「タウンヤ法」はミャンマーの森林地域でよく知られた手法であるが、これとても、具体的な内容は紹介されてこなかった。ここでは、バゴ川流域を取り上げて、森林地域のもつ資源としての意味を考えてみたい。森林資源は木材提供のみならず、河川の流出抑制についても大きな意味がある。すなわち、流域の最終地点にあたる低地での洪水発生を抑制する重要な役割を担っているからである。

近年、木材や薪財の過剰な生産により、バゴ川流域では多くの森林が失われてきている。古都のバゴ市がモンスーン性の洪水にさいなまれる氾濫源に立地していることもあり、森林面積の減少がより多くの被害をともなう大規模な洪水の頻発を招いている。近年、自然湿地の減退、河川堤防沿いへの移住者の増加、新たなインフラストラクチャーをともなう市街地の拡大など、森林面積の減少が原因と思われる洪水の頻発化と被害の拡大が観測されている。イギリス時代に作られた河川堤防、輪中堤防はあるものの、氾濫原地域での災害被災率は大きい。この背後には、バゴ川流域の上流地域にある落葉樹林地帯での乱伐に問題があるようにも考えられる。少なくも、1990 年以前の報告では流域上流部は樹林地帯であった、1990 年以降、建築材料、家具材料などの材木確保にむけた森林伐採が進められていった。流域内における保護林は破壊されてしまった地区もある。

一般的には、ミャンマーの森林地帯においても、他のモンスーンアジアと同様に、人口増加と人口圧力によって材木・薪材が伐採されていったこと、河川流域で重要な保護を必要とする部分で植生が減少してきている。木材供給を安定的にするために、斜面地では植林も行われてはいるものの、森林再生には追いつかず、バゴ川流域での森林減少速度は加速しているように思われる。

洪水が繰り返えされることで、堤防のない自然河川の流路は常に変化することになる。また、豪雨時における斜面崩壊などで地表面からの流入量が一時的に上昇し、土砂流出も大きい。それゆえ、流域を考えに入れた土地利用計画が必要であり、ここでは土壌母材や傾斜度との関係に基づいた表層土壌の浸食量なども推定しておくことも

必要である。バゴ川流域の洪水被害を軽減するためには平野のみならず中流地域の盆地、山地斜面まで微地形分類を行うことは、河川の流入流出の質的、量的な関係を掌握できる。将来を見据えた合理的な土地利用手法を確立するためには、開発計画のはじめに自然環境を評価し、地形ポテンシャルを見極め、これらを基にして土地利用の領域的な割合を特定しておく必要があろう。

2 バゴ川流域の土地利用変化を知るために

ミャンマーでは地形図、空中写真など国土を覆う基本的なデータはすべて軍事機密であるために、研究での利用も困難である。ただし、1900年の前半に作成された旧陸軍測量部で印刷している地形図は日本でも保管されており利用できる。また、ミャンマー航空測量で作成した63,360分の1縮尺の地勢図19枚は収集できたので、ここではバゴ川流域の地形分析をしてみることにした。

ミャンマーのバゴ川流域を覆うランドサットTM画像のルートはパスナンバー132、ロウナンバー48であり、ランドサットTM画像を2枚、土地利用変化の評価のために取得した。衛星画像のうち、1枚はランドサット5TMで1990年4月1日の撮影日、他の1枚はランドサット7ETM+で2000年4月11日に撮影した画像を土地利用変化を分析するために用いている。これら2枚のリモートセンシングデータはTNTmipsで画像処理を行い、GIS上で分析できるようにした。

2時期の異なる衛星画像については、地上基準点を用いて幾何補正しているが、地上基準点の正確な位置については、地勢図とGPSを用いた地上測量を行うことで選定した。15の地上基準点を用いて幾何補正を行った結果、およそ10mの実行値誤差が生じた。このように測定された誤差の値および変換機能は2枚の画像の統合を行い補正して用いることにした。ランドサットTMとETM+はともに30mメッシュであり、それぞれ5種類と8種類の波長で撮影されたものである。また、パンクロ波長の画像については、15mメッシュで利用可能である。さらに、赤外線センサーを用いた場合には、5つの波長について60mメッシュのデータが利用可能である。研究対象地以外の地域の画像は処理前に切除した。63,360分の1縮尺の地形図は、土地利用を決定するための基本地図として用いた。ER Mapper5.5で利用可能な最確アルゴリズムを用い、最適化分類手法を用いることにした。

地上データは、地上基準点の測量と並行してグランドトルースを行い点の情報を収集した。さらに、分類の精度を上げ、衛星画像の幾何補正を行うために、全地球測位システム（GPS）情報を用いて地上基準点を利用した。観測対象地域を含む6枚のレ

イヤーを幾何補正した衛星画像上で一致させた。同一波長の組み合わせ、スペクトルのポリゴンを現地調査で収集した土地利用情報を確認したうえでデジタル化した。

3　土地利用景観と時間的な土地利用変化について

　バゴ川流域の最近 10 年間における土地利用の変化状況を掌握するために、既存の土地利用分類を下記の 6 つのカテゴリーでグループ化することにした。6 つのカテゴリーとは、1）閉鎖森林・密林、2）疎林・灌木林、3）草地・放牧地、4）水田および畑作を行っている農地、5）宅地及び市街地、6）水面である。土地利用分類図作成にあたって、衛星画像の持っている波長領域で最適化分類を行っており、その分析結果を図 7-1 と図 7-2 に示した。カテゴリーごとの景観は写真 7-1 ～ 7-6 に対応させている。土地利用分類の各カテゴリーの分類精度は 85％である。

　表 7-3 と図 7-4 は 1990 年と 2000 年の土地利用分類図の各土地利用面積を示した。最近 10 年、バゴ川流域の土地利用変化は密林面積の減少であり森林伐採で疎林面積が拡大し、人口増加でバゴ市以外にも宅地が拡大している。これらと異なり、灌漑用水源、都市用水源としてダム建設が進み、水面が増加している。1990 年、密林面積が 35.55％であり、疎林・灌木林地帯の面積は 14.77％、草地面積は 14.04％、水田を含む農地面積は 33.17％、市街地面積は 0.89％に過ぎない。河川および池沼などの水面は 1.58％であった。2000 年の土地利用では各々 7.72％、30.59％、15.77％、39.91％、1.14％、4.86％であり、森林の質も変化している。1990 年の閉鎖森林・密林は急減し土地利用変化している。

写真 7-1　閉鎖森林・密林地帯の土地利用景観　　　写真 7-2　灌木林・疎林地帯の竹林景観

写真 7-3　草地の土地利用景観 　　　　　写真 7-4　ドライゾーンの水田景観

写真 7-5　水面（ザングツダム） 　　　　写真 7-6　バゴ川流域の森林再生地域の景観

表 7-1　衛星データで用いた森林分類

土地被覆カテゴリー	内容
閉鎖林	>10% キャノピー　カバー、>40% 森林カバー、一次林
開放林	常緑樹、半常緑樹、落葉樹の混交、>10%−40% 森林カバー、>10% キャノピーカバー
灌木林と草地	畑地を含む二次林、植被 10%、10% キャノピーカバ-、焼畑が灌木林に影響を与える
農地	10%キャノピーカバー、水田耕作、園芸作物、プランテーション
集落	宅地、道路その他のインフラ、非植生
水面	河川、湖沼、水路

　1990 年の閉鎖森林・密林面積 190,597.2ha のうち 108,324.27ha は疎林・灌木林地帯へ、37,924.29ha は草地・放牧地に変化したが、閉鎖森林・密林が畑地と水田への変化は少ない。山岳地域では森林伐採でだんだん畑、棚田が作られ農地に変化した地区もある。1990 年の閉鎖森林・密林面積 190,597.2ha のうち、農地化した面積は 1,402.2ha、水面は 1,444.23ha であった。水面とはダムの建設により生じたもの

第 7 章　ミャンマーの森林管理の問題点とバゴ川流域の土地利用変化　　　181

表 7-2　土地利用分類のエラー率

項目	分類							
	閉鎖林	開放林	灌木林と草地	農地	集落	水面	合計	エラー率 (%)
閉鎖林	4	1	1	0	1	0	7	0
開放林	0	3	0	0	0	0	3	3
灌木林と草地	0	1	3	0	0	0	4	15
農地	0	0	1	4	0	1	6	5
集落	0	0	0	0	5	0	5	0
水面	0	0	0	0	0	0	0	0
合計	4	5	5	4	6	1	25	
エラー率 (%)	0	1	3	0	0.8	0		

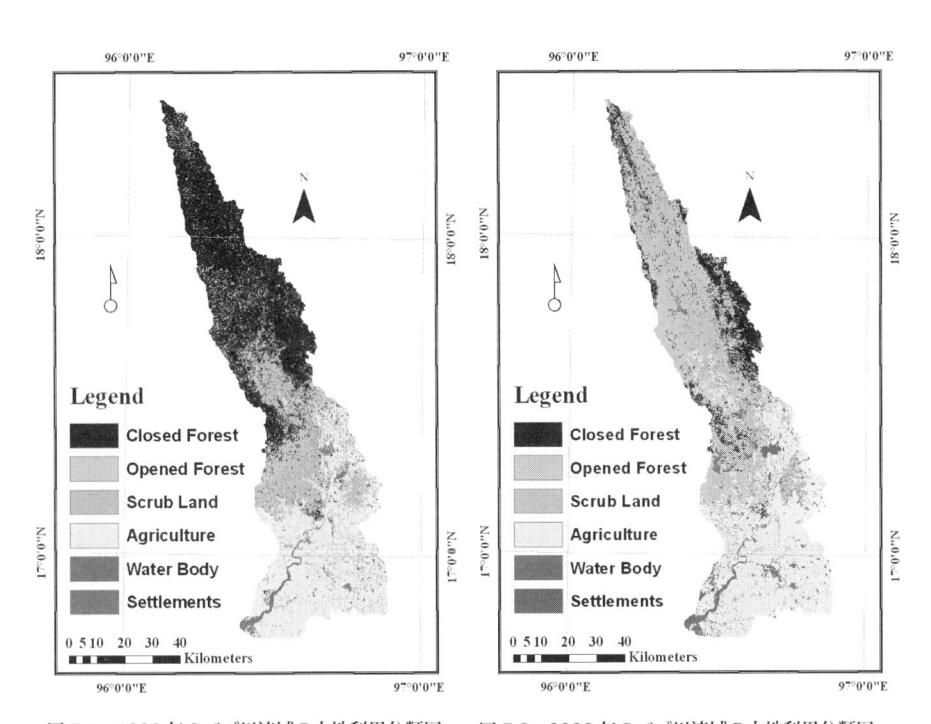

図 7-1　1990 年のバゴ川流域の土地利用分類図　　図 7-2　2000 年のバゴ川流域の土地利用分類図

であるが、一部は氾濫原の湿地面積もある。疎林・灌木林面積の減少と草地面積の増加も顕著である。1990 年の疎林・灌木林面積が 79,132.5ha のうち、16,866.09ha が 2000 年には草地化している。草地・放牧地面積の減少と農地面積の増加についてみてみると、1990 年に草地・放牧地であった 75,222.54ha のうち、3,892.08ha までが、2000 年には水田に変化しており、相互に強い相関が認められる。

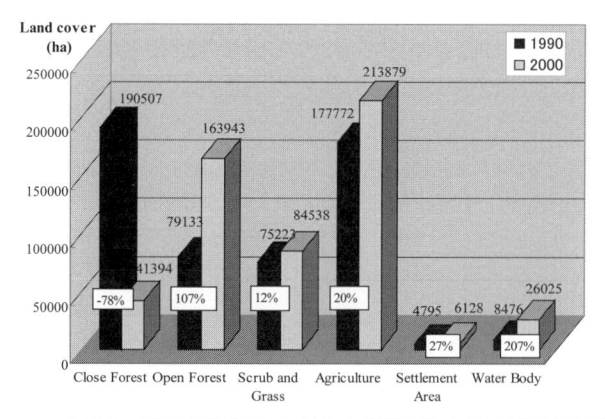

図7-3 1990年から2000年のバゴ川流域における土地利用変化

各土地利用要素の面積を測定して変化率を算定し、1990年土地利用面積を2000年の増減率として図7-3に示した。優良な森林層が大きく減少して開放林へ変化していること、森林と灌木林の面積が減少したことで農地が変化していることが分かる。1990年の閉鎖林・開放林が2000年に閉鎖林・開放林以外の土地利用に変化していることが示されている。

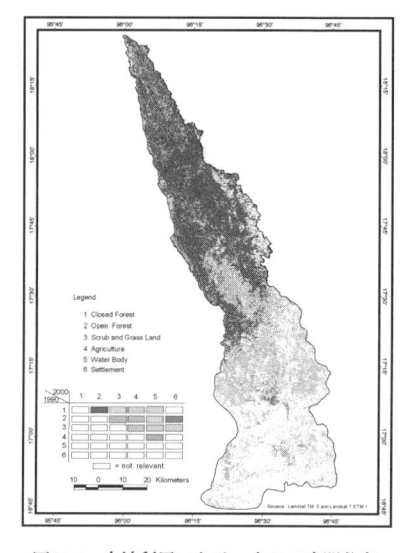

図7-4 土地利用マトリックスの空間分布

表7-3 最近10年の土地利用要素の変動

土地利用カテゴリー	1990 面積 (km^2)	1990 土地被覆%	2000 面積 (km^2)	2000 土地被覆%
閉鎖林	1905.072	35.55	413.942	7.72
開放林	791.325	14.77	1639.427	30.59
灌木と草地	752.225	14.04	845.377	15.77
農地	1777.723	33.17	2138.789	39.91
集落	47.951	0.89	61.276	1.14
水面	84.759	1.58	260.246	4.86
合計	5359.056	100	5359.056	100

表 7-4　1990 年から 2000 年へのバゴ川流域の土地利用変化収支

1990 土地利用カテゴリー	2000 土地利用カテゴリー (km²)					
	閉鎖林	開放林	灌木林と草地	農地	水面	集落
閉鎖林	413.9	1083.2	379.4	14	14.4	0
開放林	0	556.2	168.6	43.2	22.3	0.9
灌木林と草地	0	0	297.3	389.2	53.3	12.4
農地	0	0	0	1692.3	85.4	0
水面	0	0	0	0	84.7	0
集落	0	0	0	0	0	47.9

4　バゴ川流域の土地利用の質的変化

　1990 年から 2000 年の 10 年間で、流域内の土地利用変化が半常緑樹林の広範囲にわたる破壊という現象を示すことになった。半常緑樹林の消失は熱帯特有の表層土壌の肥沃度を減退させ、農業生産性を低下させ、自然生態系の持続可能性の劣化への導線ともなった。ランドサット TM 画像を解析から得た 1990 年土地利用と 2000 年 ETM 画像を解析すると土地利用の各カテゴリーごとに相関は高いが、詳細にみると

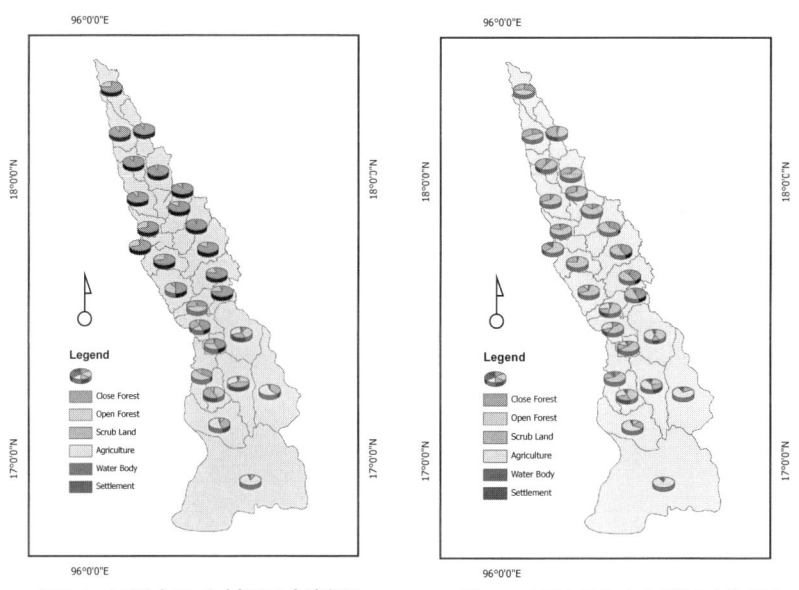

図 7-5　1990 年のバゴ支川の土地利用　　　図 7-6　2000 年のバゴ支川の土地利用

表 7-5 1990 年のバゴ川支川の土地利用

支流	土地被覆分類 (km^2)						
	閉鎖林	開放林	灌木林と草地	農地	集落	水面	合計
Zibyu Kyaw	39.86	60.57	35.59	0	0	0.01	136.01
Sin	29.25	60.61	42.76	0	0.1	0.01	132.71
Pein.	7.32	49.11	61.07	0.01	0.12	0.01	117.61
Zamayi	9.93	47.22	37.56	0.01	0.2	0.01	94.92
Theme	16.89	88.58	42.8	0.05	0.18	0.01	148.49
Thitkaungbya	13.96	102.85	51.22	0.09	0.41	0.01	168.53
Sinzwe	1.95	42.83	18.79	0.12	0.34	0.01	64.02
Kwekaw	12.61	50.74	15.61	0.12	2.59	0.01	81.67
Thedaw	20.06	92.1	17.77	0.11	0.79	0.01	130.82
Kadat	1.04	36.37	12.12	0.18	7.88	0.01	57.58
Linzin	2.94	108.69	35.95	0.78	1.97	0.01	150.34
Dwe	57.8	103.61	14.31	0.41	0.11	0.01	176.22
Kodugwe	88.16	111.44	16.01	0.87	0.18	0.01	216.66
Shwelaung	68.99	79.24	12.9	8.9	0.19	0.1	170.33
Pyinmana	6.34	113.8	35.56	17.63	3.05	0.01	176.38
Kanmyin	5.6	47.1	19.76	23.57	2.14	0.01	98.17
Salu Chaung	37.17	43.27	3.27	2.35	0.19	0.17	86.42
Htandawgyi	18.8	57.29	12.8	34.97	2.18	0.01	126.04
Shanywagyi	11.09	110.98	42.93	113.75	13.08	6.19	298.01
Sawhla	7.12	36	8.47	8.06	4.67	0.4	64.7
Upper Lagunbyin	18.73	91.52	25.62	6.09	14.4	0.86	157.11
Alaingni	2.57	47.75	34.14	25.4	6.84	2.07	118.77
Mazin	8.21	53.85	59.38	108.91	18.57	12.39	261.41
Lower Paingkyun	0.33	7.6	72.76	315	31.06	10.43	437.18
Lagunbyin	4.59	37.42	51.37	193.28	15.75	2.62	305.03
Bago River	1.32	15.74	56.31	1179.6	101.93	29.89	1384.79
Total	492.62	1696.26	836.81	2040.24	228.92	65.21	5359.06

　バゴ川流域を 26 支流にわけた場合の主流域と支流での空間構造と植生分類には顕著な変化もみられる。

　河川上流地域の閉鎖林の 20％が疎林・灌木林に、草地、水面に転換したが、南部では森林はおおむね農地に変化している。1995 年、ミャンマーでは農業開発プロジェクトが進み、森林地域で乱伐が続いた。人口が集中してヤンゴン市との交通の便がよく、土壌が肥沃で良質な木材・竹材に恵まれたバゴ山地でも森林が枯渇化していった。このような状況の中で、バゴ山地に緑豊かで水に恵まれる森林地域を復活させるために、劣化した森林を復活させ、再生させる事業が求められている（Tun 2004）。

　森林消失によって失われる自然資源、伝統的な薬品採取、文化、伝統の変容のみならず、地球規模での温暖化への寄与、さらには裸地拡大が引き起こす自然災害などが想定されるため、地域住民・地域行政・森林局などのステークホルダーの相互協力を

得て、流域森林管理と森林を維持していくことが課題となっている。

　バゴ川流域では森林は木材資源としての性格のみならず、斜面地の表面流水を防ぎ、斜面崩壊を防ぐことなどの自然災害を軽減すること、地域住民の居住を自然災害ポテンシャルを下げて安全な生活を保障する、さらに、伝統的な治療薬の採取、地域住民の生活の中での森林利用の文化的な継承も今後の森林管理の中で残していくことが必要である。河川上流地域の森林管理の重要性は、治山治水の言葉に表現されているように、河川下流地域に広がる人口稠密地域の沖積平野での洪水発生を抑制するうえでも重要な役割を担っているのである。木材の過剰な生産と薪材の過剰な伐採によって、近年、森林環境は著しく悪化し、また、それが洪水の頻発と被害の拡大を招いているのである。

　バゴ支川流域の土地利用の変化は、植生衰退、浸水域の拡大が引き起こされる要因を生み出している。山地斜面の森林伐採や森林の農地化と宅地化、農業利水や洪水抑制を目的としたダム建設が支川流域を変容させているからである。ミャンマーでは薪は日常生活で重要な燃料であり、日常的に調理と照明を支える自然資源であり、人口増加により里山での薪材の伐採量が増えたことも森林減少の直接的な原因となっている。

　土地利用変化はドライゾーンの疎林・灌木林の周辺地域を生活場とする農民はすでに薪財が不足していると感じ始めている。森林減少の直接的な原因として、他にも、農地の拡大や過放牧、未熟な森林管理も挙げられる。かつて、「タウンヤ法」（ミャンマー語で林野育成と水田を両立させている農林業地をさす）という、アグロフォレストリーで河川流域管理を行った山岳地域であったが、都市拡大、隣国の中国との経済的な関係、隣国のタイとの経済的な関係の中で森林伐採が続き、持続可能な土地利用管理計画を立てる必要性が生じている。バゴ川流域では洪水管理に森林保全は不可欠であり、社会的、経済的観点からも取り組まれなくてはならない時期にきている。

5　バゴ川流域における森林環境保護の歴史

　ミャンマーにおいて、環境保護（自然保護）区の概念は数百年に渡って継承されてきている（Keeton 1974. Lwin *et al.* 1990）。ミャンマーでは、環境保護区の歴史は、西暦 11 世紀の仏教伝来にまで古く遡ることができる。パガン王朝、マンダレーの王朝などでも、代々のミャンマー国王は、すべての動物が保護される「不殺生の」森（ベマトウ）を制定して自然環境を保護してきた。1860 年には、ミンドン王が初の公文書で自然保護区として「ヤダナボン・ベマトウ」を、マンダレー王宮付近で 7,088h

を制定している。

　1826年から1947年まで続いたミャンマーの植民地期においては、英国が自然保護区を制定した。植民地化以前から存在した自然を保護する権利と興味への敬意から、宗主国は保護林に手をつけず、結果的に、植民地解放後の19世紀後半おけるミャンマー国民の利益を保護することとなった。独立後も、森林は政府主導による木材の生産地として、最初のうちは保護されたが、現地住民の伝統的伐採については、許可証なしで無制限に行われていた。

　ミャンマーにおいて、森林管理は常に自然森林管理の考え方と切り離せないものだった。豊かな天然林から持続的に木材を得るという考え方がそこにはある。ミャンマー式森林資源伐採の選択制として知られる、伐採と植林が同時に行われる制度こそが、ミャンマーの自然林管理において実践されてきた根源的な林学の制度である。この制度化された森林管理の本源は1856年に遡り、今日までに140余年の歴史があるのだが、今日のミャンマーにおける山林管理は、経済的、社会的、そして環境的な側面からの、数多くの問題に直面している。

　商業林での伐採本数は継続的に観測している。既往の森林管理のやり方を基本として、伐採の選択制として伝えられている今日の森林管理の手法は、英国の植民地時代を経て、ミャンマーでは確立されてきた。この管理手法は、のちに、以降40年以上にわたって、周辺諸カ国のインドやタイに広まっていった。森林管理の手法として、ビルマ（ミャンマー）式選択制へと方式を変化していった。

　特に、チーク林の管理と実践に使われた保護理論は、チーク林以外の森林にも応用されていき、ミャンマーのみならず、周辺諸地域の森林での管理制度の礎となった。1920年までに十分な整備がなされたビルマ（ミャンマー）式伐採選択制は、法律で保護され、今日に至るまで国内全土で広く実践されている。これに加えて、タウンヤ（混農林業）制として世界的に有名となった焼畑農法地域でのチーク材の植林地は、バゴ・ヨーマ地区のサラワディー地区では1856年という早い時期に開始している。

　ミャンマーで最初の森林経営計画は、タウンゴ地区で整備されている。オクトウィン型の森林が1857年という早い時期に創設された。当時はチーク材の管理と調整に主眼がおかれていた。実は、アジア諸国と太平洋地域における近代的な森林管理の制度は、Dietrich Brandis博士が1852年に考案したものであり、チーク材の保護管理・調整から始まったとされている。Brandis博士は、当時のミャンマーの宗主国であった英国から1852年に雇われたドイツ人の森林技術者であった。彼は、広大で複雑なバゴ川流域の森林地域の経営管理を監督して、制度化された科学的な森林管理のやり方を確立させていった。

このドイツ人森林技術者は木材の年齢を知るために、木の年輪を数え、樹齢を判明させて、各森林地帯をつぶさに観察することから、初めて、科学的な管理手法を導入して、バゴ山地におけるチーク林の経営計画を導き出した。Brandis は、胸高直径が 1.4m 以上で 1.9m 未満のチークが、1.9m 以上のチーク材に生長していくためには、おおよそ 24 年は必要であると算出している。このため、1 年あたりのチーク材の伐採数を胸高直径で 1.9m 以上のチークの森林数の 24 分の 1 以下に抑えるようにという指示も出している。

1902 年から施工されていた森林法は、環境保護と生物多様性保全、恒久的森林材の創出と地域体制の保護を重要視する 1992 年 11 月施工の新しい森林法に取って代わられることになった。さらに、新しい森林法では、木材の売買と森林再生に対して民間企業が参加することを奨励しており、個別分散的な森林管理の体制を助長することになった。ミャンマーは、アジア諸国および太平洋地域で、国土に占める森林面積の割合が最も高い国のひとつである。これはとりもなおさず、豊かな動植物相の営巣地域となっている森林地帯を現代と将来の世代のためにも保護していく必要性を示している。

他のアジア諸地域と同様に、ミャンマーの森林は、森林法があるにも関わらず、明確な土地利用の計画が欠如するため、また、森林管理者が経験不足であるために、森林侵食と森林破壊が進行しており、野生生物の密漁なども行われているのが現状である。国内に生活物資がいきわたらず、不十分な物資流通などを原因として、持続不可能な土地利用へと変化していることは、ミャンマーの国の森林全体がすでに劣化の危機に瀕していることを示すものであろう。

ミャンマーが経済的社会的開発を推進するために、森林資源の活用は必要である。林野庁は持続可能な森林管理を目指し森林保全と開発需要との折り合いを付ける必要がある。ミャンマー政府は、自国の経済発展と長期的利益のために森林資源を体系化した保全と利用の中で運用することの重要性が問われているもののミャンマーではまだ自然資源管理計画が十分に整備されていない。

将来的な森林資源を確保し、向上させるために、適切な法律運用をし、地域ごとに異なる内規も必要である。流域ごとに森林の年齢を推定しながら森林管理計画をたてることが必要であり、そのための管理計画の大きな枠組を整備することが不可欠である。このためには、当該地域の住民の自然環境への理解と保全意識を向上させていくこと、また、地域社会が積極的に森林管理の活動に参加することが期待される。このような地域社会での管理活動は、為政者と農業者、林業者、漁業者、ほか各業界の代表者が協力して管理体制を創り上げていることが望まれているが、一方で、衣食足り

るという農業者の経済的な支援を含め農村地域の開発・発展が待たれている。

　バゴ山地は多様な樹種を抱える場所である。山地はおよそ500kmにわたって南北方向に走っており、その南端はヤンゴン市から約50km南方に位置する。常緑林、落葉林、混成林が密集して生育するバゴ・ヨーマ山地は、標高のそれほど高くない緩やかな斜面の山々からなり、豊かな水と肥沃な土壌を抱えている。産出されるチーク材の品質の高さから、バゴ・ヨーマ山地は「チークのふるさと」と呼ばれている。また、バゴ・ヨーマ山地の多くの森林には、樹木だけでなく、多くの種類の竹が生育している。その生物多様性と生態系により、この山地には豊かな動植物相が見られるのである。

　1975年から1989年にかけての期間、バゴ・ヨーマ地区の森林面積は減少した。それは二つの保護林が制定されたバゴ管区においても同様であった。バゴ管区はミャンマー中央盆地の南部に位置してする熱帯気候地域であり、バゴ・ヨーマ地区が南北に走り地区の背骨を形成している中央部を除いて、概ね低平な地形である。バゴ・ヨーマ地区はおよそ1,500,000haの面積を持ち、森林は多様な樹種からなる混成林で、広域に広がる竹林と混ざり合っている。その落葉混成林の中には、ピンカド（Xylia dolabriformis）、インドシタン（Pterocarpus macrocarpus）、シーチャ（Shorea obtusa）、インギン（Pentacme suavis）、シンウィン（Milletia pendula）、そして、タマラン（Dalbergia oliveri）などの有価なチーク種が生育している

　ミャンマーでの森林管理は、1995年に大きな政策転換が図られている。1990年代における政策上、法律上、制度上の改革に加えて、地域住民が主導で森林管理を奨励することを目的とした、「地域森林管理訓令」の発行されたことがきっかけであった。1992年に開催された「環境と開発に関する国際連合会議」以降、持続可能な森林管理は森林管理における国際的共通目標となり、その実現に向けて大変な努力がなされるようになった。良好な森林管理が実践されていることを確認するための、指標と基準とが、国際的、地域的、そして、各国固有に展開され、試みられてきたのである。

　1993年には、多角的な森林管理計画の決定および貢献を強化し、環境悪化と森林伐採を点検し、防止するための総合的手法による森林管理を可能にするために、森林保全管理委員会が発足した。「環境と開発に関する国際連合会議」以降、土地資源の持続可能な管理と考えられうる中で最良の土地利用とを促進するために、ミャンマー政府が行った試みに、1995年1月の「私有化委員会」発足が挙げられる。同委員会は、市場主義経済の導入促進を目的に、私有化の過程を監視し私有化の成功をより確かなものとすることをその職務としている。

　ミャンマー森林管理政策（1995）は、持続可能な森林管理に向けた6規則を明確

に示した。6規則は、木材、薪木、食料としてのみならず、住居を豊かなものとすることに対する人々の基本的な需要を満足させることであった。ミャンマー林野庁は現在、国土の持続可能な開発計画から森林法を整備している。政策には国土全体の50％を占める現存の森林面積を現況のままで維持することとしている。維持対象の森林の80％は恒久森林財、残り20％は農地や公共の土地利用の需要に備えた転換林である。

　森林の土地利用のあらゆる変換が、関係機関の人間の参加のもとに計画されるように、すべての行政単位において森林転換委員会が設立されている。すべての森林が国の所有となってはいるものの、地域森林は関連のある地域社会の手で所有され利用されてきた。これは、森林とかかわりのある現地民と地域社会の観光的、伝統的な権利の方がはるかに重く見られているためである。しかしながら、森林の所有権はあくまで国にあり、土地の利用権は特殊な事情において認められるのみである。

　森林保障計画に加盟しているNGO団体、森林資源環境開発保全機構（FREDA）は、国際森林政策運動の第一歩として、「結果報告意見書」を発展させた。資本投下推進統一体による実行案は5つの計画構成要素からなっており、すべてミャンマーの森林状況改善に向けた努力と対応している。焼畑農耕、樹木その他の森林資源の過剰利用、無計画な森林管理は貧困という社会の中で助長された。森林伐採は貧困が引き起こす社会的不都合から生じ、ミャンマーでは焼畑農耕もひとつの森林伐採のかたちである。

　持続可能な農業を実現していくことは、単位面積当たり収量を増産が必要であり、耕作可能な耕地と休閑地とを農地へと更生することも予想される。森林伐採せずに農地がまかなえることから、林野庁は、1995年のミャンマー森林政策に明記されている通り、国土面積での永久森林財比率を現在の18％から40％に拡大したいとしている。政府はバゴ山地の緑化計画を打ち出し、林野庁はバゴ山地の緑化計画に着手した。同計画は2004-2005年期から2008-2009年期にかけての5ヶ年計画で次のように行われた。バゴ山地を永続的にチーク林地域とする、人工林の設を含め法的にバゴ山地の森林枯渇を抑制する、農業用水確保のため、既存のダム水域を体系的に保全、維持すること、山地の緑を守るため民間団体においても地域所有の森林を促すことである。

　5ヵ年計画では森林保全にむけ9領域、すなわち、天然林の保護および保全、天然林中での有価樹木種の育成、人工林の設置および既存の人工林の保全、地域所有型人工林および保護林村落の形成、住民参加を啓発する教育活動の拡大、薪に代わる燃料資源の拡大計画、稀少な天然チーク保存地を指定して森林研究活動を支える必要性が

あるとしている。

　チーク材を生み出すバゴ山地は周辺地域の生活を支える役割を果たす森林として維持管理されるように保護林地に指定されている。また、バゴ山地東部には林野庁によって、オクトウィン型森林が設置された。日本海外林業コンサルタンツ協会（JOFCA）は技術的、経済的協力をすることでミャンマー林業のNGO団体であるFREDAはJOFCAの現地の森林管理のコンサルタントを勤め、指定保護林は54,032haでオクトウィン市とタウンゴ市の2市にまたがるKabaung、Pyukun、Myayarbinkyaw保護林、Kabaung拡張保護林、Bontaung保護林の保全に乗り出している。

　しかしながら、森林劣化は思いのほか早い速度で進められており、保全策に予断は許されない時期に来ている。

バゴ川流域の文献

Foody, G.M.（2002）: Status of land covers classification accuracy assessment. *Remote Sensing of Environment,* 80: 185-201

Ram, B. & Kolarkar, A.S.（1993）: Remote sensing application in monitoring land-use changes in arid Rajasthan. *International Journal of Remote Sensing.* 17: 3191-3220.

Muchoney, D.M. & Haack, B.（1994）: Change detection for monitoring forest defoliation. Photogrammetric, *Engineering and Remote Sensing,* 60: 1243-1251.

Kilpelainen, P. & Tokola, T.（1999）: Gain to be achieved from stand delineation in LANDSAT TM image-based estimates of stand volume. *Forest Ecology and Management,* 124: 105-111.

Kuemmerle, T., Radeloff, V.C., Perzanowski, K. & Patrick Hostert, P.（2006）: Cross-border comparison of land cover and landscape pattern in Eastern Europe using a hybrid classification technique, *Remote Sensing of Environment,*103: 449-464.

Baudouin, D., Patrick, B. & Pierre, D.（2006）: Forest change detection by statistical object-based method, *Remote Sensing of Environment,* 102: 1-11.

Wasseige, C. & Defourny, P.（2004）: Remote sensing of selective logging impact for tropical forest management, *Forest Ecology and Management,* 188, 161.

第8章

土地利用変化と遊水地計画
—雲出川を例として—

春山成子・鈴木あつ子

1 遊水地と河川管理

　平成16年、東海地域では水害、土砂災害などの発生が相次ぎ、雲出川の下流平野でも長期湛水の農地被害がでている。高度経済成長期の人口増加は地方都市の外周部でニュータウン建設を推し進め、沖積平野の中でも低平な地域には治水条件、交通条件が劣悪であるにもかかわらず、土地利用状況が虫食い状態でアーバンスプロール化が進行していった。また、都市近郊には従来とは異なる農業構造の村落が形成されるとともに、丘陵地をバックにしてゴルフ場が作られていった。経済の南北格差を背後にして、中山間地域には産業廃棄物施設の建設が次々と行われていった。電力を使用する消費者は、都市部に居住しているが、風力発電施設は河川上流地域の尾根部を使って設置されていった。これに伴って、建設時の道路拡幅、森林伐採などは河川上流地域の自然環境の劣化へ向かわせた。生物多様性に関わる議論、豊かな景観の保全などの議論は置き去りされて、流域内には人工構造物が建設されていく現実がある。

　本川河道には、多目的ダム、農業用ダムなどの水資源のための大型構造物、河川にそっては堤防が設置されるとともに、農業用水取水堰などの水利用施設も多い。河川管理の中では蛇行河川の直線化などがすすめられることによって、河川の洪水時の流量には変化が現れ出した。このような河川流域内で起きている水文条件の変化は都市水害を発生させ、降雨から早い時期に流量ピークを引出し、洪水リスクを高めていることから、流域内にあるいは河道に直結した防災調整地などの治水施設も設置されてきている。

　しかし、思いのほか河川流域の土地利用の変化速度は大きく、河川の流出ピークの出現時期の早期化、ピーク流量の増大による沖積平野の洪水の脆弱性は大きい。この

ため、洪水出現を河川のみならず河川全流域を掌握して、総合的治水対策を再考する必要がある。河川下流地域に展開している平野は土木技術で災害回避が可能になると、人口のドラスチックな集中で土地利用は高度化にむかっている。宅地面積が増加すると未整備なインフラを背景にした都市水害は社会問題ともなった。

　少子高齢化社会を迎えると、高度経済成長期のような人口流動、新規宅地開発の圧力は少なくなっているものの、流動的な人口動態が新たな側面を迎えようとしている。さらに、治水施設計画への投資額を増額することが望めない時代に突入している。

　すでに問われていることではあるがハードな河川管理計画のみではなく、河川のみに集中してきたインフラ整備ではない、流域を考える、土地利用計画に減災を組み込む努力が総合的河川管理計画の中に必要となっている。そこで、現況の河川・河川管理施設を効率的に用いて洪水常習区域を減災に導くのかが鍵である。総合的な治水計画の中では遊水地の利活用も重要であり、遊水地事業が大きな効果を与えた地域として鶴見川の事例があげられよう（昆 2005）。東京に隣接するベッドタウンとしての横浜、川崎などでの急激な人口増加地域を抱えている鶴見川流域、宅地化の進む鶴見川流域での鶴見川多目的遊水地が果たしている洪水調節の効果が注目されている。

2　遊水地計画への議論

　三重県を流れる雲出川は典型的なデルタ平野を形成している。デルタの産業景観を自然災害から防備するために、さまざまな社会的な資本が設置されており、河川堤防、ダムなども建設されている。平野部は農業地域が展開しており、河岸に梨園、氾濫原は水田が広がっている。台風、梅雨などの時期に洪水はよく発生しているが、久居などの都市は河岸段丘上にあり、デルタ地域の香良洲地域には工業地帯はあるものの、伊勢湾に臨む最前線の香良洲地区で連続堤防がまず建設されたために、河川洪水での被災面積は小さい。一方、霞堤防を残し、遊水地化されている水田のある雲出川の中流地域では、洪水被害が毎年発生しており、堤防建設についての議論が続いている。この議論の中では、連続堤防を中流地域に建築することが流域全体の減災に対してどのような意味を持つのか、また、霞堤を残して後背湿地を農業的な土地利用空間として継続し、遊水地機能を持たせることが流域全体の減災に役立つのか、遊水地候補地に宅地が進出し始めている現在の土地利用状況を考えると、ハードインフラのみでないソフトインフラという概念をどのように位置付けて減災を考えるのかについての手法が求められている。

　遊水地計画を地盤条件から評価してみた研究事例は少ないため、(1) 雲出川中下

流域での土地利用変化から遊水地計画へのリスクと相反する治水対策について検討する、(2) 遊水地候補地の合理性と適性を評価して、堤防を築堤することの意味を中下流域での治水効率から検討する、(3) 遊水地の有無が中流域での浸水被害額をどのように左右するのかと河口部付近での浸水被害額の違いを比較して遊水地の合理性を検討することなどが、総合的な治水を考えるときの課題となろう。

　土地利用にはいくつかのエポックがあり、時期によって変化傾向は異なっている。例えば、大正9年、昭和34年、昭和57年、平成19年などの4年代をみると、雲出川の駐留地域では、宅地、水田、畑、果樹園、工場、公共用地、ゴルフ場の7つの土地利用要素の変化傾向が顕著に表れる。土地利用景観を主に形成しているのは土地条件であり、地形分類図には地形単位ごとに異なる地形景観がある。地形空間は洪水氾濫の強度も示している。

　遊水地機能と霞堤、連続堤防の各々の持つ長所を生かした平野部での洪水軽減策を土地利用、地形特性、経済的な意味を考えることが必要である。

3　雲出川流域の人文・自然環境について

　雲出川は三重県津市と奈良県宇陀郡御杖村の県境にある三峰山に発している。八手俣川等の支川を合わせ東流し伊勢平野で波瀬川、中村川を合流して沖積平野を形成している。さらに、雲出古川を分派して伊勢湾に注ぐが、デルタ最前線は砂丘地帯である。幹川流路延長は55km、流域面積が550km^{2}の一級河川である。流域は三重県津市、松阪市、奈良県御杖村で流域内人口は9万人、支川数は40である。全国109水系の一級河川では小さな水系である。雲出川は中流地域で河岸段丘を形成し沖積平野で典型的な扇状地形をなし、蛇行を繰り返し自然堤防が形成されている。デルタでは砂碓、砂丘列が断片的に分布し、最終氷期以降の温暖期における海岸線を示唆するものである。

　雲出川の現在の行政区画は左岸側が津市、右岸側が松阪市、河口デルタは旧香良洲町である。流域内には伊勢自動車道、国道23号線などの主要自動車道が開通し、近鉄山田線が整備されると宅地化が進んだ。雲出川流域の市町村は平成大合併前は旧香良洲町、旧津市、旧久居市、旧一志町、旧白山町、旧美杉

表8-1　雲出川流域の旧10市町村の概要

市町名	面積（km^2）	人口（人）
津市	101.86	159,632
久居市	68.2	41,261
河芸町	18.79	17,779
芸濃町	64.57	8,625
美里村	50.31	4,238
安濃町	36.93	11,319
香良洲町	3.9	5,353
一志町	47.66	15,190
白山町	111.86	13,304
美杉村	206.7	6,883
合計	710.78	283,584

平成17年4月1日現在（住基人口）

村、松阪市、三重県御杖村であり、遊水地候補地の牧・小戸木地区は旧久居市、其村・中河原、庄田は旧一志町、赤川は旧一志町と松坂市にまたがっている（表8-1）。

雲出川流域では梅雨、台風の9、10月、6月にはよく洪水が発生している。既往最大洪水は昭和34年9月25日の伊勢湾台風であり、床上浸水943戸、床下浸水1,581戸、全半壊529戸、浸水面積2,531haを記録している。近年の洪水では平成16年9月29日の台風21号被害が大きく、雲出橋流量は4800m³/sであり、浸水面積786ha、床上浸水28戸、床下浸水92戸であった（表8-2）。

表8-2 雲出川流域の洪水の歴史（国土交通省データより作成）

洪水発生年	流域平均日雨量（雲出橋上流域）	流量 雲出橋	被害状況			
昭和34年8月13日（台風7号）	223mm	約2,600m³/s	−		−	
昭和34年9月25日（伊勢湾台風）	261mm	約4,400m³/s	床上浸水	943戸	全半壊	529戸
			床下浸水	1581戸	浸水面積	2,531ha
昭和36年6月26日（梅雨前線）	234mm	約2,700m³/s	−		−	
昭和36年10月27日（低気圧）	268mm	約3,000m³/s	−		−	
昭和40年9月17日（台風24号）	193mm	約3,200m³/s	床上浸水	23戸	全壊流出	1戸
			床下浸水	160戸	浸水面積	795ha
昭和46年8月30日（台風23号）	233mm	約2,600m³/s	床上浸水	30戸	全壊流出	1戸
			床下浸水	754戸	浸水面積	1,656ha
昭和46年9月26日（台風29号）	189mm	約2,900m³/s	床上浸水	196戸	全壊流出	2戸
			床下浸水	2562戸	浸水面積	1,121ha
昭和49年7月24日（低気圧）	303mm	約3,900m³/s	床上浸水	48戸	全壊流出	8戸
			床下浸水	561戸	浸水面積	2,589ha
昭和51年9月8日（前線）	261mm	約2,100m³/s	床上浸水	1戸	浸水面積	355ha
			床下浸水	102戸		
昭和57年8月1日（台風10号）	357mm	約5,400m³/s	床上浸水	406戸	全半壊	92戸
			床下浸水	928戸	浸水面積	977ha
平成2年9月19日（台風14号、前線）	239mm	約3,700m³/s	床上浸水	9戸	浸水面積	132ha
			床下浸水	43戸		
平成5年9月9日（台風14号）	166mm	約3,600m³/s	床上浸水	38戸	全半壊	5戸
			床下浸水	199戸	浸水面積	272ha
平成6年9月30日（台風26号）	244mm	約3,500m³/s	床上浸水	4戸	浸水面積	9ha
平成16年9月29日（台風21号）	238mm	約4,800m³/s	床上浸水	28戸	浸水面積	786ha
			床下浸水	92戸		

4　河川管理の史的展開

本格的な治水事業は昭和31年にはじめられ、大正橋の計画高水流量を4,200m³/sにして、三重県は局部的な河川改修に着手された。昭和34年9月の伊勢湾台風後には昭和36年に直轄河川改修事業が行われ、直轄区間は本川0〜15.8km、雲出

第 8 章　土地利用変化のなかでの遊水地計画を考える～雲出川を例として～　　195

古川 0～2.4km、中村川 0～1.8km、波瀬川 0～2.2km となった。直轄事業では基準点雲出橋の基本高水ピーク流量を 5,000m^3/s と設定し、上流ダムで 500m^3/s を調節し計画高水流量を 4,500m^3/s とした。

昭和 41 年、一級河川に指定されると堤防新設、拡築・護岸整備が実施され、昭和 49 年には直轄区間を中村川で 3.3km、波瀬川で 2.5km 延長した。昭和 57 年 8 月洪水後、本川大仰地点、中村川島田橋地点が計画高水流量を上回ったため、昭和 61 年に基本計画が改定された。雲出橋地点の基本高水ピーク流量を 8,000m^3/s、上流ダム群及び遊水地で 1,900m^3/s を調整して計画高水流量を 6,100 m^3/s とした。さらに、雲出古川で 2,500 m^3/s を分派し、香良洲で 3,600 m^3/s として高水流量を配分した。中村川の小川橋地点での基本高水ピーク流量を 1,400 m^3/s、上流ダムで 300 m^3/s を調節し計画高水流量を 1,100 m^3/s にし、波瀬川の八太新橋地点の基本本高水ピーク流量を 580 m^3/s、放水路で 110 m^3/s 調整して計画高水流量を 470 m^3/s としている（図 8-1）。

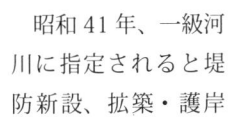

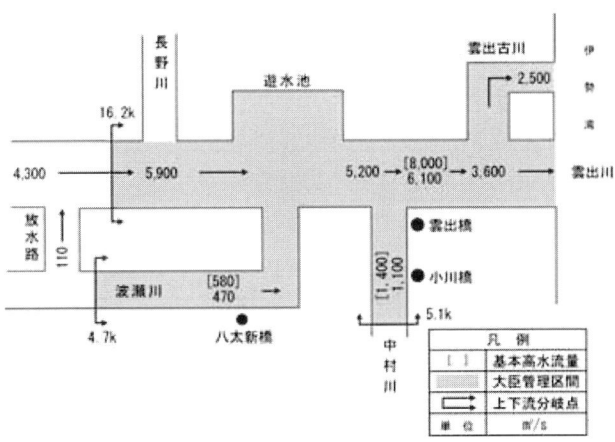

図 8-1　雲出川の計画高水流量配分図（河川整備基本方針より http://www.mlit.go.jp/river/basic_info/jigyo_keikaku/gaiyou/seibi/pdf/kumozu-5.pdf）

河川整備事業を、1）堤防工事、2）高潮対策工事、3）河道掘削、4）ダム建設、5）遊水地の事業化の順で見てみたい。

1）堤防工事・護岸工事

昭和 34 年の伊勢湾台風後、昭和 36 年からり河川改修事業が始まりコンクリート化していった。昭和 43 年に波瀬川、44 年に中村川の築堤工事、平成 57 年の台風 10 号後に工事実施基本計画が改定された。昭和 58 年、木造で霞堤が締め切られ、平成 3 年に香良洲のフロンティア堤防が築堤され、平成 11 年に完成した。平成 12 年、牧地区の霞堤の締め切りで霞堤防は 6 か所となった。平成 16 年 9 月の台風 21 号後、霞堤の是非が再検討されている。現在、堤防整備は完成堤防が 58％程度、高さや断面不足で改修が必要な暫定堤防が 29％で整備を必要とする箇所も多い。平成 15 年、

東南海・南海地震防災対策推進地域に指定され、香良洲、中村川まで耐震堤防が実施されたが中流の工事は検討段階である。

2) 高潮対策工事

河口部では、昭和 28 年の台風 13 号あの高潮災害以後、海岸災害防止事業として高潮堤防が設置され、昭和 34 年の伊勢湾台風後には伊勢湾等高潮対策事業を三重県が実施し、昭和 38 年には高潮堤防が完成した。

3) 河道掘削

平成 11 年、通水断面を確保するため、雲出川元町、須賀瀬で河道掘削、平成 22 年、中村川でも河道掘削が進められている。

4) ダム建設

昭和 47 年、治水、農業用水、上水道用水、工業用水などの利水目的で君ケ野ダムが設置された。河川整備基本方針では昭和 61 年改正の基本計画で上流ダム群・遊水地で $1,900 m^3/s$ の調整、遊水地上流部の計画高水流量は $5,900 m^3/s$、下流部は $5,200 m^2/s$ とし、遊水地で $700 m^3/s$、君ケ野ダムは計画高水流量を $1,200 m^3/s$ 配分されている。

5) 遊水地の事業化

遊水地内での宅地化で資産が集中する右岸の赤川、其村、中川原では治水整備との組み合わせ、赤川・其村・中川原の締め切り、輪中堤の建設などが検討されている。

5 中流の遊水地について

雲出川中流には霞堤が 6 ヶ所ある。霞堤背後では洪水時に冠水し、下流への洪水流量は一時的に削減される。洪水後には堤内地の洪水は自然排水される。雲出川中流の遊水地内では水田、畑などの土地利用を主とし、洪水が発生しても人的被害は発生しない。雲出川での遊水地は位置づけが明確ではなく、農業地域から宅地に土地利用が変容し浸水被害が社会問題となってきた。6 開口部は、1) 赤川（雲出川と中村川の合流部に開口部を残す赤川地区は畑・水田利用。赤川の北側には自然堤防があり、地盤の高い箇所には古くからの集落が立地）、2) 其村（赤川より上流側、波瀬川と雲出川の合流地点が其村）、3) 中川原（長野川の合流部直下、二重堤の霞堤）、4) 庄田（広い開口部、土地利用は水田と畑）、5) 牧（周囲の堤に比べ 2～3m 低い）、6) 小戸木（牧からの洪水流を排水）である（図 8-2)。

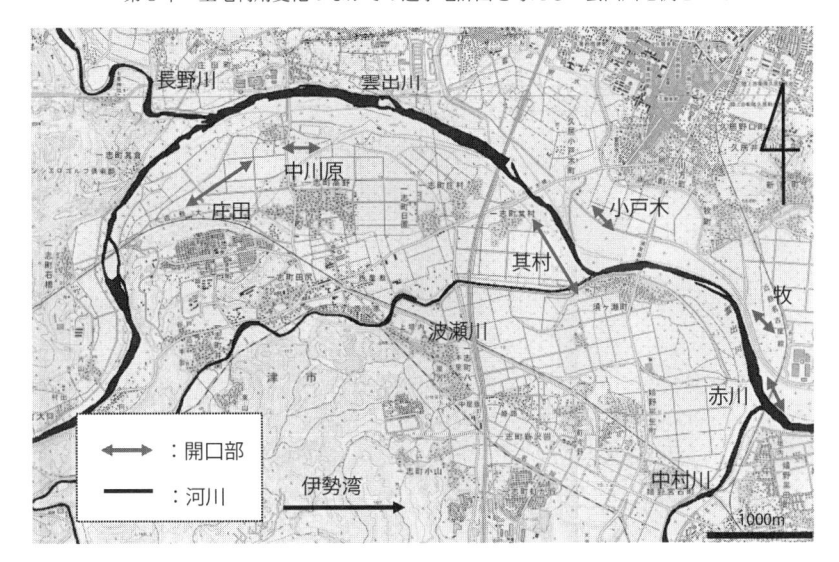

図 8-2　雲出川中流地域の霞堤と遊水地

6　雲出川中下流域の土地利用の変化動向

　洪水脆弱性は土地利用変化と密接な関係がある。雲出川の氾濫原は自然堤防、砂州、砂丘、砂礫で構成され、河岸段丘と氾濫原との比高は 10m を超えている。微地形配列はかつての土地利用体系の重要な基礎をなしていた。大正 9 年以降の土地利用をみてみたい。

1）大正 9 年の平野の土地利用景観の復元

　下流域は水田、畑などの農業地域であり宅地面積は狭小であった。中流域も水田景観が卓越し、一部、自然堤防のみ果樹園・蔬菜畑が点在していた。集落は土地条件に起因しており旧久居本村、旧久居城下町は河岸段丘上に立地していた。自然堤防にも農業集落が分布していた。城下町には「鍵の手」の道路、寺町や商業地区は地名に残されている。久居駐屯地の南東と現陸上自衛隊演習場のある小戸木町北部に果樹園が立地する。中村川流域には水田、嬉野には蔬菜畑が広がっているが、それ以外は水田、高茶屋と雲出古川分派地点の自堤防は畑地、馬場、砂原に集落が立地している。

図8-3　大正9年の土地利用図 　　　　　図8-4　昭和34年頃の土地利用図

土地利用	
宅地・商業施設	
水田	
畑	
果樹園	
工場	
ゴルフ場	
公共用地	
河川	

2) 昭和34年頃の土地利用景観について

　第2次世界大戦後、日本各地で戦後の食料増産ために緊急干拓が進んだ。昭和34年、自衛隊基地、工場用地が台地、沿岸部に進出し、畑地面積が減少しているが、谷底平野では水田面積が拡大した。久居城下町外延部に公共用地が広く展開しているが、蔬菜畑から自衛隊管理地に変容した地区である。嬉野でも畑地が宅地に変容した地域が多い。一志町田尻にはこの時期には果樹園が出現し、高茶屋には工場敷地が拡大している。香良洲町稲葉、浜浦の周辺地域は昭和17年開隊の三重海軍航空隊の名残が見られる。デルタの土地利用は公共用地、水田、宅地、果樹園の4種類である。

3) 平成19年土地利用図

　昭和57年以降、ゴルフ場と宅地面積が増大している。特に長野川と榊原川流域にゴルフ場面積が広く、白山町三ケ野、一志町井生、一志町波瀬の古田池の4ヶ所は大規模なゴルフ場として開発された。一方、庄田町、戸木町の水田地帯は宅地・工場が進出し、自然堤防に畑・果樹園が残る複雑な土地利用になってきた。さらに、宅地は近鉄名古屋線久居駅周辺、近鉄山田線での住宅開発も進められた。沿岸地域の高茶屋では工業地域に変化している。丘陵と河岸段丘のゴルフ場、氾濫原に集落が展開していった影に谷底平野の水田、斜面地の森林は草地化、荒廃している。また、庄田町ではニューファクトリーひさい工業団地が建設され、宅地化と工業開発で土地利用景

観は大きく変化している。

5）土地利用変化のなかでの洪水

全国的に丘陵地域がゴルフ場に改変し、道路・鉄道整備と宅地化が拡大した裏で水田は消えている。流出係数 fp は土地利用状態、土地表面被覆で決定され、ゴルフ場の表面被覆では増大する。昭和 57・平成 19 年にはそれ以前と比較すると、雲出川の洪水ピーク流量は増大し、洪水到達時間は短縮した。大正 9 年以降、土地利用変化が顕著なのは久居であり、集落面積は拡大した。畑地が公共用地（軍事施設）、宅地に変化した。庄田・戸木も宅地化した。庄田・小戸木でも昭和 57 年頃から工場が進出し、嬉野では畑の拡大、その後に宅地面積の拡大がみられる。一志でも果樹園は宅地に変容した。

図8-5　平成19年の土地利用図

雲出川でもこのような土地利用変化の中で洪水時の水ピーク流量が変化している。洪水の合理式は下記のようにしめすことができるが、土地利用変化が氾濫原での洪水危険度を高めている。

$$Q = \frac{1}{3.6} \cdot f p \cdot r \cdot A$$

（Q (m^3/s)：ピーク流量、f$_p$（無次元）：流出係数、r (mm/h)：洪水到達時間内の平均有効雨量強度、A (km^2)：流域面積）

7　連続堤防建設はどのように下流に影響を与えているのか

霞堤防から連続堤防への変更は氾濫原の洪水をどのように変化させるのか？中流の遊水地を最大浸水深 0.5m、1.0m、1.5m の 3 レベルで洪水貯水容量を推定し、香良洲の浸水深に与える影響を考えてみた。香良洲は堤防強化が進んでいるが、堤防建設以前は洪水常習域であった。中流の遊水地がなくなり洪水バッファー機能が喪失する

と香良洲では洪水が再来するのではなかろうか？

　赤川、其村・中川原、庄田、牧・小戸木の遊水地（図8-9）で方眼法を用い（大木1998）、面積S=（方眼の単位面積）×｛（完全な方眼の数）+1/2（境界で切られる方眼の数）｝を算定し、昭和57年・平成16年洪水域の微地形から貯水容量を算定してみた。

　赤川の遊水地は258,000m²、牧・小戸木が1,665,000 m²、其村・中川原は1,375,000 m²、庄田が255,000 m²で、遊水地総面積は5,875,000m²であった。

　遊水地の微地形が氾濫平野に占める比率は68.5％（4,026,318.8m²）、自然堤防は30.5％（1,790,912.2 m²）、旧河道は1.0％（57,769.0 m²）である。

　微地形に最大浸水深さ0.5m、1.0m、1.5mを仮定し、遊水地の貯水容量を計算してみた。0.5mで旧河道は浸水するが自然堤防は浸水しない。貯水容量は氾濫平野と旧河道が0.5m浸水した場合、2,042,043.9t、1.0mで計算すると自然堤防は浸水せず貯水容量は4,084,087.8tであった。最大浸水深を1.5mとすると氾濫平野・旧河道では1.5mの浸水、自然堤防では0.5mの浸水深度で貯水容量は7,021,587.8tに及ぶことが分かった。

表8-3　方眼法より求めた面積

	完全な方眼の数	境界で切られる方眼の数	面積(m²)
赤川	212	82	2,580,000
其村・中川原	103	69	1,375,000
庄田	8	35	255,000
牧・小戸木	130	73	1,665,000
総面積(m²)			5,875,000

表8-4　微地形毎の面積

	全体に占める割合(%)	面積(m²)
氾濫平野	68.5	4,026,318.8
自然堤防	30.5	1,790,912.2
旧河道	1.0	57,769.0
全体	100.0	5,875,000.0

表8-5　遊水地の貯水容量（単位：t）

	最大浸水深さ		
	0.5m	1.0m	1.5m
氾濫平野	2,013,159.4	4,026,318.8	6,039,478.2
自然堤防	0.0	0.0	895,456.1
旧河道	28,884.5	57,769.0	86,653.5
全体	2,042,043.9	4,084,087.8	7,021,587.8

8　洪水氾濫を香良洲地区で考える

　連続堤防を建設した場合、遊水地貯水容量は香良洲に流入するとし、香良洲の浸水深度を求めた。浸水深度は0.5m、1.0m、1.5mの3レベルを用い、微地形毎の浸水を図化・計算した。香良洲の6微地形を砂丘2.5m、砂堆2m、自然堤防1.5m、氾濫平野0.5m、その他の比高を0mとし、微地形面積は砂丘55,677.1m²、砂堆24,286.7 m²、自然堤防63,227.2 m²、氾濫平野132,219.1 m²、旧河道16,327.5 m²、堤間低地98,262.4 m²である。

表8-6　香良洲地区の微地形面積

	全体に占める割合(%)	面積(m²)
砂丘	14.3	556,771.0
砂堆	6.2	242,867.0
自然堤防	16.2	632,272.0
氾濫平野	33.9	1,322,191.0
旧河道	4.2	163,275.0
中間低地	25.2	982,624.0
合計	100.0	3,900,000.0

第 8 章　土地利用変化のなかでの遊水地計画を考える～雲出川を例として～

図 8-6　香良洲地区の地形分類図

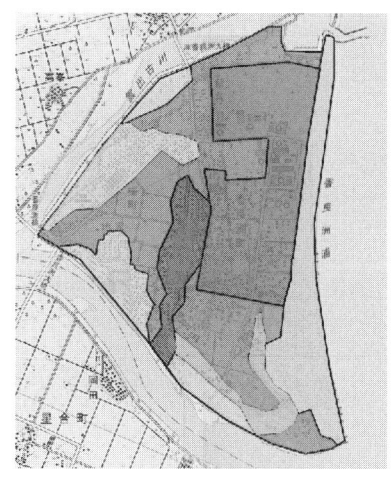

地形	
氾濫平野	
旧河道	
自然堤防	
中間低地	
砂丘	
砂堆	

遊水地の最大浸水深を0.5m、貯水容量 2,042,043.9t が香良洲に流入すると微地形毎の浸水深度は表 8-8 であり、旧河道、堤間低地で最大浸水深は 1.10m、氾濫平野でも 0.60m の浸水が想定できる。砂丘、砂堆、自然堤防は無冠水である。

遊水地の最大浸水深が1.0m、貯水容量 4,084,087.8t が香良洲に流入すると浸水深度は表 8-9 であり、旧河道、堤間低地で最大浸水深は約1.84m、氾濫平野や自然堤防も 1.34m、0.34m の冠水となる。砂丘、砂堆は無冠水である。

表 8-7　遊水地候補地最大浸水深 0.5m 時の香良洲地区浸水深さ

	比高(m)	面積(m²)	浸水深さ(m)	流入量(t)
砂丘	2.5	556,771.0	0.00	0.00
砂堆	2.0	242,867.0	0.00	0.00
自然堤防	1.5	632,272.0	0.00	0.00
氾濫平野	0.5	1,322,191.0	0.60	787,014.81
旧河道	0.0	163,275.0	1.10	178,824.55
中間低地	0.0	982,624.0	1.10	1,076,204.53
合計		3,900,000.0		2,042,043.90

表 8-8　遊水地の最大浸水深 1.0m 時の香良洲の浸水

	比高(m)	面積(m²)	浸水深さ(m)	流入量(t)
砂丘	2.5	556,771.0	0.00	0.00
砂堆	2.0	242,867.0	0.00	0.00
自然堤防	1.5	632,272.0	0.34	212,713.95
氾濫平野	0.5	1,322,191.0	1.34	1,767,012.96
旧河道	0.0	163,275.0	1.84	299,842.77
中間低地	0.0	982,624.0	1.84	1,804,518.14
合計		3,900,000.0		4,084,087.82

表 8-9　遊水地の最大浸水深 1.5m での香良洲の浸水

	比高(m)	面積(m²)	浸水深さ(m)	流入量(t)
砂丘	2.5	556,771.0	0.19	108,320.91
砂堆	2.0	242,867.0	0.69	168,683.76
自然堤防	1.5	632,272.0	1.19	755,281.78
氾濫平野	0.5	1,322,191.0	2.19	2,901,616.91
旧河道	0.0	163,275.0	2.69	439,952.98
中間低地	0.0	982,624.0	2.69	2,647,731.47
合計		3,900,000.0		7,021,587.82

遊水地の最大浸水深 1.5m、貯水容量 7,021,587.8t が香良洲に流入すると浸水深度は表 8-10 に示すような面積となる。最大浸水深は 2.69m、氾濫平野で 2.19m、自然

堤防1.19m、砂堆0.69m、砂丘0.19mで香良洲全域が浸水する。

遊水地での貯水容量が香良洲に流入した際の微地形ごとの浸水は表8-10に示した。

表8-10　香良洲の微地形毎の浸水（単位：m）

	比高	遊水地最大浸水深さ		
		0.5m	1.0m	1.5m
砂丘	2.5	0.00	0.00	0.19
砂堆	2.0	0.00	0.00	0.69
自然堤防	1.5	0.00	0.34	1.19
氾濫平野	0.5	0.60	1.34	2.19
旧河道	0.0	1.10	1.84	2.69
中間低地	0.0	1.10	1.84	2.69

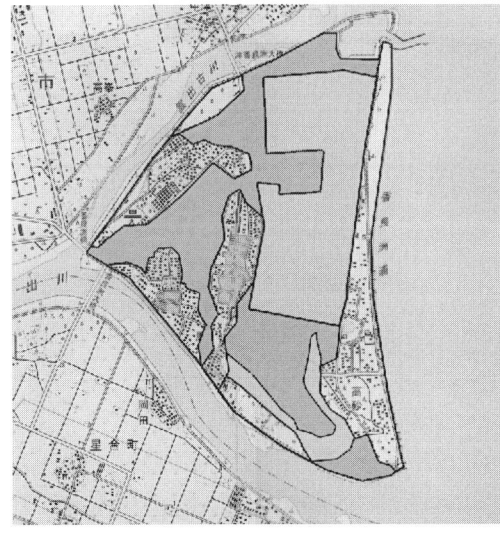

図8-7　遊水地で浸水0.5mとすると香良洲の浸水

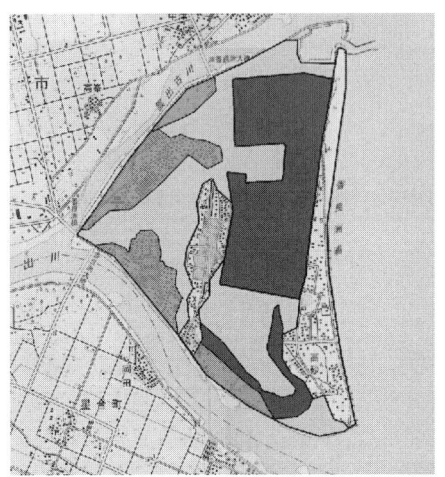

図8-8　遊水地で浸水1.0mとした時の香良洲の浸水

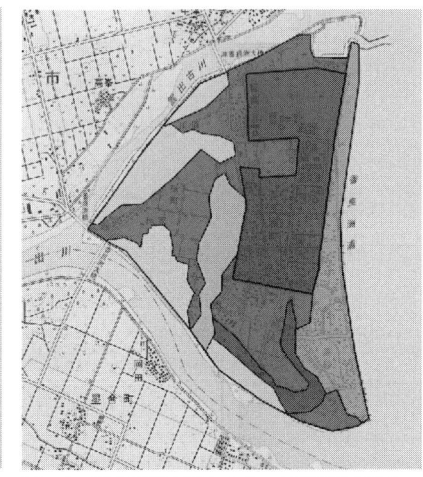

図8-9　遊水地最大浸水0.5mの香良洲の浸水

9 浸水被害額の経済比較

9.1 経済的指標

連続堤防の下流域への洪水影響評価を用い、最大浸水深 0.5m、1.0m、1.5m で浸水知己を確認した。土地利用と照合し被害額を算定した。被害算定にあたり遊水地内の農家で聞き取り調査を行い、三重農林水産統計年報を参考にしながら、最近 1 年間の農業収入を評価してみた。

調査対象年は平成 11 年〜 16 年とし、平成 11 年〜 14 年の平均を通常時農業生産額とし、洪水年の平成 16 年のデータを災害時農業生産額とした。平成 15 年には日照不足で農業生産額に大きな開きがでたので使用していない。遊水地の浸水時の農作物被害を求めるため、一志町庄村、一志町其村で 30ha 農家に聞き取り調査を行った。ここでの農業体系を例に遊水地での畑の単位当たり生産額を算定した。30ha の内訳は 20ha が 2 〜 6 月の春キャベツ、6 〜 9 月大豆、9 〜 1 月冬キャベツである。残り 10ha は 6 〜 9 月大豆、11 〜 6 月小麦である。

納入価格は 10kg 単位で春キャベツ 1,000 円、冬キャベツ 800 円、大豆 1,250 円、小麦 2,583 円とすると 30ha 農家の年間農業生産額は 28,007,340 円、災害年生産額は 27,496,310 円であり、平成 16 年は平年に比べ 511,030 円、2％の生産額が減額していた。作物別にみると春キャベツ 1ha 当たり収量は平年で 4,120kg、災害年で 5,590kg であり、災害年で収穫量は増加している。

冬キャベツも平年の 1ha 当たり収量が 3,826kg、災害年 4,080kg である。大豆は 1ha 当たり収量が平年 1,724kg、災害年は 840kg で平年に比べ収量が減少している。小麦は平年が 2,780kg、災害年で 2,570kg と減少率は小さい。平成 16 年洪水は 9 月 29 日発生であり、6 〜 9 月作付の大豆は被害がない。1m² 当たりの生産額では平年時 93 円、災害年で 92 円と差は 1 円である。これを

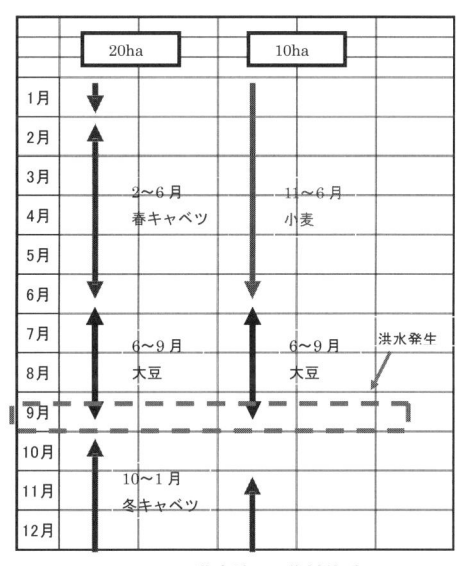

図 8-10　遊水地での作付体系

表 8-11 平年時の年間農業生産額

農作物	作付体制	作付面積(ha)	1ha当たり収量(kg)	収穫量(kg)	納入価格(円/10kg)	生産額(円)
春キャベツ	三毛作	20	4,120	82,400	1,000	8,240,000
冬キャベツ			3,826	76,520	800	6,121,600
大豆			1,724	34,480	1,250	4,310,000
小麦	二毛作	10	2,780	27,800	2,583	7,180,740
大豆			1,724	17,240	1,250	2,155,000
					合計	28,007,340
					1ha当たりの生産額(円/ha)	933,578
					1m²当たりの生産額(円/m²)	93

表 8-12 平成16年の農産物生産額

農作物	作付体制	作付面積(ha)	1ha当たり収量(kg)	収穫量(kg)	納入価格(円/10kg)	生産額(円)
春キャベツ	三毛作	20	5,590	111,800	1,000	11,180,000
冬キャベツ			4,080	81,600	800	6,528,000
大豆			840	16,800	1,250	2,100,000
小麦	二毛作	10	2,570	25,700	2,583	6,638,310
大豆			840	8,400	1,250	1,050,000
					合計	27,496,310
					1ha当たりの生産額(円/ha)	916,544
					1m²当たりの生産額(円/m²)	92

遊水地で畑 1m² 当たりの生産額として算定基礎とした。

　遊水地内の水田の単位面積当たりの生産額は三重県農林水産統計年報から求め、畑と同様、平成 11 ～ 15 年度の平均を平年、平成 16 年を災害年としている。久居市と一志町の作付面積、1ha 当たり収量、収穫量より、久居市と一志町を合わせた生産額、1ha 当たり生産額、1m² 当たり生産額を求めた。久居市、一志町全域での平成 11 ～ 15 年度までの平年の生産額は 876,338,000 円、平成 16 年水害があった災害年では 842,883,333 円と、平年が 33,454,667 円高くなった。1m² 当たり生産額では平年が 80 円/m²、災害年は 82 円/m² と災害年が 2 円高い。平成 15 年度の収穫量が少なかった影響が表れている。

　宅地が浸水した場合の推定には、被害額算定データとして旧住宅金融公庫の平成

表 8-13 久居市、一志町の水稲生産額

年度	久居市			一志町		
	作付面積(ha)	1ha当たり収量(kg)	収穫量(kg)	作付面積(ha)	1ha当たり収量(kg)	収穫量(kg)
平成11年度	751	4,820	3,619,820	437	4,820	2,106,340
平成12年度	734	4,990	3,662,660	420	5,010	2,104,200
平成13年度	684	4,780	3,269,520	416	4,800	1,996,800
平成14年度	620	4,900	3,038,000	410	4,880	2,000,800
平成15年度	600	4,500	2,700,000	400	4,480	1,792,000
平成16年度	620	4,910	3,044,200	410	4,910	2,013,100
年度	久居市 一志町	生産額(円)	1ha当たり生産額(円/ha)		1m²当たり生産額(円/m²)	
平成11年度 平成12年度 平成13年度 平成14年度 平成15年度	平年	876,338,000	800,747		80	
平成16年度	災害年	842,883,333	818,333		82	

15年度調査で示された三重県の住宅の平均坪単価 57,000 円/坪を用いた。1坪は約 3.31m^2、1m^2 当たりに換算し 17,220 円/m^2 を使用した。統計局の住宅統計三重県データから、敷地面積 300m^2 当たりに 100m^2 の家が建つと仮定した。土地利用図から求めた宅地面積 1m^2 当たりの価格は 5,740 円/m^2 という結果となった。計算には浸水深度で宅地被害額（補修額）に重みを加えている。浸水深が 0～0.5m となると消毒、畳、ふすま張り替えが生じ、宅地の単位面積当たりの被害額の 30％程度が被害となるとした。0.5～1.0m、1.0～1.5m にも 20％刻みで重みづけした。浸水が 1.5m を超えると被害が深刻であり、この割合は 100％とした。

表8-14 浸水深さに対する単位面積被害額の割合

浸水深さ（m）	被害額（補修額）割合（％）
0～0.5	30％
0.5～1.0	50％
1.0～1.5	70％
1.5～2.0	100％
2.0～2.5	100％
2.5～3.0	100％

遊水地内の微地形ごとの土地利用は氾濫平野・旧河道 4,084,088m^2 で水田 96.1（3,924,957m^2）、畑、面積 1.9％（78,536m^2）、住宅は 1.4％（58,819m^2）、その他 0.5％は荒れ地である。自然堤防 1,790,912m^2 は畑であり、68.1％（1,219,560m^2）、住宅面積 19.0％（341,126m^2）、水田は 7.2％で（28,993m^2）である。

遊水地が最大浸水深さ 0.5m、1.0m、1.5m で浸水した場合の被害額算定では、水田、畑の通常年と災害年での農作物生産額の差を水田、畑ごとの浸水被害額とし、宅地の

表8-15 遊水地の微地形ごとの土地利用割合と面積

地形分類	比高(m)	面積(m^2)	土地利用割合(％)				
			水田	住宅	畑	その他	合計
氾濫平野・旧河道	0.0	4,084,087.8	96.1	1.4	1.9	0.5	100.0
自然堤防	1.0	1,790,912.2	7.2	19.0	68.1	5.7	100.0

地形分類	土地利用毎の面積(m^2)				
	水田	住宅	畑	その他	合計
氾濫平野・旧河道	3,924,957	58,819	78,536	21,775	4,084,088
自然堤防	128,993	341,126	1,219,560	101,233	1,790,912

浸水被害額を加え、遊水地候補地全体の浸水被害額とした。

通常年と平成 16 年洪水のあった災害年の農作物生産額の差は通常年から災害年生産額を引いた値である。これを浸水災害被害額とし、最大浸水深さ 0.5m で－7,771,378 円、1.0m でも－7,771,378 円、1.5m では－6,809,803 円となり通常年より災害年の年間生産額は大きいことが示されている。

災害年の平成 16 年災害は発生時期が稲の収穫後

表8-16 土地利用と単位面積価格

土地利用		単位面積価格（円/m^2）	備考
水田	通常年	80	
	災害年	82	
畑	通常年	93	
	災害年	92	
宅地		5,740	浸水深さにより変動

表 8-17　浸水深 0.5m 浸水での水田、畑の被害額

	比高(m)	浸水深さ(m)	面積(m²)	土地利用毎の面積(m²)		通常年の1m²当たりの生産額(円/m²)	
				水田	畑	水田	畑
氾濫平野・旧河道	0	0.5	4084087.8	3,924,957	78,536	80	93
自然堤防	1	0.0	1790912.2	128,993	1,219,560		

	災害年の1m²当たりの生産額(円/m²)		通常年	災害年
	水田	畑	生産額(円)	生産額(円)
氾濫平野・旧河道 自然堤防	82	92	321,300,452 0	329,071,830 0
	合計		321,300,452	329,071,830
	平年と災害年 生産額の差		−7,771,378	

表 8-18　浸水深 1.0m での水田、畑の被害額

	比高(m)	浸水深さ(m)	面積(m²)	土地利用毎の面積(m²)		通常年の1m²当たりの生産額(円/m²)	
				水田	畑	水田	畑
氾濫平野・旧河道	0	1.0	4084087.8	3,924,957	78,536	80	93
自然堤防	1	0.0	1790912.2	128,993	1,219,560		

	災害年の1m²当たりの生産額(円/m²)		通常年	災害年
	水田	畑	生産額(円)	生産額(円)
氾濫平野・旧河道 自然堤防	82	92	321,300,452 0	329,071,830 0
	合計		321,300,452	329,071,830
	平年と災害年 生産額の差		−7,771,378	

表 8-19　浸水深 1.5m での水田、畑の被害額

	比高(m)	浸水深さ(m)	面積(m²)	土地利用毎の面積(m²)		通常年の1m²当たりの生産額(円/m²)	
				水田	畑	水田	畑
氾濫平野・旧河道	0	1.5	4084087.8	3,924,957	78,536	80	93
自然堤防	1	0.5	1790912.2	128,993	1,219,560		

	災害年の1m²当たりの生産額(円/m²)		通常年	災害年
	水田	畑	生産額(円)	生産額(円)
氾濫平野・旧河道 自然堤防	82	92	321,300,452 123,738,533	329,071,830 122,776,958
	合計		445,038,985	451,848,788
	平年と災害年 生産額の差		−6,809,803	

表 8-20　浸水深度に対する住宅被害

最大浸水深さ(m)	微地形	比高(m)	浸水深さ(m)	宅地面積(m²)	単位面積価格(円/m²)	被害割合(%)	被害価格(円)	合計(円)
0.5	氾濫平野・旧河道	0.0	0.5	58,819	5,740	30	101,286,318	101,286,318
	自然堤防	1.0	0.0	341,126		0	0	
1.0	氾濫平野・旧河道	0.0	1.0	58,819		50	168,810,530	168,810,530
	自然堤防	1.0	0.0	341,126		0	0	
1.5	氾濫平野・旧河道	0.0	1.5	58,819		70	236,334,742	823,753,714
	自然堤防	1.0	0.5	341,126		30	587,418,972	

であり、畑作では 2 毛作、3 毛作の間であった。浸水災害でも発生時期により年間生産額は変動する。洪水発生は 9 月に集中していることから、遊水地内の水田、畑が 9 月には使用しないという作付ルールを設ければ洪水による農作物の浸水被害は最小限に防げる可能性がある。農作物生産額がマイナスの値で平常年と災害年の農作物生産額に変動がないため、遊水地の被害額算定は住宅の浸水被害額のみを指標したい。最大浸水深度に対する住宅被害額は最大浸水深さ 0.5m で住宅被害は 101,286,318 円、

1.0m は 168,810,530 円、1.5m では 823,753,714 円にも及ぶ。

9.2 香良洲の洪水被害

香良洲地区では自然堤防が梨畑である。近年、香良洲で浸水被害がなく、平常年と災害年で区別できない。三重農林水産統計年報の平成11年度〜16年度で平均的値を求め、JA三重での聞き取り調査を基にして単位面積当たりの生産額を算定した。樹高を考慮し1.0m以上の浸水で梨が収穫が不能と仮定した。平成11年度〜16年度の香良洲での生産状況を表8-22である。梨1m^{2}当たりの生産額は1,892円となった。

香良洲の堤間低地や氾濫平野には食品、鋼業、金属、建設材料などの工場があ

表8-21 香良洲での梨の1m^{2}当たり生産額

年度	栽培面積(ha)	出荷量(kg)	納入価格(円/10kg)	生産額(円)	1ha当たり生産額(円/ha)	1m^{2}当たり生産額(円/m^2)	平均(円/m^2)
平成11年度	24	550,000		484,000,000	20,166,667	2,017	
平成12年度	24	506,000		445,280,000	18,553,333	1,855	
平成13年度	24	545,000	8,800	479,600,000	19,983,333	1,998	1,892
平成14年度	24	533,000		469,040,000	19,543,333	1,954	
平成15年度	24	496,000		436,480,000	18,186,667	1,819	
平成16年度	24	466,000		410,080,000	17,086,667	1,709	

写真8-1 高潮堤防からみた梨畑（鈴木 1月18日撮影）

写真8-2 梨畑（鈴木 1月18日撮影）

表8-22 香良洲での水田1m^{2}当たり生産額

年度	作付面積(ha)	収穫量(kg)	納入価格(円/kg)	生産額(円)	1ha当たり生産額(円/ha)	1m^{2}当たり生産額(円/m^2)	平均(円/m^2)
平成11年度	32	140000		23,333,333	729,167	73	
平成12年度	22	102000		17,000,000	772,727	77	
平成13年度	22	99000	1,667	16,500,000	750,000	75	75
平成14年度	20	93000		15,500,000	775,000	78	
平成15年度	20	84000		14,000,000	700,000	70	
平成16年度	20	92000		15,333,333	766,667	77	

り、堤間低地は比高0.0m、氾濫平野は比高0.5mのため、浸水時の被害額は大き

表 8-23 浸水深に対する単位面積当たり被害額

浸水深さ(m)	工場停止期間(カ月)	1m²当たり被害額(円)
0〜1m	1	3,357
1〜2m	3	10,071
2〜3m	6	20,142

表 8-24 香良洲の微地形ごとの土地利用割合と面積

地形分類	比高(m)	面積(m²)	土地利用割合(%)						
			水田	住宅	畑	果樹園	工場	その他	合計
中間低地・旧河道	0.0	1,145,899.0	4.8	52.1	1.9	5.2	24.8	11.3	100.0
氾濫平野	0.5	1,322,191.0	27.4	32.2	6.0	8.7	1.0	24.7	100.0
自然堤防	1.5	632,272.0	0.0	46.6	16.9	15.5	0.0	21.0	100.0
砂丘	2.0	242,867.0	0.0	36.5	0.0	0.0	0.0	63.5	100.0
砂堆	2.5	556,771.0	5.9	94.1	0.0	0.0	0.0	0.0	100.0

い。三重県の平成15年工業統計調査結果報告書から旧香良洲町の1m²当たり工場被害額を算定した（表8-24）。旧香良洲町では工場が15、年間の製造品出荷額等は11,0996,130,000円である。これを土地利用図から算定した工場面積297,795m²で除して年間1m²当たり工場生産額を40,283円とした。被害額算定では浸水から復旧への時間を考え、0〜1m浸水で1ヵ月工場が停止、1〜2m浸水で3ヵ月、2〜3m浸水で6ヵ月を要すると仮定し1m²当たりの被害額とした。

香良洲には旧河道、氾濫平野、自然堤防、砂丘、砂堆の6微地形があり。堤間低地・旧河道には水田、宅地、畑、果樹園、工場の土地利用が見られる。宅地比率は52.1%と大きく、工場、果樹園、水田、畑の順である。宅地で596,523m²、工場が283,991m²、果樹園59,280m²、水田54,657m²、その他が129,792m²である。氾濫平野でも水田、宅地、畑、果樹園、工場の土地利用が見られ、堤間低地・旧河道同様に宅地面積が1番大きく、水田、果樹園、畑と続く。自然堤防には水田、工場はなく、宅地、畑、果樹園として利用されている。宅地面積が自然堤防全体の46.6%である。砂丘の36.5%が宅地、他の63.5%は荒れ地や砂浜である。砂堆は香良洲中央部で比高が高く住宅が密集している。

土地利用面積と浸水深度、単位面積当たりの被害額及び生産額から被害額をもとめた結果が表8-26である。遊水地浸水深さ0.5m規模の洪水では、浸水被害は堤間低地・旧河道、氾濫平野でのみ発生し、合計被害額は6,635,756,133円、遊水地浸水深度1.0m洪水で堤間低地・旧河道、氾濫平野に加え、自然堤防に浸水がおよび、計被害額は8,797,153,901円である。遊水地浸水深度1.5m洪水で堤間低地・旧河道、氾濫平野、自然堤防、砂丘、砂堆と全ての微地形で浸水被害が発生し、被害額合計は14,316,894,866円まで増加した。

遊水地浸水深度0.5m洪水の被害額は遊水地が浸水した場合で101、286、318円、

第 8 章　土地利用変化のなかでの遊水地計画を考える～雲出川を例として～

表 8-25　香良洲地区の浸水被害額

遊水地浸水規模(m)	流入量(t)	微地形	比高(m)	面積(m²)	浸水深さ(m)	土地利用毎の面積(m²)		
						宅地	工場	果樹園
0.5	2,042,044	堤間低地・旧河道	0.0	1,145,899	1.1	596,523	283,991	59,280
		氾濫平野	0.5	1,322,191	0.6	425,211	13,804	115,576
		自然堤防	1.5	632,272	0.0	194,363	0	97,975
		砂丘	2.0	242,867	0.0	88,741	0	0
		砂堆	2.5	556,771	0.0	523,880	0	0
1.0	4,084,088	堤間低地・旧河道	0.0	1,145,899	1.8	596,523	283,991	59,280
		氾濫平野	0.5	1,322,191	1.3	425,211	13,804	115,576
		自然堤防	1.5	632,272	0.3	194,363	0	97,975
		砂丘	2.0	242,867	0.0	88,741	0	0
		砂堆	2.5	556,771	0.0	523,880	0	0
1.5	7,021,588	堤間低地・旧河道	0.0	1,145,899	2.7	596,523	283,991	59,280
		氾濫平野	0.5	1,322,191	2.2	425,211	13,804	115,576
		自然堤防	1.5	632,272	1.2	194,363	0	97,975
		砂丘	2.0	242,867	0.7	88,741	0	0
		砂堆	2.5	556,771	0.2	523,880	0	0

遊水地浸水規模(m)	土地利用毎の1m²当たり被害額(円)			微地形毎の被害額(円)	合計被害額(円)
	宅地	工場	果樹園		
0.5	4,018	10,071	1,892	5,369,060,535	
	2,870	3,357	0	1,266,695,598	
	0	0	0	0	6,635,756,133
	0	0	0	0	
	0	0	0	0	
1.0	5,740	10,071	1,892	6,396,273,141	
	4,018	10,071	1,892	2,066,187,674	
	1,722	3,357	0	334,693,086	8,797,153,901
	0	0	0	0	
	0	0	0	0	
1.5	5,740	20,142	1,892	9,256,346,502	
	5,740	20,142	1,892	2,937,421,100	
	4,018	10,071	1,892	966,319,234	14,316,894,866
	2,870	3,357	0	254,686,670	
	1,722	3,357	0	902,121,360	

表 8-26　浸水被害額の比較

洪水規模		浸水被害額(円)		差額(円)
遊水地浸水深さ(m)	貯水・流入量(t)	遊水地候補地	香良洲	
0.5	2,042,044	101,286,318	6,635,756,133	6,534,469,815
1.0	4,084,088	168,810,530	8,797,153,901	8,628,343,371
1.5	7,021,588	823,753,714	14,316,894,866	13,493,141,152

香良洲地区流入では 6,635,756,133 円、差額は 6,534,469,815 円である。遊水地浸水深度 1.0m 規模で遊水地被害が 168,810,530 円、香良洲が 8,797,153,901 円で差額は 8,628,343,371 円である。遊水地浸水深度 1.5m 洪水で遊水地は 823,753,714 円、香良洲で 14,316,894,866 円の被害額で差額は 13,493,141,152 円となった。この差額が遊水地の持つ浸水被害低減効果と考えられる。

10 霞堤防は有効か？

　霞堤防の開口部を締め切った場合、流入が発生するとした下流域香良洲地区の地形と土地利用における浸水リスク率を被害額ベースで表わした。浸水被害リスク率は中流の開口部を締め切った際、遊水地浸水規模 0.5m、1.0m、1.5m の洪水が香良洲地区に流入した場合、地形、土地利用ごとによってどの程度の被害リスクがあるのかを被害額ベースで算出した。宅地では 100％が単位面積あたりの補修費が満額であることを表わし、浸水深さが低ければ浸水被害リスクは小さくなる。果樹園は 1.0m 以上の浸水で、梨は収穫できなくなると仮定したので、果樹園の浸水被害リスクが 100％は果樹園の年間生産額が 0 円となることを表わしている。工場は浸水深さに対して工場停止期間を設けているので、年間生産額の何％の被害額が発生するのかを表わしている。

　遊水地浸水深さ 0.5m 規模の洪水では旧河道、堤間低地、氾濫平野の宅地における浸水被害リスクは 50％、果樹園では旧河道、堤間低地で 100％、工場は旧河道、堤間低地で 25％、氾濫平野で 8％が発生する。遊水地浸水深さ 1.0m 規模の洪水では旧河道、堤間低地の宅地は 100％、氾濫平野で 70％、高地にあたる自然堤防でも 30％の被害リスクとなった。果樹園は旧河道、堤間低地、氾濫平野の 3 地形で被害が発生し、工場も同様に 3 地形で 25％の浸水被害リスクが発生することになる。

　遊水地浸水深さ 1.5m 規模の洪水では全ての地形、土地利用で浸水被害の危険が

表 8-27　開口部を締め切った場合の下流域香良洲地区の浸水被害リスク（被害額ベース）

河川整備計画	遊水地浸水深さ規模(m)	地形分類	下流域香良洲地区浸水被害リスク(%)				
			宅地	水田	畑	果樹園	工場
締め切り	0.5	旧河道	50			100	25
		堤間低地	50			100	25
		氾濫平野	50			0	8
		自然堤防	0			0	
		砂堆	0				
		砂丘	0				
	1.0	旧河道	100			100	25
		堤間低地	100			100	25
		氾濫平野	70			100	25
		自然堤防	30			0	
		砂堆	0				
		砂丘	0				
	1.5	旧河道	100			100	50
		堤間低地	100			100	50
		氾濫平野	100			100	50
		自然堤防	70			100	
		砂堆	50				
		砂丘	30				

でてくる。宅地は旧河道、堤間低地、氾濫平野の浸水被害リスク100％、自然堤防70％、砂堆50％、砂丘30％である。果樹園が存在する旧河道、堤間低地、氾濫平野、自然堤防の4地形全て梨が1.0m浸水する被害を受け、旧河道、堤間低地、氾濫平野の工場は6カ月間の工場停止にあたる50％の浸水被害リスクが発生する。浸水被害額の差は先に示した通り、遊水地候補地と香良洲地区では大きく違う。遊水地の存在で社会資本の集中する下流域を守るという考えは、社会資本の概念としては合理的であると判断できるだろう。今後、温暖化に伴う海面上昇や異常気象により、河川氾濫被害は増加すると考えられる。そうなった時、人口が集中しており、資産価値の高い地区を優先的に洪水被害から守るためにも、ハードインフラクチャーだけに頼らない、遊水地といつ土地利用を残す河川管理計画及び都市計画の在り方を検討する必要性もでてくるだろう。

　雲出川流域の中流域に存在する霞堤及び遊水地には下流域を浸水による甚大な被害を防ぐために、浸水規模でも経済指標でも合理的であるという数値結集となった。しかし、遊水地でも浸水被害は0ではないということは、十分承知しておかなければならない。今後遊水地計画を事業化する際には、遊水地候補地内に存在する宅地への配慮方法、農家への浸水被害に対する補助金額の算定、市としての都市計画の在り方等、多方面での対策が必要となるだろう。

参考文献

近藤徹（2005）：「豪雨災害対策の新たな展開」　河川6月号61巻第6号　3-5
春山成子・村井敦志（2004）：「地形と氾濫原管理―雲出川デルタの場合―」
松本真弓（2009）：「雲出川中下流域の地形分類図作成と地形特性についての研究」
昆　敏之（2005）：「鶴見川多目的遊水地の効果について」　河川6月号61巻第6号　71-75
岩田俊二（2010）：「津市・地方都市の建設史」
大木正喜（1998）：「測量学」p. 149 森北出版.
末次忠司（2005）：「河川の科学」
吉本俊裕・末次忠司・大原修・桐生祝男・馬場隆司（1990）：「河川改修と土地の試算価値に関する研究報告書」
山脇正俊（2000）：「近自然工学」
東海農政局津統計・情報センター（1999）：「第47次三重農林水産統計年報」
東海農政局津統計・情報センター（2000）：「第48次三重農林水産統計年報」
東海農政局津統計・情報センター（2001）：「第49次三重農林水産統計年報」
東海農政局津統計・情報センター（2002）：「第50次三重農林水産統計年報」
東海農政局津統計・情報センター（2003）：「第51次三重農林水産統計年報」
東海農政局津統計・情報センター（2004）：「第52次三重農林水産統計年報」

国土交通省中部地方整備局　三重河川国道事務所　雲出川水系河川整備基本方針ホームページ
http：//www. mlit. go. jp/river/basic_info/jigyo_keikaku/gaiyou/seibi/kumozu_index. html

第9章

土地利用管理と
タイ南部の洪水軽減にむけた動き

春山成子　チャルチャイ・タナブット

1　タイの洪水

　タイの洪水はバンコク首都圏の年中行事のような洪水に見るように、モンスーンアジアに特有な雨期の開始から雨期の終末にかけて長期にわたっている。極めて緩やかに河川水位が上昇して、緩やかに収束に向かう。しかし、1988年11月に発生した自然災害がタイ南部のタピ川流域を襲った時、豪雨直後に斜面崩壊が発生し、急激な土砂流出、下流地域での河川氾濫洪水を併発した。この年、タイ半島では半島の付け根にあたるチュンポン地域からマレーシア国境までの広範な地域において、斜面崩壊・土砂災害と洪水で多くの死傷者を出したために、翌年にかけて農業地域では災害復興事業に手間取るような未曾有の大災害となった。

　災害地域の一つにウタパオ川流域があり、低平地ではソンクラー湖の湖岸平野が被災を受けている。1988年11月、タイ中央平原の西側に位置するメクロン川流域低地の治水地形分類図を作成するために渡航を予定していたが、バンコクの国立リモートセンシングセンターに到着すると、すぐに、南部タイの被災地域に、飛行機で飛ぶことにした。このため、豪雨災害の直後にソンクラー湖の湖岸およびその周辺地域とタピ川の上流・下流地域を調査する機会をえることができた。

　当時、大矢雅彦氏（当時、早稲田大学教授）、大倉博氏（当時、国立防災科学技術研究センター勤務・リモートセンシングの専門家）、春山のほかに、タイのリモートセンシングの研究者としてランプン・シムキンさん、トンチャイ・シムキン氏、ラザミー・ビラカントーンさん、そして、AITの土木地質学分野の専門家としてプリンヤ・ヌタラヤ教授、スリナカリン・ウィロート大学の地理学者であったエンガクル教授らとともに、バンコクからマレー国境に近いハジャイ空港に向かった。

バンコク・ドンムアン空港を飛び立った飛行機の窓から下界を覗くと、タイ半島で眼下に見えたのは、タピ川の上流域の真っ白な裸地が広域にわたっていることであった。ハジャイ空港に降りたち、陸路で北上して、タピ川が形成したデルタ地帯に到着すると、河床には白い砂・礫の堆積物が最大で2.5mの高さに達していた。自然堤防地帯を歩いてみると、洪水で堆積した堆積層の層々を読み取ることができた。粒径の異なる砂層が堆積しており、流出した時間によって、流出した時の流量によって異なる縞模様を示していた。

1988年のマレー半島を直撃した豪雨災害を、LandSat TM画像で見てみると、洪水の前・後の画像の差画像を作成することで、タピ川の河口部にはデルタが大きな前進をしていることも読み取ることができた。そのデルタ前進の速度は、この河川にとっては記録的な速さであり、災害後10日後に現地調査を行ったときには干潟が沖合100m延長していた。

タピ川の上流地域へ現地調査に入る際、タピ川にかけられた橋は土砂に流されて落橋しており、道路は豪雨で斜面崩壊が発生したために、この時の土砂堆積でふさがれ、交通路は遮断されていた。ところによっては土砂が排除されている箇所もあったが、旧河道には水が流れており、この水の流れる中を避難する住民の姿を見た。

目的地までの四輪駆動車での移動にも困難さを感じたが、現地調査に入った。最大の被害者を出したピプン村に入った。この村の地盤標高からすると、250mにすぎない低い山地を背景にして村落があったが、豪雨によって丘陵斜面のそこここで崩壊し、地すべりが発生している。土石流は住民が避難することができない速さで家を、また、村落ごと押し流していった。山裾の居住区までが、白い花崗岩質の崩壊土砂で埋まっていた。村が一つなくなるほどの破壊力の土石流であり、山間盆地に立地していたピプン村では、災害時に生き延びることができた住民の数のほうが少なかった。多くの死傷者をだしたピプン村が位置する山間盆地は土石流扇状地が複合して形成されたものであり、形成過程を遡れば、過去の土砂災害の発生地点であることはわかる。

1988年に発生した豪雨時の斜面崩壊、地すべりの下端には土石流が扇形の堆積面を広げていた。網目状のパターンを示す古い河道の上を駆け抜け、布状洪水は盆地全体に土砂を拡散していた。土砂災害に見舞われた村から、知り合いの家を求めて、徒歩で移動している被災者の長い列が、洪水流の流れている川を渡っていた姿がまだ記憶に新しい。一方、タピ川下流地域のデルタでも、河川に付きだして建設された高床式の新築家屋の壁板が壊され、途方に暮れている夫婦の姿を多く見かけた。タピ川の上流地域も下流地域も豪雨直後に洪水氾濫、土砂崩壊などで直撃を受けていた。

一方、バンコクを取り巻く低平なタイ中央平原は地形が異なり、洪水災害の発生に

関しても、1988年にタイ南部に襲来した突発的な洪水のような急激な洪水・土石流を伴うものではない。モンスーンアジア特有の雨季の末期から緩やかに河川流量が増大して、終息するにも長期の時間を要する洪水である。洪水の出方・収束ともに緩やかであるが、長期にわたるところに特色がある。タイ中央平原の農村では、雨季の洪水は伝統的な稲作農業の暦、浮稲栽培の生産性を保持すると考えられ、農民にとっては恵みの雨と洪水であり、重要な水資源とされてきた。もっとも、20世紀後半以降に、急速にバンコク首都圏が拡大していき、かつての排水路であったクローンなどが次々と埋め立てられていき、王宮周辺からアユタヤに向けて、スパンブリに向けて宅地や工場が進出すると洪水は水害へと変容していった。稲作地域はアーバンスプロールで土地利用が変貌していき、宅地の進出は進んでも下水、排水施設が十分ではないために都市水害の諸相を見せることになった。

　都市拡大が、旧来の土地利用では洪水バッファー地域として機能していた面積を減少させ、都市用水・工業用水を地下水揚水に頼ってきた20世紀後半までにバンコクでは地盤沈下も顕在化していった。このような中で、内水氾濫は長期化していった。さらに、車社会の出現で、他の交通機関の整備がおくれたバンコク首都圏では、常時、交通渋滞がおき、雨季の交通渋滞は経済的なダメージにもつながった。

　バンコク首都圏での歴史的洪水のひとつには1983年洪水がある。この洪水では広域にわたるバンコク首都圏の心臓部が被災した。経済の低迷、住宅地での疾病などの洪水後の社会的な問題を抱えたバンコク首都圏では、毎年の雨季の洪水から都市を防備するために、首都圏の外周に緑地を形成して、背後からの洪水の流入を防ぐ方策がとられた。この災害軽減計画をグリーンベルト計画と呼んでいるが、さらに、首都圏を取り巻く道路に土嚢袋を積み上げて外部からの洪水氾濫水を流入させないように対策がとられることになった。

　さらに、この時期にはタイ中央平原の要であるチャイナート地点から、バンコク湾に頂戴な洪水流を流すための放水路を建設することが検討された時期でもある。一方で、河川にそって連続堤防を建設すること、内水氾濫水を河川に吐き出すためにサムットプラカーン排水機場のポンプ用量を増加させることも検討された。さらに、21世紀にはいると、バンコク首都圏の土地利用計画の一つとして、かつてのクローン網を積極的に利用して減災に向かい、都市交通網の一つとして活用されるようになった。

　タイ王国における防災政策をみてみると、1934年にはすでに、防衛省の下に航空防衛を扱う部局が設立されている。この部局が中心となって防災、避難支援活動を担うことになったことをはじめとして、1979年に国民防衛法令が制定され、国家市民防衛委員会が設置され、タイの防災事業が進められることになった。ここでは防災関

連の国家機関のみならず、民間セクター、専門家、ボランティアなどをも統合して活動を進めている。

1988年の南部タイの洪水・土砂災害は、タイ王国における新しい洪水対策を講じることになった年でもあった。1988年のタイ南部洪水は上記のタイ国内の委員会が活動して救助活動が進められた。一方、ブミポン・タイ国王は斜面崩壊地域を視察し、同年の12月には災害復旧を急ぐとともに、国王命令でタピ川上流地域での違法な森林伐採を禁止する政令を出している。また、災害復興にむけて、諸外国からの技術援助を得て、河川堤防の建設、多目的ダムの建設、避難所、仮設住宅などが次々に設置されていった。

2 ハジャイ・都市水害

タイ南部はマレーシアと国境を接している。この地域での主たる経済都市はハジャイ市である。この都市はソンクラー湖の南岸地域に市域を広げ、ウタパオ川の下流地域に位置している。

ウタパオ川は石灰岩地域に水源があり、ソンクラー湖にそそぐ、河川流域面積2305km2、河川延長距離約90kmの半島部の河川である。河川流域は南北方向に長く、水系は羽状形を示している。ウタパオ川の河川勾配は平均で1/1000と極めて緩やかな傾斜の河川である。水源地域は緩やかな起伏の丘陵部にあり、6段の河岸段丘が発達する中流地域を抜けると、ハジャイ市を流れてソンクラー湖の南部に流入する。ウタパオ川は自然堤防と後背湿地を形成し、河口部には湖岸デルタ、湖岸低地を形成している。ソンクラー湖がタイ湾とつながる海跡湖であり、海水面の干満の変化を受けるため、ウタパオ川が形成した湖岸デルタでは満潮時には洪水流を排水することが困難になる。

1988年11月豪雨のウタパオ川流域での洪水について見てみたい。洪水強度は大きく、24時間連続雨量は259mm、連続降水量は500mmと記録されている。ウタパオ川の下流に位置するハジャイ市の主要部での当該災害における湛水深度は最大で2mを超えていた。デルタ地帯では平均すると湛水期間は1週間、長期にわたった地域では1カ月を超えていた。特に、ハジャイ市の外延部が拡大している「デルタ」地帯、および「自然堤防+後背湿地」の後背湿地における冠水期間は長く、長期湛水によって二次的災害としての疾病災害で都市活動には支障をきたした。この洪水を後世につたえるために、ハジャイ市の主要道路の交差点には、洪水メモリアルボードが電信柱にそって設置され、住民の脳裏に洪水被害の大きさを記憶にとどめる工夫をしている。

ハジャイ市は湖岸デルタの低平な地域に市街地を広げていること、流入する湖沼もまた湖面変化が海の影響を受けることなど、モンスーン末期の豪雨時に毎年のように長期湛水深度の洪水が発生している。

最近の洪水の中では、2000年洪水による都市水害が市民に与えた影響が大きい（写真9-1及び9-2）。自然環境要因としての低平地域である以外に、近年のハジャイ市の災害を増幅させている災害要因として、1) 都市化が進みアーバン・スプロールでウタパオ川下流平野では急速に土地利用が変化していること、2) このために稲作農業地域の面積が減少していったこと、これにより、3) 豪雨時の平野における洪水の一時的な貯水が可能な洪水バッファー面積が減少したこと、4) デルタ地形という土地条件を無視して宅地が進出していったこと、このような無秩序なアーバン・スプロールの進む中で、5) 経済的な理由から宅地建設に当たり基礎部を高くする土盛り家屋もあるが、土盛りを伴わない家屋があるため、土盛りを伴わない家屋の建設が進んだ地域に洪水被害が集中することになった。

写真9-1　2000年ウタパオ川洪水氾濫のハジャイ

上流部に向かうと、6) ウタパオ川上流地域では森林伐採面積が拡大し、裸地の拡大が進んでいること、7) 森林伐採後、ゴムプランテーションや果樹園への転用が進み、土地利用景観が一気に変化していること、土地利用切り替え時の幼樹時期には土壌緊縛能力がおとろえることから豪雨時には土壌侵食が発生しやすく、洪水流出もはやめられていった。さらに、8) 建設材料・道路建設材料が大量に必要となり、段丘面ならびに段丘崖を露天掘りしてラテライトなどの建設材料を採掘したことも挙げられよう。このような掘削によって裸地面積が拡大しており、豪雨時の土砂流出量が増加し、洪水流出の速度を速めるなどの環境変化が表れている。

自然環境は人為の影響で大きく改変されており、新しい洪水地域を形成するようになったことがうかがわれる。

写真9-2　2000年のハジャイの洪水氾濫と住民

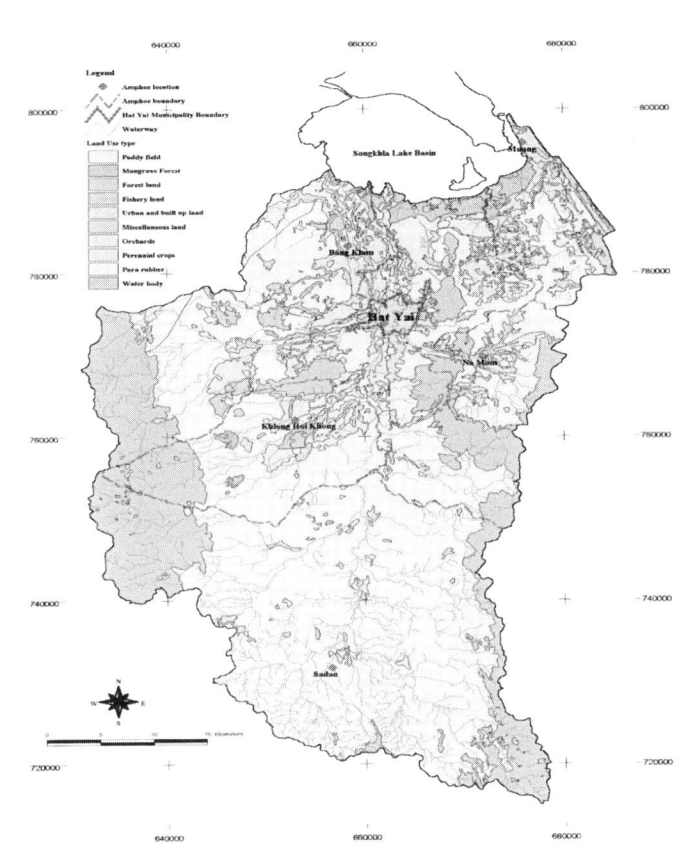

第9章 土地利用管理にむけたタイ南部の洪水軽減にむけた動き 217

Figure　Land use map of Khlong U-Taphao Basin in 1982.

図9-1　1982年のウタパオ川流域の土地利用図

　ウタパオ川流域全体の土地利用状況について、1982年と2002年の二つの土地利用図を作成して比較してみたい（図9-1と図9-2）。2面の土地利用図からみると、下流地域での都市地域の拡大、すなわち、従来の米一作地帯が工業地域と新興住宅地に大きく変容していることが示されている。さらに、土地利用変化の進んだ地域の土地条件をみてみると、洪水脆弱性が大きい地形条件のところであったことも、問題点として浮かびあがってくる。

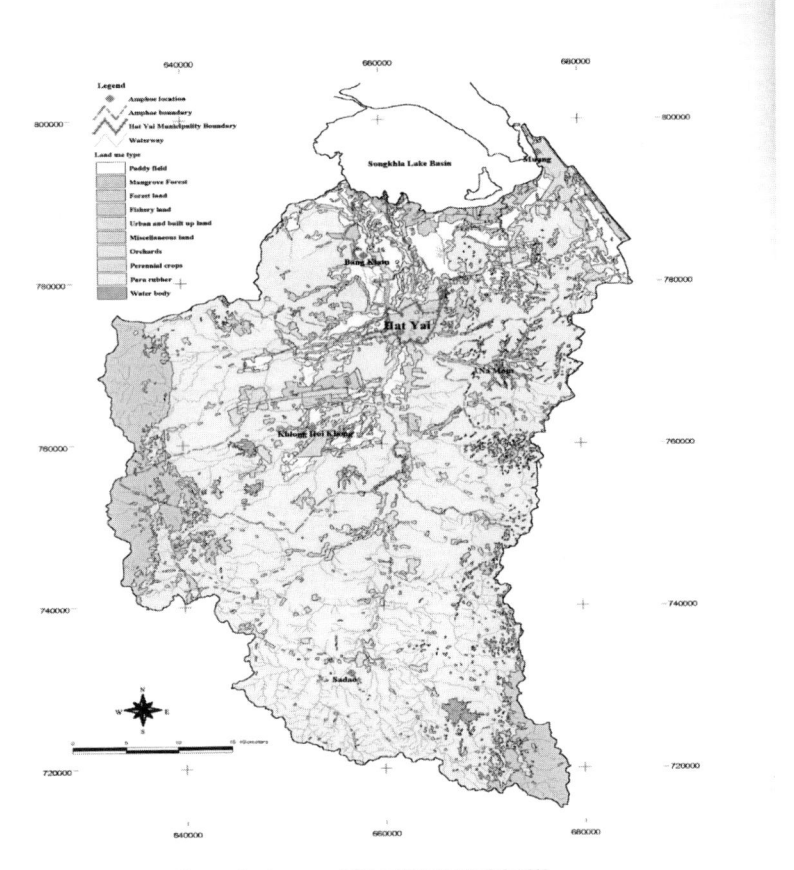

Figure　Land use map of Khlong U-Taphao Basin in 2002.

図 9-2　2002 年のウタパオ川の土地利用図

3　災害管理になにを求めようとしているのか

　タイ南部の商業と行政の中心地であるハジャイ市の面積は $21km^2$ にすぎない。2008 年統計では、ハジャイ市の人口数は約 16 万人である。この町は、先に説明し

たように自然地理学的な位置からみると、常に、気まぐれなモンスーンの影響を受けて豪雨にみまわれるウタパオ川流域の下流地域をしめている。このため、常に洪水氾濫に対しては脆弱な地域を形成している。毎年、襲来する水関係災害は、ハジャイ市にとっては、社会・経済的な基盤に脅威を与えている。2000年洪水の諸元をみてみると、ハジャイ市においては約8万人の住民が被災しており、うち40名が命を落としている。経済的なロスは 220×10^6 US＄と試算されている。この都市の経済基盤からすると洪水による被害額は大きい。

　2000年洪水以前のタイ社会では、災害後の復旧活動、危機管理、そして、水関連災害にかかわっては河川堤防、ダムなどの治水関係の施設を建設することにのみ防災計画が立てられてきた。しかし、2000年洪水の経験後、ハジャイ市では降水量の確率年を計算し、ウタパオ川の河川流量の確率年の計算ならびに、洪水氾濫が想定される場合には、洪水の早期予警報を出すことに向かおうとした。災害予知、予警報をだすためのデータ整備と充実を図ること、河川に構造物を建設することで防災計画を立

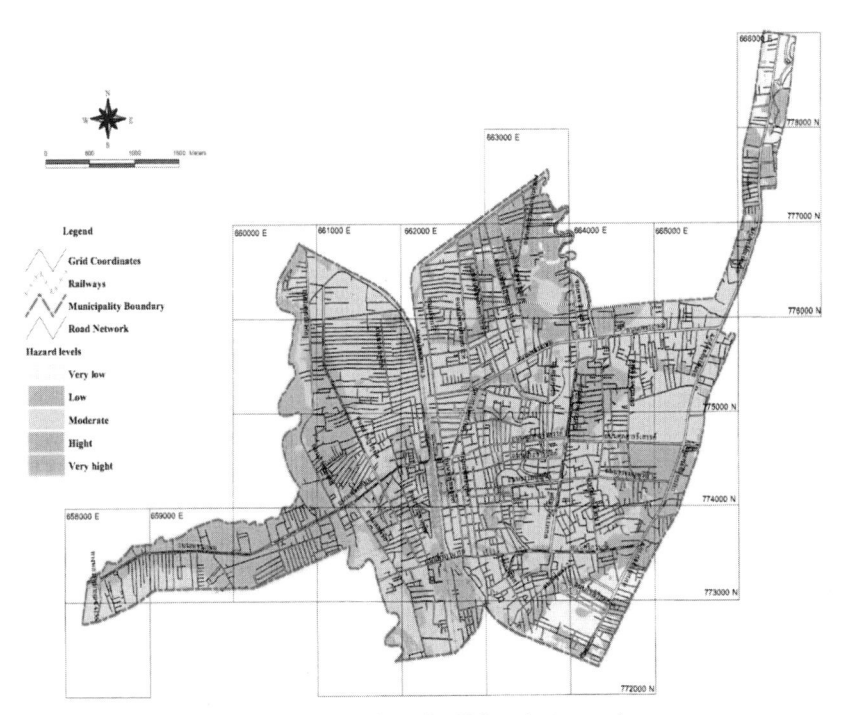

図9-3　ハジャイ市の洪水ハザードマップ

てるのみならず、ソフトインフラから防災・減災を考えるようになった。

ハジャイ市は、プリンス・ソンクラー大学と提携して、GIS を用いてハジャイ市域の土地利用、地盤高図、土地条件図、地形勾配図、水系ごとの流域界と水路図、幅員までを示した道路図、排水路図を作成することで、これらを用いた多重の洪水評価を行う

写真 9-3　防災活動にむけたキャンペーン

ことで災害軽減のための地域計画に向かおうとしている。1988 年洪水時の時の水害痕跡を残し、記録図を作成する、2000 年洪水時の浸水地域を図化して災害を復元するとともに、これらの災害履歴図を基にしてハジャイ市災害脆弱性評価図（図 9-3）を作成している。これらは住民が災害を理解することを目指しているのである。この災害評価図では自然環境と人文環境の両面から洪水災害リスクを評価し、将来的にも洪水脆弱性が高いと考えられる地域をゾーニングするなど、災害に強い町づくりのために様々な災害評価図の作成に着手し始めている。

これらは、いわゆる、リスクマップ、ハザードマップなどと呼んでいる日本の市町村の行政が作成しているものに近似している。さらに、将来に向けて水関連災害を軽減するために、流域植生の保全、この地域への災害から地域をまもるために、適切な土地利用の誘導なども考え始めている。

気候変動に伴って、タイでは洪水の発生頻度が増大して、経済的な災害規模が増大している。このような現況を踏まえて、ハジャイ市域では、地域開発のプロジェクトとして計上している予算について、大規模な災害の救援や復旧に振り向けざるを得ない事態が訪れることを懸念して、市の持続的な発展の阻害要因となるとも考えている。カタストロフィックな災害を無くすことはできないが、災害の影響の大きさは自然災害の効果的なマネジメントで軽減することができる。

タイ南部では災害管理には、減災にむけ、災害予知、災害時の避難・救援活動、災害復旧などの 4 要素を対象として危機管理が考え始めているが、実際には、タイではまだ、災害管理は緊急時の対応と災害後の復旧対応に重点が置かれている。ハードな構造物の整備にも関わらず、2000 年 11 月の水害をはじめとして近年の一連の水害が発生したことは、そのようなアプローチが十分でなかったことを示している。

長期にわたり安定的で持続的な開発を維持するためには、現在行われているソフトな対策、構造物による対策に加え、街の水害を管理する能力を強化されなければなら

ない。ハジャイ市ならびにウタパオ川流域では水害リスク軽減のために、災害発生前の軽減と防備という観点から、予報と警報システムの改良、ハザードマップの作成、上流域における森林被覆の拡大回復、水害への認知の向上、防災教育の推進などが実施され始めた。

　大学教育の中での自然災害認識にかかわる講義のみならず、各年齢層においても理解しうる防災教育のさらなる進展が期待されている。

参考文献

春山成子（1997）：タイ南部ウタパオ川下流域の地形と水害，早稲田大学教育学部　学術研究　45号，37-45.

あとがき

　2011年は自然災害が多発した年である。東日本大震災では地震・津波による東北地方での大きな被災、福島原発から放出された放射能の汚染は海洋に流出している。こればかりではなく、大気へ放出された汚染は関東地方でも大きな影響を出している。千葉県では一時、放射能汚染の影響で水道水に頼れない状況になった。このため、千葉県に住む姪の1歳の子供に飲ませる水を三重県から送ることにした。県庁所在地の津市は、日本の県庁所在地のなかでももっともゆったりとした市域を持つ地方都市であり、ここの大型スーパー・マルヤスで数ダースの飲料水のペットボトルを千葉県に送ることにした。

　かつて、大矢雅彦先生が元気だった時に、ともに利根川下流平野を歩き、地形分類図を作成していたのを思い出して、震災直後の町なみ景観を保全する佐原、香取などの調査にでてみた。利根川の堤防は揺るぎがないものの、液状化で佐原地区は大きな被害を受けていた。霞ヶ浦に近い、干拓地の日出地区ではライフラインは使えない状況になっていた。佐原の利根川の旧河道に広がった宅地での液状化の状況を聞いてみると、家の中で床から水と土砂が噴き出したということであった。どの地域も高齢化しており、液状化で使用できなくなった家に住民は戻っていない。佐原ではライフラインを地上にむき出しのままにしている地区もある。日出地区での液状化に被災したアパートはがらんどうであった。慈母観音の境内の池沼の近くを歩いてみると、泥火山のように噴射した砂がリング状に堆積しているのがわかった。

　阿武隈川の下流地域も大矢雅彦先生と地形分類図を作成しているので、4月下旬に現況を知るために歩いてみた。亘理地区には伝統的な建物がたちならび面影のある街道筋であったが、屋根瓦が崩落し、土蔵が半壊している地区も多く、見るのが忍びなかった。三重大学大学院生物資源学研究科の大学院生を率いて、いくつかの被災地域を回り、現況を地図に落としていった。沿岸地域の砂丘地帯と堤間低地では被害に差があることもわかった。若林区の津波被害と液状化地区を歩いてみると、何人かの津波に被災した家屋をみて佇んでいる人に出会った。そんな中で国土交通省の車両が復

旧作業をしている姿もあった。ひっきりなしに道路を行きかう車で自衛隊の車両が多く、避難した人のみならず、被災と向き合ってがれき処理を黙々と行っている人々の姿があった。

　大学院生の中には、がれき処理のボランティアを志願して1週間、2週間と今までに行ったことのない作業にいどんだものもいる。大学に戻った学生は、被災を向かった時、とても怖かったこと、津波の威力を目の当たりにして立ちつくしたこと、涙が出てきて止まらなかったことを話してくれた。

　水戸から大洗地区を車で通ってみた。津波による被災は地区によって対照的な地域偏差を見せていた。やはり、土地条件、平野の地形が被災に大きく影響を与えていると思った。

　昨日、9月21日、台風15号の中、新幹線にのり、名古屋駅で降り立つと、JRも近鉄線も運休の掲示が出されていた。庄内川、天白川の流域での今回の台風災害による避難者数は多い。東京では暴風雨のなかで帰宅困難者を出していた。一年で、巨大地震を経験し、巨大台風を経験した年である。伊勢湾台風から50年が経過している。東海豪雨の経験から10年を超えた。私たちが経験したこと、災害で得た情報は生きているのだろうか？

　相変わらず、大都会では帰宅困難者を出し、被災地を広げている。今まで、モンスーンアジアの諸カ国に防災手法の指導を行い、防災施設の設置などの指導を行う立場にあった日本であったが、巨大地震と津波からの復興への道のりを考えなければならない。巨大台風との付き合い方はどうだろうか？

　被災地域に住んでいる住民は必ずしも居住地域についての身近な環境をよく知っているわけではない。また、居住期間が短く、今後も長く住むことを前提としてない住民にとっては、通勤のために交通が便利であること、近くにスーパーマーケットやコンビニがあるかが重要な居住空間の指標としているものの、自然災害が発生した時にでも身の安全を確保できるのかについて確認をしていない人が多い。

　私事、東京下町低地の浅草で生まれ、狩野川台風の時に、床下浸水の経験がある。多くの時間を大矢雅彦先生と調査で時間を費やしたことなどの思い出がある。災害時ではない日時的な時間の自然環境は微笑みをむけてくれることもあるが、ひとたび豪雨に見舞われると、津波に襲来を受けると、平常心ではいられない。ある学者は「天災は忘れたころにやってくる」と言ったが、忘れないうちにやってくる自然災害を知って、住民自らが自分を守る手段を知っておくことが必要なのだろう。

執筆者紹介

春山 成子　はるやま　しげこ

三重大学大学院生物資源研究科教授。
早稲田大学教育学部，東京大学大学院新領域創成科学研究科助教授を経て現職。東南アジア地域研究，河川地理学，自然災害と防災科学　が専門。

チャルチャイタナブット　プリンス・ソンクラー大学教授
林　香織　東京ガス株式会社勤務　東京大学大学院新領域創成科学研究科修士課程修了
千葉菜穂子　静岡県庁勤務　三重大学生物資源学部卒業
垂沢悠司　三重大学大学院修士課程在学中
ケイトエライン　ヤンゴン大学講師　東京大学大学院新領域創成科学研究科博士課程修了
鈴木あつこ　四日市市役所勤務　三重大学生物資源学部卒業
水野　智　東京大学大学院新領域創成科学研究科修士課程修了
松本真弓　三重大学大学院生物資源学研究科博士課程在学中
酒井香織　静岡県庁勤務　三重大学生物資源学部卒業
辻村晶子　東京大学大学院新領域創成科学研究科修士課程修了

書　名	災害軽減と土地利用
コード	ISBN978-4-7722-4151-9　C3061
発行日	2011（平成23）年10月15日　初版第1刷発行
編　者	春山成子
	Copyright ©2011 Shigeko　HARUYAMA
発行者	株式会社古今書院　橋本寿資
印刷所	三美印刷株式会社
製本所	三美印刷株式会社
発行所	古今書院
	〒101-0062　東京都千代田区神田駿河台2-10
電　話	03-3291-2757
ＦＡＸ	03-3233-0303
振　替	00100-8-35340
ホームページ	http://www.kokon.co.jp/

検印省略・Printed in Japan